국외여행인솔자의 역할 및 해외여행안내의 모든 것

해외여행안내

주제여행포럼

고종원 · 조문식 · 김경한
주성열 · 서현웅 · 박종하

(주)백산출판사

P·r·o·l·o·g·u·e

　　금번의 주제여행포럼에서 출간하는 본서에는 여행에서 중요한 아웃바운드(Outbound) 분야에서 이루어지는 국외여행인솔자의 역할을 포함한 해외여행안내의 제반 내용을 담았다. 코로나 상황에서 여행침체를 이미 경험하였지만 해외여행은 다시 2018년과 2019년의 수준을 회복해 가는 것으로 평가된다.

　　관광수지의 흑자를 위해서는 외래관광객의 국내관광인 인바운드(Inbound)분야의 성장이 중요하다. 그러나 인바운드와 아웃바운드가 공존하는 성장이 매우 바람직한 것이 관광이다. 그리고 국내관광(Domestic)분야의 성장도 내수진작과 국내관광 성장의 환경을 위해서 중요하다고 생각한다.

　　금번의 이 교재에서는 해외여행지역의 대륙별 주의사항을 주요한 콘텐츠의 하나로 구성하였다. 대륙은 유럽, 동북아시아 및 태평양 지역, 미주 및 남미, 중동, 아프리카, 특수지역 등으로 나눠서 살펴보았다.

　　해외여행 시 주의사항은 질병, 안전, 정치·사회·문화적 요소, 전쟁 및 분쟁 요소 등을 고려하여 작성하였다.

　　그리고 해외여행상품안내를 통해 해외여행 시 현재 개별여행 외에 여행사 패키지를 이용하는 고객들이 선택하는 주요 상품들에 대해 살펴보았다.

　　해외여행안내의 최전선에서 수고하는 인적관광의 핵심역할을 하는 국외여행인솔자의 업무 및 현지 가이드 업무를 통해 기존의 국외여행인솔자 업무론의 내용을 구성하였다. 국외여행인솔자(TC : Tour Conductor)의 주요 업무 가운데 출입국 안내, 현지투어 진행, 사고방지 및 사고 시 처리는 무엇보다 중요하다고 생각한다. 안전한 여행이 가장 즐겁고 행복하고 유익한 여행으로 이어지기 때문이다.

또한 개별여행 성장의 비중이 커지는 만큼 개별여행의 준비와 진행에 관련한 내용을 포함하였고, 신혼여행과 크루즈 등의 단체여행 내용을 콘텐츠로 포함하였다.

해외여행은 현재 우리나라 여행의 대세가 되고 있다. 국내여행보다 해외여행의 수요가 커지고 희망하는 수요가 커지는 것은 가격경쟁력 즉 해외 해당국가의 환율, 비행거리, 이국적인 관광콘텐츠 등의 요소가 영향을 주기 때문이다.

여행업에서 다년간 근무했고 대학에서 학생들을 교육하는 입장에서도 가장 중요하게 보고 느끼는 것이 고객 만족이라 생각한다. 해외여행 수요가 계속해서 커지고 증가하는 상황에서 항공사, 여행사, 현지호텔, 여행업 관계자 등 관련된 관광산업체에 요구되는 것은 해외여행고객의 만족에 대한 관리일 것이다. 따라서 많은 해외여행안내 능력단위 가운데 가장 중요한 것을 선택하라면 바로 국외여행고객의 만족관리라고 하겠다.

따라서 설문지, 전화, SNS 등을 통한 만족도조사, 불편을 호소하는 고객에 대한 처리가 중요하고, 고객불편을 처리하는 것은 고객 불편사항 파악, 개선책 수립, 문제발생 시 불편사항 조치가 순조롭게 이어지는 것 또한 중요하다.

고객만족도는 여행사의 업무, 보험, 여행사의 지식, 여행일정 진행 등에 의해 영향을 받는다. 또한 직원의 언어능력, 대인관계기술이 중요하다. 어떻게 말하고 행동하느냐에 따라 고객의 반응도 달라지게 마련이다.

여행사에서 근무 시 복장 및 용모 등 자기관리 노력이 필요하다. 고객을 대하고 업무처리하는 긍정적인 사고와 태도도 중요하다. 경어 사용 등의 태도도 당연하다. 예의 바르고 친절한 태도는 무엇보다 중요하다. 이상은 고객만족도에 관련된 수행준거 관련한 지식, 기술, 태도의 항목을 열거한 것이다. 그러나 여행업계와 관련 종사자들은 이렇게 당연하고도 해야 할 덕목을 과연 잘 준수하고 있는가에 대해 자문해야 할 것이다.

늘 그렇게 생각했듯이 예의 바르고 친절한 태도는 해외여행안내의 가장 중요한 콘텐츠라 생각한다. 관광업 어떤 분야에서도 예의 있고 친절한 사람이 성공했다는 말을 듣고 보게 되는 것은 이치에 맞고 당연한 귀결이라 생각한다.

해외여행안내에서 필요한 업무와 함께 중요시되는 예의, 친절이 우리나라 여행업을 발전시키는 원동력이 되기를 기원해 본다.

본서는 1장 해외여행 안전관리와 대처요령, 2장 해외여행지역 대륙별 상품 안내, 3장 해외여행 기본 정보, 4장 국외여행인솔자 업무, 5장 개별여행, 6장 신혼·단체여행의 총 6장으로 구성하였다.

본서의 출간을 허락해 주신 (주)백산출판사 진욱상 대표님과 편집부 여러분께 감사의 인사를 드린다. 본서가 한국의 해외여행안내에 기여하는 역할을 하기 바라며 아울러 주제여행포럼에서 지자체의 관광활성화에도 도움이 되는 이론과 실무서로써 역할을 하기를 기원하는 바이다. 감사합니다.

2025년 2월
해외여행안내 저자를 대표하여 주제여행포럼 회장 고종원

C·o·n·t·e·n·t·s

해외여행 안전관리와 대처요령

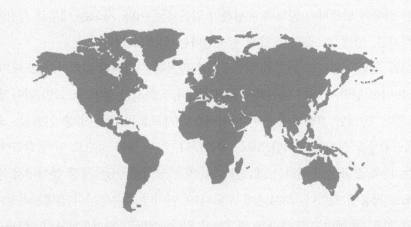

Chapter 1

해외여행 안전관리와 대처요령

1. 해외여행 안내, 대륙별 질병과 안전수칙

여행 중에는 질병뿐만 아니라 다양한 사건 사고와 맞닥뜨릴 수 있다. 가장 흔히 일어나는 사고는 분실과 도난 사고다. 특히 여권을 분실하면 일정이 꼬이고 난감한 상황이 줄줄이 발생한다. 요즘은 와이파이 해킹, 보이스피싱 등 신종 사기도 빈번하다. 자연재해와 대규모 시위, 전쟁, 쿠데타, 테러처럼 지역과 국가 간의 갈등으로 발생하는 경우가 드물게 있으며, 부당한 체포 및 구금, 인질, 납치 등 긴급한 사태는 흔하지 않지만 조심해야 한다. 자가 운전여행자라면 교통사고에 봉착할 수도 있으므로 나라마다 제정된 법규와 규범을 반드시 지켜야 한다. 어떤 경우라도 마약 소지 혹은 자신도 모르게 행하는 마약 운반은 엄격한 법에 따른 제재를 받을 수 있으니 불행한 상황이 발생하지 않도록 유념해야 함은 물론이다. 사고는 대부분 사전예방이 가능하지만, 여행 중 뜻하지 않게 발생한다는 점에서 난감하다.

팬데믹 이후 전염병과 관련된 위험요소가 완전히 사라지지 않았다. 코로나19 이전인 2019년도 전반기 대비 96%까지 회복되었다고 하지만 언제 또 그런 일이 발생할지 모른다. 2024년 전반기에 변이 바이러스로 새로운 유행병이 증가했다는 소식이다. 개인위생과 철저한 관리만으로는 부족하다. 기후 변화 등으로 인해 감염병 출현 주기는 더욱 잦아질 것이라는 게 전문가들의 예상이며 이는 관광 분야에서 지속적 위협으로 작용할 것이다. 2024년에 '코로나19' 변이가 재유행되어 질병관리청에서는 마스크 착용 등 예방수칙 준수를 권고하고 있다. 질병의 위협으로부터 한시라도 자유로울 수 없는 삶이 오히려 일상이 된 것이다. 세계 곳곳에서 가까운 시일 내 Disease-X(미지의 신종 감염병)의 출현이 확실한 사회에서 살고 있다.[1]

지나친 걱정과 불안이 가져오는 심리적인 위축으로 온전한 여행을 포기하는 일도 있기에, 건강염려증으로 여행을 망설이기보다는 예방적 차원의 준비를 하는 것이 현명하다. 멈춤보다는 지속 가능한 여행을 통해 활기찬 삶을 영위하도록 노력하는 자세가 필요하다. 다양한 사고와 사건 그리고 질병의 위협 속에서도 여행에 대한 욕구가 사라지지 않는 이유다. 안전에 대한 예방책과 개인위생 등에 약간의 관심을 가지고 떠난다면 분명 즐거운 추억으로 남는 여행이 될 것이다.

1) 대륙별 주요 감염과 질병 예방 안전수칙

여행 목적지의 다양한 환경은 낯선 여행자에게 질병을 일으키는 요인이다. 위생 환경이나 교통과 의료시설 그리고 전문 의료진이 부족한 국가에 머무를 때는 특히 유의해야 할 사항들이 있다. 여행 전 여행지 안전에 관한 내용을 미리 숙지하고 예방책을 마련하는 것은 안전하고 건강한 여행을 위한 최선책이다. 장시간의 이동, 무리한 일정, 시차 적응 등 평소와는 다른 상황으로 인해 저항력과 면역력이 저조해질 가능성이 있다. 여행이라는 특수 상황에 적응하기 위해서는 사전에 본인의 체력과 만성질환 등 건강도 점검해야 한다. 여행자보험은 가능하면 가입하는 것이 유용하며, 여행자보험의 내용은 반드시 확인하는 것이 좋다.

질병 예방 안전수칙을 위한 가장 신속하고 빠른 정보는 '질병관리청' 사이트와 '콜센터 1339'에서 여행 대상국의 현재 정보를 얻을 수 있다. 본 대륙별 감염과 질병 그리고 예방 안전수칙에 관한 주요 내용도 '질병관리청'과 외교부 '해외안전여행'의 자료를 참고하여 작성한 것이다.

아프리카나 동남아시아 주요 국가들은 적어도 출발 2~3주 전에 국가별 감염병 관련하여 예방접종과 예방약, 구급약 등 필요한 준비를 미리 해야 한다. 해외여행 국가별 예방접종이 필요한 백신은 출국 최소 2주 전에 접종을 받아 관련 서류를 챙겨야

---

[1] 박종하, '온천관광과 Disease-X', 『트레블 데일리』 전문가칼럼, 2024.09.08

하며, 특히 황열 예방백신은 '국제공인예방접종' 지정기관에서 하고, 그 외 백신(예: A형간염, 장티푸스, 폴리오(소아마비) 등)은 가까운 의료기관과 보건소에서도 접종할 수 있다. 기존에 먹던 약은 분실에 대비해 충분히 나눠서 챙기고 개인적으로 필요한 상비약을 꼼꼼히 챙긴다. 임신 중이라면 의사와 반드시 상의 후 출발하여야 할 것이다.

● 해외감염병 예방수칙

해외감염병 NOW	출국 전 예방접종	해외여행 시	입국 시 건강상태	귀국 후 감염병 증상
홈페이지를 통해 정보 확인!!	예방약, 예방물품 챙기기	개인 위생수칙 준수하기	질문서 제출하기	1339 상담하기

출처: '해외감염병 NOW' 사이트

여행 중에는 목덜미나 신체가 지나치게 태양에 노출되면 체질에 따라 피부염을 유발할 수 있으니 가능하면 자외선 피해를 최소화해야 한다. 숲 근처에서의 야외활동이나 트레킹을 하는 경우 가능하면 곤충 기피제(DEET 30~50%)를 사용하고, 긴 옷과 모자를 착용하는 것이 유해곤충으로부터 자신을 보호하는 방법이다. 지역적으로 말라리아모기가 활동하는 시간대에는 야외활동을 자제하며, 방충망이 설치된 공간에 머무르는 것이 나름의 예방책이 될 것이다. 야생동물의 접촉은 될 수 있는 대로 피하도록 하며, 동물을 통해 전염되는 질환에 주의하여야 한다. 상처가 발생한다면 물로 씻고 의사를 찾아가야 한다. HIV와 각종 성병의 전염을 막기 위해서는 합리적으로 판단하고 콘돔 등을 사용해야 할 것이다.

여행 중에는 음식을 먹기 전 반드시 물이나 소독제로 손을 깨끗하게 유지하고, 완전히 파스퇴르화된 유제품 이외에는 섭취하지 말며, 생수 혹은 끓인 물을 마시는 게 좋다. 음식은 익혀서 바로 먹도록 하며, 길거리 음식이나 조리 시간이 지나 식어버린 음식은 유의해야 한다.

구급 상비약

구급 상비약	증상과 효능	종류
항진균 크림	백선(무좀), 어루러기, 곰팡이 피부질환	테르비나핀(라비진)
항균 크림	일반상처, 아토피	후시딘, 마데카솔
피부감염 항생제	상처의 감염 방지, 세균성 피부 감염증	무피로신, 퓨시드산
설사 항생제	8시간 3회 이상 심한 설사	시프로플록사신, 레보플록사신
항히스타민제	콧물, 재채기, 알레르기 비염 등	로라타딘, 세티리진
이부프로펜	진통, 관절염, 해열, 항염증	
DEET 해충퇴치제	곤충퇴치 겸용 햇빛 차단제	
페르메트린	살충제, 모기 벌레 방충제	
설사약(지사제)	감염 설사나 식중독	수렴 · 흡착제
소화제	소화불량으로 인한 위부팽만감	베아제정, 훼스탈
변비약	자극성 완화제 등	둘코락스
편두통약	편두통의 증상	아스피린, 이부프로펜
진통제	통증 완화	타이레놀 등
스테로이드 크림	습진, 피부염, 가려움증	오남용 주의
자외선 차단제	햇볕으로부터 피부를 보호	자외선 산란제와 흡수제
질염 치료제	세균성 질염	메트로니다졸 등
항바이러스제	구강, 입술의 단순포진	아시클로버

출처: 식품의약품안전처 의약품통합정보시스템 사이트 참고

　상비약이나 구급약은 여행 국가와 지역에 따라 특수한 상황에 맞게 철저하게 준비해야 한다. 외국에서는 대부분 처방전 없이는 약을 구매할 수 없으므로 필요한 상비약은 반드시 준비해야 하며, 만성질환자는 여유분의 약과 영문 처방전을 준비하도록 한다. 또 기후, 위생 상태, 풍토병 등 여행지역 특성에 따라 적합한 구급약을 준비한다. 식품의약품안전처(http://www.mfds.go.kr)는 여행용 상비약으로 ① 해열 · 진통 · 소염제, ② 지사제 · 소화제, ③ 종합 감기약, ④ 살균 소독제, ⑤ 상처에 바르는 연고, ⑥ 모기 기피제, ⑦ 멀미약, ⑧ 일회용 밴드, 거즈, 반창고, ⑨ 고혈압 · 당뇨 · 천식 등 만성질환용 약, ⑩ 소아용 지사제 · 해열제 등 10가지를 추천하고 있다.

여행 중 발생하는 질병의 증상과 응급처치

질병	증상	응급처치
감기, 발열	- 체온 상승 - 콧물, 몸살, 두통, 오한	- 따듯한 물 자주 마시기 - 감기몸살약 복용 - 마스크 착용
설사	- 잦은 묽은 배변	- 지사제 복용 - 이온 음료 마시기
장염	- 6회 이상의 고열을 동반한 설사	- 항균제 복용
급체	- 속이 답답, 구역질, 설사 - 식은땀	- 소화제 복용 - 고열 동반되면 의사진단 필요
뇌빈혈	뇌혈관의 일시적 수축으로 인한 식은땀과 빈혈 증상	- 정신적 안정
뇌졸중	의식·언어장애, 마비, 두통, 구토, 감각장애	- 즉시 병원 이송 - 고개 옆으로 돌려 구토 - 편한 몸 유지
심장마비	가슴통증, 호흡곤란, 어지럼증, 메스꺼움	- 4분 이내 심폐소생술(CPR) - 자동심장충격기(AED) - 전문소생술
일사병	고온에 노출되어 심부 체온이 37도에서 40도 사이. 어지럼증, 두통, 구토	- 수분과 전해질 보충 - 어지럼증, 두통, 구토 - 심장박동 증가
열사병	심부 체온이 40도 이상이고, 중추신경계의 이상	경련, 손발 떨림, 의식 저하, 혼수상태, 땀이 나지 않음
고산병	- 심한 두통, 구토 - 호흡곤란, 실조증	- 초기 치료, 산소 공급 - 몸을 따듯하게 하기 - 낮은 곳으로 이동
말라리아	- 두통, 고열, 오한 - 식욕부진	- 약물치료

(1) 아프리카 대륙

해외 감염병이나 질병은 누구에게나 생길 수 있다는 사실을 인지하고 철저히 개인위생을 지켜야 한다. 가장 중요한 예방책은 개인위생과 청결이다. 야외활동 시 진드기 등 유해곤충에 물리지 않도록 주의해야 하며, 맨발로 걸어야 할 때는 파상풍과 기생충 감염이 발생할 수 있으니 파상풍 예방주사를 맞아야 한다. 모기나 빈대 등

곤충에 물리지 않도록 유의하고 특히 모기 물림을 차단하기 위해선 긴 옷을 입는 것도 예방 차원에서 좋은 방법이다. 야생동물과의 접촉 자제, 물을 끓여 마시기, 손 씻기, 예방접종 및 예방약 준비, 상비약 챙기기 등으로 해외 감염병으로부터 자신을 철저히 지켜야 한다.

중동, 북아프리카 국가 중 모로코, 알제리, 튀니지, 리비아, 이집트 등의 국가는 대체로 장티푸스, 홍역, 콜레라, 소아마비 등의 감염병에 주의해야 하며, 손을 자주 씻는 것은 중요한 예방책이다. 세네갈, 말리, 니제르 등은 모기에 의해 매개되는 황열과 뎅기열 주의 국가다. 질병관리청의 정보에 따르면 황열 백신은 1회 접종 시 평생 예방효과가 있다고 한다. 그러나 대부분의 국가에선 10년 이내의 황열 예방접종증명서를 요구한다. 황열 예방접종의 유효기간은 접종 후 10일부터 10년이며, 이 기간 내에 재접종을 받으면 유효기간이 재접종일부터 10년까지 연장된다. 아프리카와 남미 여행 시 필수적으로 받아야 하며, 특히 카메룬, 콩고, 앙골라, 가나 등에서 필수적으로 요구하니 여행 전 확인이 필요하다. 사하라 이남 아프리카 중 앙골라는 다양한 감염병이 발생하는 국가이며, 특히 황열 위험 국가로 분류한다.[2] 입국 시 10년 이내 황열 예방접종증명서를 필수적으로 제출해야 한다.

뎅기열 예방 백신은 현재까지 국내에서 상용화된 것이 없으며 치료제도 없다. 중남미와 동남아시아에서 가장 빈번하게 발생하는 뎅기열은 총 4개의 혈청형이 있으며, 재감염 시 다른 혈청형에 감염되면 중증 뎅기열로 진행되어 치사율이 높아지므로 기존에 뎅기열 감염력이 있는 사람은 특별히 조심해야 한다. 한국 입국 시 현지에서 모기에 물린 기억이 있거나 발열 등 의심 증상이 있는 경우 주요 공항 및 항만의 국립검역소에서 신속 검사(무료)를 받아야 한다.

중앙아프리카 국가 중[3] 코트디부아르, 가나, 토고, 나이지리아, 남수단, 에티오피

---

[2] 황열 위험지역 : 가나, 가봉, 가이아나, 감비아, 기니, 기니비사우, 나이지리아, 남수단, 니제르, 라이베리아, 말리, 모리타니, 베네수엘라, 베냉, 볼리비아, 부룬디, 부리키나파소, 브라질, 세네갈, 수단, 수리남, 시에라리온, 아르헨티나, 앙골라, 에콰도르, 에티오피아, 우간다, 적도기니, 중앙아프리카공화국, 차드, 카메룬, 케냐, 코트디부아르, 콜롬비아, 콩고, 콩고민주공화국, 토고, 트리니다드토바고, 파나마, 파라과이, 페루, 프랑스령기아나 등 '질병관리청' 참고

[3] 르완다, 부룬디, 에티오피아, 우간다, 중앙아프리카공화국, 케냐, 콩고, 콩고민주공화국은 국제사회에서 엠폭스의 확산이 우려되는 상황에서, 질병관리청은 2024년 8월 21일자로 엠폭스를 검역 감염병으로 재지정하고, 일단 8개국을 검역 관리지역으로 지정하였다. '질병관리청' 안전공지 보도자료 참고

아 등의 국가는 뎅기열⁴⁾에 특히 유의해야 한다. 특히 카메룬, 케냐, 나이지리아는 홍역 등 다양한 감염병이 발생하는 주의 국가다. 이들 국가는 디프테리아, 라사열, 뎅기열, 수막염구균 감염증, 황열이 종종 발생하니 그중 황열과 디프테리아는 백신을 맞는 것도 예방책 중 하나다. 콩고민주공화국은 홍역, 페스트 등 다양한 감염병이 지속해서 발생하고 있다. 특히 엠폭스를 예방하기 위해서는 감염된 야생동물과의 접촉을 피해야 한다.

◦ 황열 국가별 요구사항

국가	요구사항	권고사항
가나 (Ghana)	생후 9개월 이상의 모든 여행자	생후 9개월 이상의 모든 여행자
가봉 (Gabon)	1세 이상의 모든 여행자	생후 9개월 이상의 모든 여행자
가이아나 (Guyana)	황열 위험국가로부터 입국한 1세 이상의 모든 여행자 (황열 위험국가 공항에서 환승대기한 모든 여행자 포함)	생후 9개월 이상의 모든 여행자
감비아 (Gambia, The)	황열 위험국가로부터 입국한 생후 9개월 이상의 모든 여행자	생후 9개월 이상의 모든 여행자
과달루프 (Guadeloupe (France))	황열 위험국가로부터 입국한 1세 이상의 모든 여행자 (황열 위험국가 공항에서 환승대기시간이 12시간을 초과한 여행자 포함)	없음
과테말라 (Guatemala)	황열 위험국가로부터 입국한 1세 이상의 모든 여행자 (황열 위험국가 공항에서 환승대기시간이 12시간을 초과한 여행자 포함)	없음
괌 (Guam(U.S.))	요구사항 없음	없음
그레나다 (Grenada)	황열 위험국가로부터 입국한 1세 이상의 모든 여행자 (황열 위험국가 공항에서 환승대기시간이 12시간을 초과한 여행자 포함)	없음

출처: 황열 국가별 요구사항 표(일부 국가 발췌). 자세한 내용은 QR코드 클릭 혹은 '질병관리청' 접속 후 감염병 목록, '황열' 참고

---

4) 뎅기열은 뎅기 바이러스에 감염된 매개 모기(몸통과 다리에 하얀 반점이 있는 이집트숲모기, 흰줄숲모기)에 물려 감염되며, 3~7일의 잠복기 후 발열, 두통, 오한, 근육통 등 증상이 나타난다. 복부 통증, 구토, 피부 반점, 잇몸 출혈, 출혈성 검은색 변이 발견되면 즉시 병원 진료 후 치료를 받아야 한다. 2023년 9월 방글라데시를 자주 방문한 우리 국민이 '뎅기쇼크증후군'으로 사망한 사례가 발생하였다. 뎅기열은 현재까지 효과적인 백신이나 치료제가 없어, 모기 물림 방지 등 예방이 매우 중요하다.

짐바브웨는 콜레라가 종종 발생하며, 남아프리카 국가들은 장티푸스와 홍역 등의 감염병에 주의해야 한다. 콜레라, 장티푸스, 장염 등의 감염병 예방을 위해선 손을 자주 씻고, 생수나 물을 끓여 마시는 것이 예방이다. 엠폭스(원숭이두창)[5] 감염 사례가 남아프리카 더반 지역에서 보고되고 있어 '질병관리청'은 주의를 요구하고 있다.

여행 중에 발생하는 질병은 중동 및 북아프리카 현지 대사관과 연락을 취해 도움을 요청한다. '해외안전여행 애플리케이션'이나 해외 '안전지킴이 영사콜센터'(국내 02-3210-0404/국외 +82-2-3210-0404)로 연락하면 도움을 받을 수 있다.

뎅기열

뎅기 바이러스에 감염된 이집트숲모기에 의해 주로 매개되는 뎅기열은 동남아시아, 서남아시아, 중남미에서 환자가 급증하고 있다. 간혹 흰줄숲모기에 의해서 매개되기도 한다. 2023년 전반기에 70여 개 국가에서 약 370만 명 이상의 뎅기열 환자가 발생하였고 약 2천 명이 사망하였다. 뎅기 바이러스 감염 예방백신은 없으며, 치사율은 5%이지만 적절한 치료를 받으면 1%로 감소한다. 필리핀, 말레이시아, 인도네시아, 태국, 베트남, 방글라데시, 인도 등에서 환자와 사망자가 급증하고 있다. 중남미 국가의 경우 2024년 2월 초 기준 뎅기열 감염 환자는 67만 3천267건으로 지난해와 비교해 157% 증가했다.[6] 중남미 11개국인 멕시코, 아르헨티나, 브라질, 콜롬비아, 코스타리카, 과테말라, 파라과이, 페루 등에서 발병 사례가 보고되었고, 누적 사망자는 102명이다. 모리셔스에도 뎅기열의 재확산이 발생하였는데, 폭우를 동반한 사이클론의 영향으로 물웅덩이가 많이 생긴 상황에서 고온다습한 기후가 모기 유충의 번식을 촉진하였기 때문이다. 뎅기열은 총 4개의 혈청형이 있으며, 재감염 때 다른 혈청형에 감염되면 치명률이 급격히 높아진다. 해외 체류 중 모기에 물린 후 3~7일의 잠복기를 거쳐 발열, 두통, 오한, 근육통, 복부 통증, 구토, 피부 반점, 잇몸 출혈, 출혈성 검은색 변의 증상이 있으면, 즉시 의료기관에 내원하여 치료를 받아야 한다. 한국 입국 시, 현지에서 모기에 물린 기억이 있으며, 발열 등 의심 증상이 있는 경우 주요 공항 및 항만의 국립검역소에서 신속 검사를 받는 것이 좋다. 입국 시 공항과 항만에서 7~11월까지 무료로 뎅기열 신속진단을 받을 수 있다.

---

[5] 엠폭스(원숭이두창)는 해당 바이러스에 감염된 사람, 동물 또는 물질과 접촉할 경우 발병할 수 있으며, 증상으로는 2~4주간 지속하는 발진, 발열, 두통, 근육통, 허리통증, 기력 저하, 림프절 비대 등이 있다. 잠복기가 보통 6~13일 정도이나, 사람에 따라 5~21일 정도인 경우도 있다.
 * 엠폭스 풍토병 국가: 카메룬, 중앙아프리카공화국, 콩고민주공화국, 가봉, 코트디부아르, 라이베리아, 나이지리아, 콩고, 시에라리온, 남수단(유입사례만 보고), 베냉(유입사례만 보고), 가나(동물에서만 확인) 등의 중앙아프리카와 서아프리카 국가로 알려져 있음. 질병관리청 참고
[6] 5년 평균치와 비교 시 225% 증가 수치다.

(2) 아시아 대륙

동남아시아 국가 중 필리핀, 베트남, 태국, 싱가포르, 인도네시아 등 동남아시아 방문 시 모기에 물려 감염되는 말라리아, 뎅기열[7], 지카 바이러스를 조심해야 한다. 서남아시아 대부분의 국가에서는 오염된 손과 물 그리고 날음식을 섭취하여 장티푸스나 홍역, 노로바이러스(Norovirus) 등의 감염병이 발생할 수 있다. 태국, 싱가포르는 모기에 물려 감염되는 지카 바이러스가 발생하는 국가로, 태아에게 수직 감염되므로 임산부는 여행을 금하거나 연기해야 한다. 캄보디아는 조류 인플루엔자의 발병이 잦은 곳이다. 파키스탄, 인도는 홍역 다발생 국가 중 하나다. 대만, 베트남 등의 국가는 광견병이 드물게 발생하는 지역이니 될 수 있으면 떠돌이 개와 야생동물을 주의해야 한다. 필리핀 등의 지역에서 집중호우나 홍수 발생으로 오염된 토양이나 강물에 의해 발생하는 렙토스피라를 조심해야 한다. 중국이나 대만은 페스트, '동물 인플루엔자 인체감염'과 살균하지 않은 갓 짜낸 우유 및 유제품을 먹으면 발생하는 '브루셀라증'도 발생할 수 있다.

• 뎅기열 발생 통계

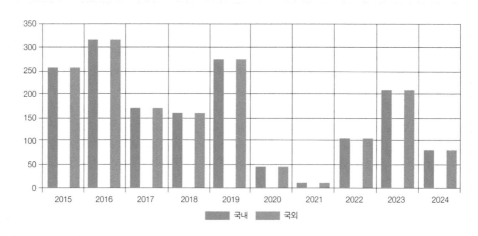

출처: 질병관리청

---

[7] 세계보건기구에 따르면 중남미 지역은 기온 상승과 엘니뇨, 도시화 등 환경적·사회적 요인으로 모기 개체 수가 증가하여 올해 뎅기열 환자가 역대 최다 발생하고 있고, 전년 동 기간 대비 약 3배 이상 증가했다. 또한, 인도네시아, 방글라데시, 말레이시아, 태국 등 아시아 지역에서도 전년 동 기간 대비 환자 발생이 증가하고 있다. 24년 인도네시아는 6만 2천 건으로 전년 동 기간(15주) 대비 174.9% 증가, 방글라데시는 1,831건으로 전년 동 기간(15주) 대비 111.2% 증가하였다. 외교부 해외안전여행 보도자료 참고

- **국내 뎅기열 연월별 발생건수(2017~2022)**

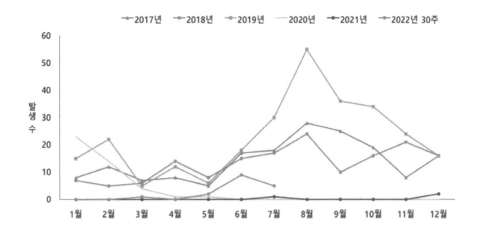

외교부 '해외안전여행' 정보에 따르면 동북아시아 중 러시아, 아르메니아, 카자흐스탄, 러시아 일부 지역에선 야생진드기 물림 주의보가 발령되었다. 2024년 전반기 연해주에서 7,290명이 클레시(야생진드기)에 물렸고, 이 중 174명이 중증 바이러스(뇌염, 라임병)에 감염되었다. 야생진드기는 살을 파고들어 감염 질환(뇌염, 라임병 등)을 일으켜, 최대 사망에 이를 수 있다. 산악(삼림)지역에서 주로 출현하나, 시내 지역이라도 숲이 있는 곳이면 서식하며, 주로 5~7월 사이 가장 활발하게 활동한다.

현재 야생진드기 출현으로 연해주 정부는 루스키 섬 등 삼림지역 진입 자제를 권고 중이니 이 지역을 방문하는 여행자는 유념해야 한다. 모자 및 긴 옷을 착용하여 야생진드기에 물리지 않도록 주의하시기 바라며, 방문 후 체내에 야생진드기에 물린 흔적 등이 없는지 반드시 확인해야 한다. 야생진드기에 물렸을 경우, 24~48시간 이내 전문병원을 방문하며, 야생진드기를 직접 제거하는 것보다는 전문병원에서 제거 시술 후 혈액 검사, 진드기 내 바이러스 보유 검사 등 진료를 받아야 한다. 환자 발생 시 총영사관으로 연락하여야 한다. ※ 연락처: +7 423-240-22-22(주간), +7 914-072-83-47(야간, 긴급)

러시아 전역에서도 '코로나19' 바이러스 변종이 확산하며 확진자 수가 증가하는 등 주의가 요구되는 상황이다. 최근 러시아에 유입된 코로나바이러스 변종 '플리터

(Flirt)'는 전염성이 매우 강하며, 기존 증상(발열, 인후통, 기침)과 동시에 소화기관 장애(설사, 구토, 복통 등)를 유발해 식중독으로 오인할 가능성이 크다.

(3) 북미, 중남미

북미, 중남미 지역은 뎅기열 전염병에 유의해야 하는 지역이다. 남아메리카 대부분의 나라에서 감염 가능한 병으로 가장 많이 발생하고, 코스타리카는 뎅기열 발생이 급증하고 있다. 파나마, 콜롬비아, 브라질, 페루, 볼리비아, 아르헨티나, 파라과이는 황열 위험 국가이니 특히 주의해야 하며, 뎅기열 지속 발생 국가이기도 하다. 참고로 황열 위험 국가에서 입국 시 예방접종증명서를 요구한다.

남아메리카 대부분 국가에서 지카바이러스와 치쿤구니아열 전염병에 걸리지 않도록 주의해야 한다. 콜레라와 홍역은 발생 빈도가 낮은 대륙이지만 개인위생만은 철저히 지켜야 할 것이다. 중남미 중 엘살바도르, 멕시코, 온두라스, 쿠바, 자메이카에서는 장티푸스와 홍역이 발생하므로 개인위생을 준수해야 한다. 볼리비아, 파라과이, 베네수엘라는 다양한 질병이 발생하는 국가로 개인위생을 지키고 모기 물림에 주의해야 한다.

매개 곤충과 질병

매개	감염병	증상 · 처방	발생 국가	참고
모기, 사람(수혈)	말라리아	예방약 복용	열대 · 아열대	얼룩날개모기 (암컷)
	황열	대증적 요법	남미, 아프리카	치료제 X
	지카 바이러스	대증적 치료	유럽 외 지역	백신 X
	뎅기열	무증상(75%)	숲모기발생지역	백신 X
	치쿤구니야열	급성 발열, 관절통	필리핀	치사율 희박
	필라리아증 (사상충증)	알벤다졸, 이베르멕틴	동남아시아, 미국, 아프리카	발생률 낮음
	서부 말 뇌염	항바이러스제	남미	발생률 희박
	웨스트나일열	신경계 감염	우간다	치료제 X
작은빨간집모기	일본 뇌염[8]	백신(불활성화 백신 5회, 생백신 2회 접종)	해안 도시	돼지숙주

쥐벼룩(설치류)	페스트	항생제	아프리카, 페루	백신 X
	렙토스피라증	항생제	홍수지역	백신 X
	한타바이러스	유행성출혈열	한국 등	백신 O
	리케차	항생제	숲진드기지역	
개/원숭이	광견병	백신	베트남	
	피부유충이행증	개의 구충 가려움		
	파상풍	흙, 먼지, 물 세균		
	봉와직염	피부 상처 세균감염		
박쥐 등	에볼라바이러스	인마제브 치료	콩고민주공화국	백신(엘베보)
가금류/조류	앵무병	항생제	유럽	조류주의
	조류 인플루엔자	백신 X	철새도래지	치사율 높음
단봉낙타	메르스[9]	밀접접촉 주의	사우디아라비아	백신 X
빈대[10]	가려움증	항히스타민제	유럽, 미국 등	물림주의
야생진드기 야생토끼	라임병, 뇌염	예방접종	전 세계	캠핑, 하이킹
	야토병	항생제 치료	북미	백신 X
	쯔쯔가무시증	항생제 치료	동남아시아	치사율 낮음
어패류, 생굴	비브리오 패혈증	항생제	해안(오염)	
초식동물	탄저	초식동물과 육회	아프리카, 라오스	백신 X
흙탕물, 강물	렙토스피라	항생제(페니실린)	동남아시아	집중호우
	유비저	항생제	열대지역	백신 X

---

[8] 국내 일본 뇌염 환자는 매년 20명 내외 발생하며 대부분 8~9월에 신고된다. 최근 5년 동안 일본 뇌염으로 신고된 환자는 91명으로 50대 이상이 전체 환자의 87.9%(80명)를 차지한다. 발열, 두통 등 가벼운 증상이 나타나지만, 뇌염으로 진행될 시 고열, 발작, 마비 등 심각한 증상이 나타나는데 20~30%는 사망에 이르기도 한다. 질병관리청은 2011년 이후 출생자는 표준 예방접종 일정에 맞춰 접종할 것을 권고한다.

[9] 중동 지역 아라비아반도를 중심으로 2012년 4월부터 2022년 11월 10일까지 27개국에서 2,603명이 발병하여 944명 사망(ECDC), 특히 사우디아라비아에서 총 발생 환자의 84% 이상 보고됨('22.11.10 기준). 치료제는 개발되어 있지 않으며, 환자의 증상에 따라 적절한 내과적 치료를 시행한다.

[10] 빈대는 유럽과 미국에서 발생하지만 최근 한국에서도 발견되었다. 모든 빈대는 피레스로이드 계통의 살충제에 2만 배에 달하는 강한 내성이 있어 살충제로는 퇴치가 어렵다. 빈대에 물리면 모기보다 가려움과 부기가 심하다. 피를 먹이로 삼지만 1년 가까이 굶어도 생존할 수 있다. 질병관리청에 따르면 빈대 퇴치방법은 별로 없다. 단지 스팀 고열과 진공청소기, 건조기 소독이 확실한 해법이다. 저자는 30년 전 프랑스 샤모니 여행 중 숙박하던 곳에서 수십 마리의 빈대에 물려 여행자 모두가 고생했던 기억이 있다.

(4) 오세아니아와 유럽

오세아니아와 유럽은 대체로 질병에 안전한 지역이기는 하지만 홍역은 유럽뿐만 아니라 전 세계에서 발생하는 질병이니 오염된 손으로 얼굴을 만지지 않도록 하며, 손 씻기 등 개인위생을 철저히 한다. 애완견이나 야생동물에 물릴 위험도 있으니 가까이 다가가지 않도록 한다. 숲길을 산책하거나 잔디 위에 앉아 쉴 때는 야생진드기에 물리지 않도록 주의를 필요로 한다. 쯔쯔가무시증은 균을 보유한 '털진드기' 유충이 매개하는 3급 법정감염병으로, 주요 증상은 발열, 오한, 두통, 근육통 등이다. 털진드기에 물리면 10일 이내 검은 딱지가 생긴다. 국내에서도 2년 동안 18,980명(2022~2023년)의 환자가 11월 전후로 발생했다.

환자 발생 시 대처 요령과 순서

- 발생 상황과 환자에 대한 상태 파악
- 신속한 판단과 응급조치
- 현지 여행사, 재외공관과의 협조
- 응급환자면 구급차 병원 후송 등 적절한 조치
- 입원이 필요하거나 비용이 발생하면 선결제 후 여행자보험 처리
- 사후 환자의 상태 확인

환자 사망 시의 절차

환자 사망 시 여행사와 유족에게 일리고, 사망진단서를 받아 재외공관에 신고한다. 경찰에 신고 후 진단서와 증명서 등 필요한 서류를 발급받는다. 유해는 유족의 의사에 따르며 주재원과 여행사의 협조를 요청한다.

---

2. 해외여행과 사건 사고

1) 분실 도난

다양하게 발생하는 사고에 대한 예측과 정보를 얻기 위해선 여행을 떠나기 전에 '외교부 해외안전여행' 홈페이지에 접속하여 관련 내용을 미리 살펴야 한다. 외교부 해외안전여행에 접속하면 국가별 안전여행 공지와 '국가별 여행경보', 영사협정

과 비자(Visa) 정보, '해외 안전여행서비스', 대처 매뉴얼 등을 쉽게 열람할 수 있다. (https://www.0404.go.kr)

　도난이나 소매치기는 부주의하거나 집중력이 분산되면 언제 어디서든 흔히 발생하는 사고다. 일반적으로 낯선 사람이 말을 걸어오거나 친절하게 접근하면 무조건 경계해야 한다. 바닥에 동전 등 무언가를 흘리고 간다거나, 옷에 이물질을 묻히고 호들갑을 떨며 도움을 주고 길을 묻거나 구걸하기 등 여행자의 시선을 분산시켜 산만해진 틈을 이용하는 전형적인 소매치기 수법도 있지만, 날이 갈수록 너무나 창의적이고 다양해서 나열하기가 어려울 정도다. 유럽 대부분의 여행지인 도시는 날치기와 소매치기 그리고 도난 사고가 빈번하다. 영국, 프랑스, 이탈리아는 특히 소매치기, 절도, 강도 등의 피해가 많이 발생하는 곳이니 신변안전에도 특별히 유의하여야 한다. 일반적으로 유럽 도시엔 사생활 침해로 CCTV를 설치하지 않아 범인 체포와 소지품 회수가 거의 불가능하다. 특히 프랑스 파리는 소매치기의 대부분이 지하철이나 거리에서 빈번하게 일어난다. 승하차 시 불시에 스마트폰, 가방 그리고 소지품을 강탈당하지 않도록 주의해야 한다. 길을 가다 서명이나 기부 요청이 있으면 대응하지 말며, 박물관, 미술관 주변에서는 입장권을 요구하며 소지품을 훔치는 일도 있음을 알고 있어야 한다. 가방이나 물품은 몸에서 절대 떨어뜨리지 말고, 핸드폰 사용 시 벽의 모서리 등 안전한 장소를 택한다. 아시아인을 상대로 한 인종차별과 '코로나19' 이후 증오범죄도 늘어나고 있다.

가방이나 주머니 속 귀중품을 강탈하는 장면과 티켓구매나 현금인출을 훔쳐본 후에 갈취 :
유니세프 등의 단체를 사칭하여 거리 서명을 받는 척하며 기부금을 요구하거나, 다른 가해자가 가방이나 주머니 속 귀중품을 강탈하는 장면과 티켓구매나 현금인출을 훔쳐본 후에 갈취나 소매치기에 활용한다.

출처: https://www.dailymail.co.uk/news/article-2367612/

식당 등에서 의자에 옷이나 가방을 걸어 두면 도난의 표적이 된다. 가방을 등에 메고 다닐 때도 칼 등으로 찢어 훔쳐갈 수도 있으니 앞으로 메거나 수상한 사람이 접근하는지 주의를 기울여야 한다. 출퇴근 시간대 기차나 버스에서 주의가 산만해지는 순간 당한다. 기차 선반에 올려둔 가방이 사라지는 경우도 많다. 열차 이동 시 잠든 사이나 자리를 비운 사이 물건이 사라지는 예도 있으니 물건은 좌석 옆이나 안전한 곳에 두어야 한다.

호텔 로비도 안전한 장소가 아니다. 프런트 체크인 및 체크아웃 시 수화물과 시선이나 몸이 절대로 떨어져서는 안 된다. 세이프 서비스나 Luggage 서비스를 이용할 때 호텔 소속 직원인지 확인하며, 숙소 객실 내에서도 도난 사고가 빈번히 발생하고 있음을 인지한다. 언제 어느 곳이든 안전한 장소는 없다. 잠시라도 한눈을 팔거나 물건을 탁자 위에 두거나 짐을 내버려두는 순간 소중한 수화물은 사라질 것이다.

차량털이 범죄는 아주 짧은 순간에 발생하며 위치와 시간대에 상관없이 일어난다. 렌터카를 이용하여 호텔 앞 거리 주차를 할 때도 범죄집단의 표적이 되기 쉽다. 십중팔구 펑크를 내거나 차량을 훼손하여 여행객이 자동차를 확인하는 동안 차량의 문을 열고 물건을 훔쳐가는 도난이나 날치기를 당한다. 뭐든 한눈을 파는 짧은 순간에 일어나는 일이므로 특별히 신경 쓰고 조심하지 않으면 당하는 일이다. 승용차라도 내 몸에서 떠난 가방이나 수화물은 사라질 수 있다는 생각을 잊지 말아야 한다. 운전을 위해 가방을 조수석이나 뒷좌석에 놓고 운전대를 잡으려고 앞문을 여는 순간 동시에 뒷문도 열리며 가방은 사라질 것이다.

이탈리아에선 택시를 이용하는 경우 수화물을 다 내려주지 않고 출발하는 때도 있다. 일방적으로 도주하는 경우엔 택시 차량번호를 신속하게 적어 놓아야 한다. 사복이나 경찰복을 입고 사칭하는 예도 많이 있다. 위조지폐 단속반이든 경찰이든 즉석에서 무조건 여권 등을 보여주지 말고 침착하게 신분증 제시를 요구하며 경찰서로 함께 가자고 요구한다. 경찰관이 임의로 휴대품을 검사하는 것은 일반적으로 법규에 어긋나는 일이기 때문이다.

분실 도난 예방책은 아무리 주의 깊게 인지하거나 정신을 바짝 차려도 당하는 경우가 많다. 불필요하게 움직이는 경우 주의가 산만해지므로 조심해야 한다. 주변에서 어떤 일이 발생해도 시선을 빼앗기지 말아야 한다. 날치기를 당하더라도 달려가 쫓는 일은 패거리에 의한 2차 가해가 있어 위험하다. 현금은 가능한 한 적게 소지하며 분산 소지한다. 여권과 현금은 한곳에 넣어 보관하지 말고 안쪽 호주머니에 나눠서 보관한다. 뒷주머니에 중요한 것을 넣고 다니면 쉬운 표적이 될 것이다.

소매치기 후 도망가는 무리와 철로를 가로질러 건녀는 가해자들

출처: https://www.dailymail.co.uk/news/article-2367612/

사건 사고 유형	사건 사고 예방	발생 장소
가방 훼손	배낭, 가방 앞으로 메기	붐비는 곳이나 공공교통 장소
가방 분실	가방을 바닥에 두지 않기	식당, 영화관, 커피숍 등
사복경찰 사칭 접근	귀금속 치장하지 않기	단순한 여행객 차림
호텔 로비와 민박집	귀중품 관리 철저	물건은 내버려두지 않기
주머니 소매치기	분산해서 주머니에 넣기	걷거나 산책 중
운행차량 유리창 훼손	보이지 않게 물건은 감춰두기	주행 중 도로(신호 정지)
주차된 차량 훼손 후 절도	차량 내 중요한 짐 호텔 보관	노상 주차
열차 내 가방 분실	화장실 등 이동 시 귀중품 주의	도움 주는 사람 경계
체크인 동안 가방 분실	가방을 안전하게 챙기고 체크인	공항, 호텔, 역 등
산만한 상황에서 도난	불필요한 행위 금지	역내, 광장 등 붐비는 장소
사진 촬영	촬영 시 소지품 주의	가방 내려놓지 않기
대중교통	가방을 감싸 구석에 서 있기	버스, 지하철
여권 도난	검표원 사칭 여권 확인 후 도난	아테네 중앙역 등

오물 투척, 오물 묻히기	침착하게 대응. 분실 위험	길거리, 기차역 등
호텔 내 조식 중 분실	음식을 가지러 간 사이 도난	뷔페식당
신용카드 비번 노출	자판기 사용 시 주의	비번 보이지 않도록
테이블 위 물건 도난	안전히 보관	음식점

칠레는 아타카마 사막과 볼리비아 우유니 방문을 위해 이용하는 버스터미널 주변에서 소매치기 범죄가 빈번하게 발생한다. 2023년 상반기 기준 칠레의 10만 명당 살인범죄 발생률은 6.7명이며 산티아고에 집중되어 있다. 산타루시아 언덕, 아르마스 광장, 중앙시장[11], 버스터미널, 발파라이소[12] 등에서 집단으로 몰려와 소지품을 강탈하는 경우가 빈번히 일어나고 있다. 칠레 남부 아라우카니아주, 비오비오주에서는 마푸체 원주민 단체 소행으로 추정되는 테러가 자주 발생하며, 2024년 4월에는 순찰 중이던 경찰 3명이 총격을 받아 사망하는 사건이 있었다. 칠레는 2018년부터 현재까지 전국에서 유기견에 의한 사망자가 24명에 달하며, 아타카마 사막에서는 2023년 유기견에 물려 가이드 1명이 사망했었다. 달의 계곡 여행 시 유기견 등 들짐승에 주의해야 한다.

2) 분실 도난 사건 사고 후 처리

(1) 여권 분실

여권 분실 혹은 도난당했을 때 가까운 경찰서를 찾아가 여권 분실 증명서를 발급받는다. 증명서 사본이나 신분증을 지참하고 여권 분실 증명서, 여권 사진 2매, 수수료를 지참하고 재외공관을 방문하여 여권발급신청을 하여 재발급을 받는다. 여권을 복사하여 따로 보관하거나 여권번호 등은 메모해 두어야 한다. 여행 전에 미리 여권용 사진을 챙겨 가는 것도 좋다.

---

[11] 오물을 투척하고 도움을 주는 척하며 소매치기 시도가 빈번하니 오물이 묻었을 때 당황하지 말고 즉시 자리를 이동하여야 한다.
[12] 차량을 손상한 후 도움을 주는 척하는 순간 소지품을 강탈하는 범죄가 발생하고 있다.

중국은 여권 분실과 도난 사건이 많아 중국 공안 당국은 재외공관으로부터 발급받은 여행 증명서가 있더라도, 공안 당국이 발행한 '여권분실증명서'가 있어야 출국할 수 있다. 중국 여행 중 여권을 분실했을 때는 담당 파출소에 신고하고 분실 증명서를 발급받고 중국 내 재외공관에 사진 3매를 지참하고 본인이 직접 방문하여 분실신고를 해야 한다. 공관에서 발급하는 '분실여권말소증명'과 파출소 발행의 '분실증명서'와 호텔 등 합법 거주지 등에서 발급하는 '숙박증명(주숙등기표)'을 첨부하여 분실지역 담당 공안국 외국인 출·입경 관리처에 가서 분실 증명서를 받아야 한다. 이어 공관을 방문해 단수여권을 발급받는다. 공안 당국 외국인 출·입경 관리처에서 단수여권에 출국에 필요한 비자를 발급받아야 출국할 수 있다.

(2) 현금과 물건 분실과 도난

현금 등을 도난당하여 여행 경비가 부족할 경우 '신속해외송금제도'를 이용할 수 있다. 재외공관이나 영사콜센터에 문의하면 된다. 여행자 수표는 구매 영수증을 가지고 수표발행 은행의 지점에서 분실신고 후 재발급받을 수 있다. 고유번호와 기타 정보를 알아야 한다. 수표는 수령 후 사인을 하는 것이 재발급에 유리하다.

• **신속해외송금제도 안내**

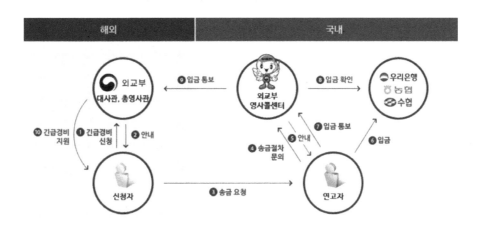

출처: 주노르웨이 대한민국대사관

항공권마다 규정이 다르지만, 분실 시 항공권을 재발행받거나 환불받기 위해서는 간단한 절차가 필요하다. 나중에 사용되면 책임지겠다는 배상동의서를 작성하고 항공권을 구매한 곳, 항공권 번호, 미사용된 구간 등을 알려줘 발권 사실을 확인하면 항공권을 재발급해 준다. 배상동의서를 작성하는 이유는 본인의 재사용을 막기 위한 것이다. 공항에서는 여권과 항공권을 대조하기 때문에 사용자 외 다른 사람이 그 항공권을 사용할 수는 없다. 중동의 일부 국가나 후진국에서는 항공권을 재발급해 주지 않거나 당장 급하게 이동해야 하는 경우는 새로 항공권을 구매하고 나중에 환불받는 방법도 있다. 항공권을 복사하거나 항공권 번호 혹은 관련 서류가 있으면 쉽게 재발급받을 수 있다. 전자 항공권(e-ticket)을 발권하였다면 항공권 분실에 대해 걱정하지 않아도 된다.

3) 여행 중 안전사고

사고는 급격하고, 우연적이며, 외부충격이라는 3개의 조건에 의해 발생하는 우발적인 사태다. 예상할 수 없는 사고를 최소화하기 위해서는 발생할지도 모르는 상황을 항상 예의 주시하며 위험한 상황에 부닥치기 전에 의심하고 안전수칙을 잘 지켜야 할 것이다. 기후의 변화나 상황의 급변 등 여행 중 발생하는 모든 일에 촉각을 곤두세워 대비해야 할 것이다. 2024년 12월 인도네시아 발리에서 강풍에 큰 나무가 쓰러지면서 관광객을 덮치는 사고로 한국과 프랑스 관광객 2명이 안타깝게 목숨을 잃었으며 한국인 1명이 부상당 했다. 발리 우붓 지역의 '몽키 포레스트'는 나무가 우거진 곳으로 숲을 거닐며 긴꼬리원숭이를 볼 수 있는 관광지다. 전날 강풍으로 대형 반야나무가 쓰러지면서 지나던 관광객 3명의 사상자가 발생한 사고다.

여행 중 급격하게 발생하는 사고 중 신체적 손상으로는 고립, 고산증으로 인한 두통과 메스꺼움, 저혈압 쇼크, 호흡곤란 등으로 일시적으로 의식을 잃고 쓰러지는 예 등이 있다. 심리적 증상으로는 폐소 공포증, 공황장애, 저혈압 쇼크, 장시간 운전과 과로, 비행 공포 등이 있다. 장거리 비행과 일반석이 좁아 장시간 여행을 견디기 힘들면 주치의와 미리 면담 후 처방받은 약을 챙기고 적절한 시간에 복용하면 좋을 것이다. 일반석 증후군이라 불리는 '심부정맥 혈전증'은 비행 중 장시간 움직이기 힘든 상태에서 다리에 혈액이 응고되면서 발생한다. 혈전이 생겨도 다시 흡수되지만, 일부는 혈관을 막거나 폐까지 이르면 DVT 합병증도 유발한다. 비행 중 심리적 증상을 완화하기 위해선 불합리한 공포임을 인식하고, 가능하면 무게 중심이 있는 앞부분 넓은 자리를 택하는 것도 좋다. 그리고 다른 여행자들의 편안한 모습을 바라보며 안정을 취하는 것도 하나의 방법이지만 불안 증상이 해소되지 않는다면 의사 처방을 받고 미리 약을 먹어야 한다. 시차증은 5시간 이상 시차가 나는 곳으로 여행할 때 발생한다. 시차증은 무리한 여정을 피하고 수분을 충분히 섭취하고 식사는 가볍게 하며, 가능하면 잠을 보충하며 휴식을 취하는 것이 예방법이다.

영국은 총 범죄의 발생률이 한국보다 4배 정도 많은 국가다. 사이버 범죄뿐만 아니라 강도, 소매치기 등이 빈번하게 발생하는 곳이며, 재외국민 사건·사고 접수도 매년 500건 이상 접수된다. 주로 절도와 분실 사건이 대부분이며 소매치기, 폭행, 흉기사용 범죄도 자주 발생한다. 현재 연해주는 동아시아 지역에서 외국인 범죄율이 가장 높은 지역으로 지금까지 주로 노동·체류 관련 서류 위조, 가정폭력, 교통범죄가 주를 이루었으나 최근에는 강도·폭행, 성폭력 등 강력 범죄도 증가 추세라고 한다.

유람선이나 수상레저를 즐길 때는 안전수칙을 절대 지키고 구명조끼를 착용하는 것이 안전하다. 2018년 11월 우간다 쪽 빅토리아 호수에서 유람선이 전복되어 많은 사망자가 발생하였다. 2019년 5월 29일 헝가리 부다페스트 다뉴브강에서 34명이 탄 '하블라니' 유람선이 크루즈선과 충돌 후 침몰해 한국 단체 관광객 사망자 25명과 실종자 1명이라는 매우 심각한 피해가 발생했다. 유람선엔 안전수칙도 없었고 구명조끼 등을 입고 승선하지 않았던 것으로 보도되었다. 안전불감증이 대형사고를 낳았다고 할 수밖에 없다.

• 파리 센강 유람선

출처: 저자

(1) 지하철역 플랫폼 사고

드문 경우이긴 하지만 취객, 마약 중독자, 인종 혐오주의자가 선로에서 기다리는 사람을 선로 아래로 밀어버리는 사건이 발생하기도 한다. 파리 지하철역에는 스크린 도어가 없다. 전철을 기다리기 위해 선로 가까이 서 있기보다는 플랫폼 안쪽 벽면 가까지 서서 기다리는 것이 안전하다. 2023년에는 한국인 여행객이 선로에서 고압 전류 감전으로 추정되는 사망 사고가 있었다.

• 스크린 도어가 설치되지 않은 파리 지하철 플랫폼

출처: 저자

(2) 수상 레크리에이션

블롭 점프, 수상스키, 스노클링, 다이빙 등 해양 활동은 스릴 만점의 체험 여행이다. 수상 레크리에이션은 구명조끼 사용법 등 안전수칙을 숙지해야 하며, 어린이는 얕은 물이라도 보호자가 일순간도 시선을 흐트러뜨리지 말고 주의 깊은 관찰을 해야 한다. 물가나 강둑, 늪지대에서는 반드시 신발을 신어야 한다. 다이빙 전에 물의 깊이를 확인하고, 흐린 물속에는 뛰어들지 않도록 한다. 온천이나 사우나에서는 극단적인 온도는 가급적 피하는 것이 좋다. 호주에서 평균 15,000명 이상이 익사 사고의 위험으로부터 구출되며 120여 명이 익사하는 것으로 조사되었다. 수영 미숙으로 익사 사고를 당하는 여행객이 종종 있으므로, 해양 스포츠를 즐기는 경우 안전 표지판 및 유의 사항을 항상 숙지해야 한다.

짜릿한 기분을 즐기는 액티비티 여행은 안전이 최우선으로 되어야 한다. 카누나 뗏목에 여행객을 태우고 급류를 이용해 내려오다 뒤집혀 여행객들이 물에 빠지는 사건이 발생하기도 한다. 사고는 안전하다고 생각하는 곳에서도 발생한다. 항상 안전 수칙과 물놀이용 안전 조끼를 꼭 착용해야 할 것이다. 사고가 발생하면 신속하게 도움을 요청하고 인명 구조에 온 힘을 쏟아야 하며, 2차 피해가 없도록 유념해야 할 것이다.

(3) 위험한 인생샷

인생 최고의 장면을 남기기 위해 위험한 행동은 하지 말아야 한다. 아차 하는 순간 소중한 목숨을 잃을 수 있다. 2018년 보도에 따르면 그랜드 캐니언에서 캐나다 유학 중인 여행자가 추락하는 사고가 발생하였다.[13] 치료비만 100만 달러(한화로 약 11억 원)에 환자를 국내로 이송하기 위해 2억 원 정도의 비용이 들었다.

야생의 늪이나 습지대에서 악어 등의 공격을 받을 수 있으니 지나치게 위험한 인생샷을 위한 위험한 행동은 삼가야 한다.

---

[13] 한국경제, '그랜드 캐니언 추락 사고', 2019.01.23, 김소연 기자 보도자료

● 그랜드 캐니언 일부 전경

출처: 저자

(4) 여행 중 낯선 사람과의 만남

필리핀 등지에서 가장 흔한 사고는 여행객들의 음료나 음식에 약물을 주입해서 금품을 강탈하는 경우다. 음식이나 음료를 제공하겠다고 접근하는 사람을 조심하는 것이 안전하다. 여행 중 의도적인 접근 혹은 우연히 만난 현지인과 함께하는 술자리는 가능한 피해야 한다. 홀로 여행하던 한국인이 함께 술을 마신 현지인의 약물로 정신을 잃은 상태에서 신용카드를 날치기당하고 취기로 도로에 쓰러져 강추위에 동사한 사건이 파리에서 일어났었다. 술에 약을 탄 뒤 갈취하는 강도 및 성폭행도 일어나므로 친근하게 다가오는 사람을 주의한다. 모르는 사람이나 단시간에 친해진 사람이 주는 음료와 과자, 음식물, 비타민 음료 등은 공손히 거절한다. 2013년 그리스 아크로폴리스 주변 관광 중 외국인이 권하는 과자를 먹고 정신을 잃어 짐을 도난당하는 사건이 있었다. 청소년이 길거리나 술집에서 외국인에게 혐오를 표시하거나 시비를 걸면 대응보다는 회피하는 것이 좋다.

(5) 히치하이크

히치하이크는 세계 어디서나 안전하지 않다. 위급한 상황이 아니라면 홀로 행하는 일은 가능한 피하는 것이 좋다. 잠재적인 위험을 무릅쓰는 일이기에 모험이나 색다른 경험이기보다는 위험한 일임을 알아야 한다. 필리핀 남부 민다나오 게릴라 지역에서의 히치하이크는 자살 행위다. 필리핀 남부지역에서는 납치 등 상상 이상의 사건 사고가 빈번히 일어난다.

(6) 환전상

일부 환전상은 대개 가장 좋은 환율을 제시하지만, 잔돈을 덜 거슬러주거나 떼어먹는 속임수를 쓰는 경우가 있다. 체코에서는 체코 화폐가 아닌 다른 러시아 화폐나 동유럽 국가의 화폐를 건네며 사기를 친다. 지폐를 몇 장 빼고 주기도 하므로 화폐 모양과 금액을 미리 잘 살피고 집중해야 한다. 위조지폐를 건네는 경우도 있으니 꼼꼼하게 살펴야 한다. 환전상보다는 호텔, 은행, 리조트 그리고 현지 ATM에서 환전하는 것이 안전하다. 은행이나 공식 환전소를 이용하며 영수증을 확인하고, 돈은 그 자리에서 확인하는 것도 중요하다.

여행 중 안전사고 예방

- 낯선 사람의 지나친 친절 경계, 침착하게 그 상황을 피할 것
- 타인물건 대리운반 등 절대 금지. 마약, 밀수 등의 범죄에 이용
- 강도가 흉기 등을 활용하여 위협할 경우, 저항하지 말 것
- 어른이든 어린이든 머리를 만지는 것은 금물
- 항상 주위를 경계하고 현재 위치를 파악할 것
- 차량 탑승 시, 귀중품이나 가방 등은 트렁크에 보관할 것
- 외출 시 최소한의 물품만 휴대할 것
- 의심되는 차량이 접근할 경우와 수상한 차량 경계할 것
- 안전한 곳에 주차하고 창문을 닫을 것
- 거주지의 창문과 문을 항상 닫고, 필요시 경보장치를 활용할 것
- 신종 사기수법인 보이스피싱, 가정방문 등에 유의할 것
- 택시 탑승 시, 애플리케이션 혹은 콜택시를 활용할 것
- 신호 대기 및 정차 시, 낯선 사람의 접근을 경계할 것
- 길이나 차량, 야간에 휴대전화 사용 자제
- 어두운 곳이나 한적한 곳 외출 자제
- 우범지역 및 대규모 인원 운집지역 방문 자제, 신분증 지참
- 클럽이나 기타 유흥업소에서 만난 여성 등에 의한 수면제, 기타 마취약 등 주의

4) 안전한 식생활

여행 중 종종 식중독 사고가 발생하므로 노점상 음식이나 안전하게 조리되지 않은 음식물 섭취를 피하도록 한다. 배탈이 나는 경우도 많으니 포장된 생수나 끓인 물을 음용하도록 한다. 손 씻기와 손 소독제 사용으로 개인위생을 빈틈없이 해야 함은 물론이다.

해외 입국 시 한국 음식 반입을 금지하는 나라들도 있다. 미주와 대양주 그리고 중국은 식품 반입을 까다롭게 제한한다. 귀국 시 외국에서 구매한 녹용, 뼈, 고기 등의 축산물과 농수산물은 가축전염병의 원인이 되므로 반입이 불가하다.

(1) 토속음식

외국 여행 중 경험하는 각 나라의 전통 음식이 먹기엔 불편할 수도 있다. 프랑스 전통 요리인 '푸아그라'라는 비인간적인 생산과정으로 만들어지는 혐오식품이라는 인식이 있으며 처음 접하면 불쾌감이나 장 트러블이 일어나기도 한다. 오염된 미네랄이 함유된 물이나 음료도 조심해야 한다. 미국 질병예방통제센터(CDC)는 생우유 과다 섭취 시 치명적인 문제를 유발할 수 있다며 "안전하지 않다"라고 경고하고 있다. 실제로 미국에서는 생우유를 판매하는 것이 금지돼 있다.[14] 킨더 서프라이즈 에그 초콜릿 상품에는 장난감이 들어 있는데 2016년 프랑스에서 3세 소녀가 장난감을 삼켜 질식사하는 사건이 발생했다.

· 킨더 서프라이즈 에그 초콜릿

---

14) 동아일보, '나라별로 금지한 음식 10가지, 도대체 왜', 2021.04.07, 동아경제 신효정 기자

호주와 뉴질랜드에서는 대서양 양식 연어인 '애틀랜틱 연어', 미국은 2005년부터 벨루가 캐비아를 금지했으며, 샥스핀은 미국 캘리포니아, 일리노이 등에서 금지 음식으로 분류했다. 싱가포르는 껌에 관해서 엄격하다. 껌이 거리를 더럽히고 제거 비용도 많이 든다는 이유로 1992년 껌을 수입하거나 판매하는 것을 법률로 금지했다. 껌을 판매하는 상인들은 최고 2년의 징역에 처하거나 1,000달러의 벌금을 물어야 한다.[15]

- **애틀랜틱 양식 연어**

출처: photo AC

(2) 야생 동식물 채집 주의[16]

여행 중 바닷가나 숲에서 전복, 소라, 조개 등을 허가 없이 채취하면 법적 처벌을 받는다. 아무리 탐나는 것이 눈앞에 있더라도 지나치는 것이 좋다. 여행객이든 현지인이든 누군가 불법 행위를 저지르고 있음을 알면 대부분 신고한다. 거북이 알 등을 소지하는 것도 금하며, 숲에서 버섯이나 고사리 채취도 불법이다. 도토리나 열매 등 산짐승들의 먹이를 마구잡이식이나 불법으로 채취하는 일은 위험하다. 버섯도 채취해서 출입국에서 걸리면 법에 따른 제재를 받는 일임을 명심해야 한다. 가축전염병 예방법과 식물방역법으로 정하는 특정의 동물과 그것을 원료로 하는 제품, 식물과

---

15) 상기 자료와 동일
16) 파라과이는 고유종 또는 멸종위기종으로 규정된 종의 서식지에서의 수렵, 어로, 채집 또는 그 보존에 관한 규정을 위반한 자는 1년 이상 5년 이하의 징역, 목적에 사용된 종의 압수 및 일일 최저임금의 500배 이상 1,500배 이하의 벌금을 물린다. '파라과이 법률' 제716호, 환경에 반하는 불법 행위의 처벌에 관한 법

그 포장물 및 소시지 등의 식품류와 농산물의 반·출입이 금지되는 경우가 많다.

남아공은 자연보호법규가 엄격하여 허가를 받지 않고 낚시를 하거나, 전복·전갈·거미·야생 꽃과 동식물 등 채취 시 체포될 가능성이 크다. 특히, 케이프타운 등 유명 관광지를 방문한 관광객이 무단으로 야생 동식물을 채취하거나 소지·보관하고 있다가 체포되어 벌금형에 처하는 사례가 자주 발생하고 있다. 브라질 마나우스에서는 천연자원 보호를 위한 관리가 엄격하다. 동식물의 채취 및 국외로 반출을 하려면 사전에 브라질 환경재생가능 천연자원기관(IBAMA)의 허가를 받아야 한다.

야생에서 채취하는 버섯 종류나 산나물, 전복 등은 함부로 먹지 말아야 한다. 해산물, 산나물 등을 함부로 채취하는 것은 법적으로 금지되어 있을 뿐 아니라 환경요인과 지식의 오류로 독성을 섭취할 수도 있으므로 유혹을 떨치는 것이 좋다. 일반적으로 허가받지 않은 야생에서의 낚시, 수렵 그리고 채취[17]는 법적 제재를 받는 경우가 많으므로 함부로 채취하지 말아야 한다.[18] 뉴질랜드에서는 불법으로 전복을 채취하다 적발되는 경우 최고 25만 불의 벌금 및 5년 징역형의 처벌을 받을 수 있다.[19]

---

[17] 미국에서 전복을 불법 채취하다 적발된 한인 남성 2명에게 벌금이 1억도 넘게 (12만 달러) 선고됐다. 상상을 초월하는 벌금액이다. 'LA카운티형사지법'에 의해 전복 등을 불법 채취한 혐의로 각각 6만 2,626달러의 벌금, 스쿠버 장비 몰수, 그리고 낚시 면허 영구 박탈의 형을 받은 사람들은 채모(75·LA)와 정모(58·가든그로브)라는 두 명의 한인들이다. 캘리포니아주 '어류야생보호국'은 1997년 이후로는 샌프란시스코 이남 전 해안에 걸쳐 붉은 전복(red abalone)을 제외한 모든 종류의 전복 채취가 금지되었다.

[18] 미국법에서는 국립공원, 국유림, 연방자연기념지역 등의 국유지뿐만 아니라, 주립공원이나 주가 정한 '동식물보호지역' 등에서는 어떠한 것도 외부로 반출할 수 없다. 이런 불법행위는 중범죄로 거액의 벌금이 부과되고 정도가 심할 경우 실형을 살 수도 있다. 특히 보호종으로 지정된 동식물에 대한 처벌은 가중된다. 심지어는 돌이나 바닥에 떨어진 솔방울을 주워가는 행위도 불법이다. 물론 아시아에서 유행하는 수석 채취도 모두 불법이다.

[19] 2018년 YTN 보도에 따르면 한국인 3명이 야생 식물을 몰래 채취하다 적발되었다. 캘리포니아 해안 절벽에 자생하는 '두들레야(Dudleya)'라는 다육식물을 대량으로 채취했던 것이다. 캘리포니아주 델 노르테 카운티에서 두들레야 천 그루를 캐서 한국으로 보내려다 체포된 3명을 추방했다. 캘리포니아 야생보호국은 두들레야 채취를 엄격히 금지하고 있다. 2018년 3월 한국인 2명이 체포되어 징역 2년을 받았고 4월에도 2명이 체포되어서 징역 3년 8개월을 받았다. 미국에서는 고사리 등 일반 야생식물도 사전에 허가받지 않고 채취하면 법적 처벌을 받는다. 고사리, 버섯, 전복, 조개, 동식물은 물론이고 돌 한 조각도 채취하는 것은 위법이다. 2016년에도 전복을 채취하다 적발된 한인 2명에게 12만 달러의 벌금이 선고됐다. 미국에선 한인이 종종 해산물과 고사리를 채취하다가 강한 처벌과 엄청난 벌금을 받는 경우가 종종 발생한다(한국서 산나물 뜯듯 미국서 식물 캤다간 … 실형!/YTN KOREAN. https://youtu.be/5uf_8koRztA?feature=shared).

(3) 건강식품

건강식품 해외구매 관련 소비자 불만은 항상 높다. 해외에서 구매하는 건강식품에는 안전성이 확인되지 않은 원료나 국내 반입이 금지된 성분이 들어가 있을 수 있다. 해외구매 건강식품은 국내 반입 시 안전성 검증 절차가 없어 국내 안전기준에 적합하지 않을 수 있다. 건강식품을 구매하기 전에 '수입금지 성분'을 확인해야 한다. 특히 식품에는 금지된 발기부전치료제, 비만치료제 등을 사용하여 만든 제품에 대한 회수 정보가 지속해서 수집되고 있다. 최근에는 대마 등 마약 성분이 함유된 젤리, 사탕 섭취로 인한 피해 사례가 늘고 있어 주의가 필요하다.[20] 근육강화제에는 식품에는 사용할 수 없는 전문의약품 성분이 들어 있는 예도 있다. 다이어트 식품에는 의약품에도 쓸 수 없는 발암물질이 들어갔는가 하면, 향정신성 의약품 성분이 들어간 식욕억제제도 있다. 홍콩 다이어트 건강식품을 먹고 정신질환에 걸리는 경우도 있었다.[21] 여행 중 현지에서 구매한 건강식품과 관련된 피해는 보상받기 어렵다.

(4) 음주문화와 금지

주류와 음주가 불법인 국가들도 적지 않다. 이슬람교도 국가에서는 신도에게 모든 음주를 금하고 있다. 사우디아라비아는 법률로 음주가 범죄로 규정돼 있고 국내선 비행기는 물론 자국 영공을 통과하는 국제선 비행기에서도 술을 제공할 수 없다. 호텔에서 외국인에게는 허용한다. 무슬림이 대부분인 이라크는 음주를 강력하게 처벌하는 국가로 최대 2,500만(2,500만 원) 디나르의 벌금을 내야 한다. 외국 상대의 호텔에서도 전면 금지된다. 이란, 예멘, 아프카니스탄, 쿠웨이트, 카타르 등도 금주를 원칙으로 규정하고 있으니 주의해야 한다. 쿠웨이트는 엄격한 이슬람국가로서 주류의 음용, 유통, 소지 등의 행위를 법적으로 엄격하게 금지하고 있으며, 두바이 등과는 달리 호텔에서의 주류 판매도 일절 금지되어 있다. 주류 소지, 음주 운전 등 관련 불법 행위가 적발되었을 때에는 형사처분 대상이 되는 점을 참작하고, 여행자 휴대품, 이사화물, 회사업무 물품 송부 등 어떤 상황에서도 주류를 반입하지 말아야 한다.[22]

---

[20] 대한민국 정책브리핑(www.korea.kr)
[21] KBS 뉴스 보도(2008년 8월 2일)
[22] 외교부 해외안전여행, 〈국가 지역별 정보〉 중 '쿠웨이트'

아랍에미리트 내의 공공장소 음주는 금지되어 있으며, 음주 운전, 음주로 인한 사건, 사고 발생 시 무관용 원칙에 따라 엄중한 처벌을 받는다. 음주는 호텔 등 주류판매허가권을 취득하고 영업을 하는 지정된 곳에서만 가능하며, 이외의 장소에서 음주 시 처벌될 수 있다.

중국의 경우 출국 여행자가 휴대하여 기내에 반입하는 주류는 항공기 안전을 이유로 금지하고 있으므로 항공사 출국 절차 시 반드시 맡겨야 한다. 필리핀은 길거리 등 공공장소 내 음주, 마닐라 시내의 길거리 등 공공장소에서 음주 행위는 시 조례에 따라 처벌받을 수 있으므로 주의해야 한다. 라오스는 관습상 6월부터 9월까지는 술을 마시지 않는다.

유럽은 16세 이하의 나이는 주류 구매가 불가능하다. 모든 주류의 구매가 가능한 나이는 18세 이상으로 한다. 싱가포르에서도 야간엔 술을 구매할 수 없으며, 이탈리아, 스페인, 프랑스, 아일랜드, 핀란드 등 유럽에서도 야간에 술을 판매할 수 없는 경우가 많다. 스웨덴, 노르웨이는 공휴일과 일요일에 주류 판매 금지 규정이 있다. 나이지리아, 캄보디아, 토고 등은 술 구매 나이 제한이 없는 국가다.

호주, 캐나다, 미국, 싱가포르는 공공장소에서 음주 행위를 금지하고 있다. 호주는 공공장소 내에 일정 구역을 "음주 금지구역(dry area)"으로 지정하여 음주를 금지하거나 오픈된 술병의 소지를 금지하고 있다. 음주 행위와 처벌을 명확히 제시하고 있고, 중범일 경우 가중처벌을 하고 있다.[23]

(5) 대마와 마약류

네덜란드, 호주는 우리나라보다 상대적으로 마약 구매가 쉽고, 친구의 권유나 호기심으로 마약을 취급해서 인생을 망치는 경우가 있다. 대마는 미국, 캐나다 등 일부 지역에선 합법화하고 있다. 2024년 4월 1일부터 독일도 전역에서 개인이 합법적으로 대마를 소지나 소비할 수 있고, 비영리 목적으로 자가 재배가 허용되는 곳이다. 우리 국민이 해외(독일, 네덜란드, 미국, 캐나다 등)에서 대마를 흡연·섭취할 경우, 대한

---

23) 손애리 외 2, '공공장소에서의 음주규제 정책', 보건교육건강증진학회지 제35권 제4호, 2018, pp. 65-73

민국의 형법은 속인주의가 적용되기 때문에 국내 「마약류 관리에 관한 법률」에 따라 처벌의 대상이다. 대마, 종자 껍질, 흡연, 섭취 등 그 목적의 소지ㆍ소유는 5년 이하 징역 또는 5천만 원 이하 벌금을 내야 한다. 대마 성분이 포함된 담배류를 흡연하거나, 음료, 케이크, 빵이나 음식 등을 자신도 모르게 섭취하는 일이 없도록 각별하게 주의를 기울여야 한다. 대마와 대마초 소비는 캐나다, 미국 내에서도 허용하는 주가 있다. 그러나 여행자에겐 구매와 흡연이 불법으로 법적 규제를 받는다.

(6) 아프리카 국가와 비닐봉지

카메룬 등 일부 국가에서 비닐봉지의 소지를 엄격하게 제한하고 있다. 케냐는 2017년 8월부터 산업용 목적을 제외한 비닐봉지의 사용을 금지했으며, 세계 곳곳에서 플라스틱에 관한 가장 강력한 규제를 시행하고 있다. 케냐에서는 플라스틱 봉지를 생산 및 판매, 심지어 소지만 하더라도 최대 4년의 징역 또는 약 4,300만 원 이상의 벌금형을 받을 수 있다.

카메룬은 2012년 10월 비닐봉지 사용을 금지하기로 했고 2013년 2월에 언론을 통해 공식 발표했다. 그리고 2014년 4월 24일부터 비닐봉지의 생산ㆍ수입ㆍ판매를 전면 금지한다는 법안을 적용하기 시작했다. 탄자니아도 2019년 6월 1일부로 비닐봉지 등 일회용 플라스틱 백의 사용을 전면 금지하였다. 비닐봉지를 사용하다 적발되면 약 13달러(약 1만 5천 원)의 벌금이 부과된다. 르완다는 10여 년 전부터 비닐봉지 사용을 금지하고 있고 현재 다른 일회용 플라스틱 제품 사용도 금지하는 방안을 추진 중이다.

방글라데시는 비닐봉지가 관개시설과 하수구를 막아서 수인성 질병을 일으킨다는 사실로 2002년 비닐봉지 사용을 금지했다. 1993년 덴마크는 세계 최초로 비닐봉지에 세금을 도입했다. 한국은 해마다 소비되는 비닐봉지가 5조 개에 달하며, 연간 플라스틱 배출량도 4억 톤을 넘어서고 있다. 하천이나 바다로 유입되는 플라스틱 폐기물은 2천만 톤에 달한다.

비닐을 규제하는 아프리카 입국 시 일부 소지가 가능한 품목은 비닐로 포장된 식품류, 공산품과 지퍼백, 쓰레기봉투 등이다.[24]

---

24) 그린피스 서울사무소, , '플라스틱과 맞서 싸우는 아프리카 대륙 이야기', 그린피스, 2010.10.19;

• 매년 7월 3일은 'Plastic bag free day', 2008년 스페인의 국제 환경단체 '가이아(GAIA)'가 제안하여 만들어진 날

출처: 환경부

5) 개별여행 금지 지역

외교부에서 시행하는 여행 금지제도는 국민의 생명·신체나 재산을 보호하기 위하여 특정 국가나 지역의 방문이나 체류를 중지시키는 것이 필요하다고 인정하는 때에는 기간을 정하여 해당 국가나 지역에서의 여권 사용을 제한하거나 방문·체류를 금지하는 것이다.[25] 그러나 다음과 같은 지역은 그 지역의 특수성으로 인해 외국인의 개별여행을 금지하는 여행지다. 출발 전 미리 정보를 확인하고 여행 계획을 세워야 한다.

(1) 부탄 여행

부탄은 개별여행이 금지된 나라 중 하나다. 전통문화를 보호하기 위해 외국 여행자의 출입을 국가가 철저히 관리한다. 사전 허가 없이는 비자 발급이 불가능하기에

연합뉴스, 유현민 기자, '소말리아, 비닐봉지 사용 금지 … 아프리카서 35번째 규제국', 2024.10.02
[25] 여권법 제17조(여권의 사용제한 등)

부탄 정부가 허가한 여행사를 통해야만 가능하다. 공인된 여행사를 통한 패키지여행만이 가능하다는 말이다. 여행 경비는 하루에 1인당 200~250$ 이상을 요구한다. 모든 비용을 완납해야 비자를 받을 수 있다. 육로 입국은 인도와 네팔을 통해서만 가능하다. 담배 판매는 불법이며 흡연도 금지된 나라다. 2004년 12월, 부탄은 세계 최초로 금연 국가를 선언하여 담배 판매 및 흡연이 전면 금지되었다. 외국인 관광객은 공공장소 이외의 지역에서 흡연이 허용되며 입국 시 10갑의 담배를 소지할 수 있다. 그렇다고 공공장소에서 함부로 피워서는 안 되니 주의해야 한다. 부탄은 학생과 공무원뿐만 아니라 전 국민이 전통복장을 하고 생활하는 것이 일상화되어 있다. 전통과 관습을 중요시하므로 예의범절을 지키는 것이 중요하며, 부탄 정부에서는 자국의 전통문화 유산의 유지와 보존에 힘쓰고 있음을 인지해야 한다.

(2) 세렝게티

지도상으로는 같은 초원지대인 탄자니아 세렝게티와 케냐의 마사이마라는 외부인이 개인적으로 입장할 수 없다. 탄자니아 아루샤는 세렝게티의 출발지이면서 킬리만자로(5,895m)가 2시간 거리에 있다. 모든 국립공원은 개별적 방문이나 도보여행을 할 수 없고 아루샤에 있는 여행사를 이용해 인증된 여행사 프로그램에 참여해야 한다. 사파리 이동 중 차에서 내리는 것은 위험하기에 금지되어 있다. 야생동물과 마주하면 차를 조용히 이동시키거나 약간의 거리를 두고 멈춰 살펴야 한다.

(3) 나미브 사막

나미브 사막은 개별적으로 트레킹이나 자전거로 여행할 수 없고 전용 차량이나 사파리 차량을 이용하는 사막관광상품을 이용해야 한다. 혹시 개별여행 중 체포되어 경찰서로 연행되는 경우 침착하게 영사의 조력을 요구해야 한다. 바다와 붉은 모래사막이 만나는 스바코프문트, 죽은 습지라는 데드 블레이, 액티비티의 최고봉 샌드보드, 쿼드바이크, 밤하늘에서 쏟아지는 별과 은하수는 사막여행이 주는 특별한 추억이 될 것이다.

3. 자동차 여행, 교통법규와 안전운행

1) 자동차 여행

　유럽여행 특히 프랑스에서 시작하는 장기간 여행이라면 자동차 리스도 좋은 방법이다. 렌터카나 리스 이용 시 차량이나 인명 사고에 대비해서 보험은 풀 커버로 하는 것이 좋다. 일반적으로 해외에서는 국제운전면허증이 필수이며, 자국 운전면허증도 소지해야 한다. 여행국의 간단한 교통법규를 미리 알고 가는 것은 중요하다. 보행자와 자전거 우선은 모든 나라에서 정하는 규정이며, 오스트리아처럼 우회전을 엄격히 규정하는 나라도 있으니 미리 정보를 살펴야 한다. 우측에 운전석26)이 있는 나라에서 주행 중 차선변경이나 방향전환 시 특별히 주의를 기울여야 한다.

　북유럽 국가는 겨울철 스노타이어 장착이 의무적이다. 특히 아이슬란드는 안전운행을 위해 연중 낮에도 헤드라이트를 켜야 한다. 겨울철 갑작스러운 기상 변화로 인한 폭설로 고립되기도 하고, 도로가 미끄러워 사고가 자주 발생하므로 항상 주의해야 한다. 오스트리아는 11월부터~4월 15일까지 모든 차량에 겨울용 타이어를 장착해야 하는데, 위반하면 벌금 60유로, 사고유발 시에는 벌금 최대 5,000유로를 내야 한다. 이탈리아는 겨울철엔 겨울용 타이어를 장착하거나 타이어체인을 갖춰야 한다. 이를 지키지 않으면 불시 검문 시에 벌금이 부과된다. 렌터카 차량에 안전장치가 있는지 미리 확인해야 한다.

　북유럽은 전동차인 트램이 도로에 설치되는 경우가 많다. 전동차 정거장을 지나면서는 승하차 승객을 조심하며, 전동차가 멈추면 승객의 승하차가 완전히 끝날 때까지 기다렸다 출발해야 한다. 덴마크의 경우 수도 코펜하겐은 자전거 도시로 유명하다. 운전이나 보행 시 전용도로를 달리는 자전거에 특히 주의해야 한다.

　이탈리아는 주요 관광지와 도심 밀집지역인 로마, 밀라노, 피렌체 등을 제한구역

---

26) 유럽(영국, 아일랜드, 몰타, 키프로스), 아시아(일본, 태국, 홍콩, 라오스, 부탄, 싱가포르, 파키스탄, 인도네시아, 방글라데시, 네팔, 스리랑카, 인도), 북미(도미니카 공화국), 중남미(자메이카, 가이아나, 그라나다, 바베이도스, 버뮤다, 세인트루시아, 세인트빈센트, 앤티카, 트리니다드토바고) 아프리카(남아프리카공화국, 말라위, 모리셔스, 모잠비크, 우간다, 잠비아, 짐바브웨, 케냐, 탄자니아), 오세아니아(호주, 뉴질랜드, 피지, 솔로몬군도, 파푸아뉴기니)

(ZTL)으로 규정하여 차량진입을 막고 있다. 진입 시 과태료는 물론이고 위반한 운전자를 찾아 자치 경찰에 알리는 행정비용을 렌터카 회사에서 신용카드로 청구하니 특히 조심해야 한다. 시내 중심에 있는 호텔은 일시적 허가를 받아 차량진입이 가능하다.

(1) 고속도로 통행료

유럽의 경우 고속도로 통행료는 나라마다 부과하는 방법이 다르다. 통행료가 면제인 독일, 국경을 통과할 때 완납하는 스위스, 한국처럼 구간마다 통행료를 지급하는 프랑스, 이탈리아 등이다.

프랑스, 영국, 이탈리아, 노르웨이, 폴란드, 포르투갈, 스페인, 튀르키예 등의 나라는 고속도로 통행료를 내야 한다. 통행료가 무료인 나라는 벨기에, 덴마크, 독일, 룩셈부르크, 네덜란드, 핀란드, 스웨덴 등이 있다. 오스트리아, 체코, 헝가리, 스위스, 루마니아 등의 고속도로 통행료는 국경 근처 판매소나 휴게소, 주유소 등에서 미리 사용 기간별로 10일, 1~2개월, 1년 단위의 통행증(vignette)을 구매하여 운전석 앞 유리창 좌측에 부착해야 한다. 체코나 오스트리아는 온라인으로 구매 가능하며 디지털 통행증을 사용하면 차창에 스티커를 붙이지 않아도 된다. 구매 증명서는 스마트폰 등에 저장하거나 관련 증명서 등을 따로 보관한다. 미소지로 위반할 시 범칙금을 내야 한다. 독일은 고속도로 이용 시 일부 도로 구간에서 고속도로 요금 정산이 필요한 때도 있으니 미리 정보를 확인해야 한다. 긴 터널은 종종 별도의 통행료를 따로 지급해야 한다.

(2) 원형교차로와 일방통행

유럽은 일반적으로 원형교차로와 일방통행로가 많아 주의가 필요하며, 특히 직진 도로나 큰 도로가 우선이 아니라 우측 도로에서 나오거나 진입하는 차량이 우선인 경우가 많다. 도심에서는 대로를 달린다고 하더라도 우측 도로에서 나오는 차량에 우선 양보해야 하므로 서행하면서 항상 주의해야 한다.

원형교차로에서는 나라마다 다른 법규로 규정하고 있으니 미리 확인하면 도움이 된다. 이탈리아, 스페인, 벨기에, 룩셈부르크처럼 원형 안에서 진행하는 차량이 우선

권인 나라가 있고, 스웨덴처럼 로터리 진입 시 좌측 차량이 우선인 나라도 있다. 대부분은 도심 내의 트램이나 버스 등 대중교통 차량에 우선권이 있다. 영국과 같은 좌측통행 국가에서는 진·출입에 특별히 조심해야 한다.

프랑스의 경우 별도의 표지판이 없으면 원형교차로에서도 이미 진입한 차량보다는 우측 도로에서 진입하는 차량이 우선권을 가진다. 역삼각형의 빨간 표지판이 있으면 회전 차량이 우선이니 진입 차량은 양보해야 한다. 무단횡단하거나 신호를 준수하지 않고 차도를 건너는 사람이 많다. 건널목이 아니라도 무조건 사람이 우선이라는 생각으로 철저히 교통법규를 준수해서 인명 피해가 없어야 한다. 신호등의 위치도 다르고 중앙선, 일반차선이 색 구분 없이 모두 흰색이며 종종 차선이 없는 도로도 있으므로 긴장의 끈을 놓지 말아야 할 것이다.

좌측통행과 우측통행의 자동차

영국은 운전석 위치와 차량 진행 방향이 한국과는 반대라 좌우 도로에 대한 인지 미숙으로 인한 사고가 자주 발생한다.

1773년 영국은 좌측통행을 법으로 규정하였다. 18세기 영국이 식민지를 넓히면서, 영국의 영향을 받은 지역에서는 좌측통행을 한다. 미국은 1792년 펜실베이니아를 시작으로 우측통행을 법제화했다. 프랑스는 유럽 국가 중 우측통행을 가장 먼저 시행한 국가이며 독일의 벤츠는 변속의 편의성을 위해 핸들을 좌측에 설치하였다. 미국 포드사에서 제작한 '모델 T'는 1908년부터 1927년까지 운전석을 왼쪽에 장착하였으며 이후 우측통행이 표준 통행방식으로 자리를 잡았다. 1920년대 들어, 캐나다, 이탈리아, 스페인 등이 우측통행으로 바뀌었고, 1930년대에는 동유럽 대부분의 나라도 우측통행을 따르기 시작했다. 전 세계 65% 정도의 나라가 우측통행을 한다. 현재 유럽에서는 영국, 아일랜드, 키프로스, 몰타 4개국만 좌측통행을 유지하고 있다.

일본은 운전석이 우측에 있으며, 좌측통행을 하는 국가다. 최근 렌터카를 이용해 일본여행을 즐기는 여행자들이 늘어나고 있다. 우측 운전석과 좌측통행으로 운전대를 잡는 순간 다양한 혼란이 발생하기도 하지만 대부분 운전자가 곧 익숙해지기에 안전운전에 많은 두려움이나 영향을 주지 않는다. 그러나 급하게 방향을 전환

처: 저자

일본 시내 자동차 도로의 모습

하거나 길을 잃어 혼란스러운 경우 종종 역주행한다면 당황하지 말고 침착해야 한다. 일본인들은 외국인이 운전하는 경우 이해와 배려가 많으므로 당황하지 말고 정상운행을 하도록 빨리 조처해야 한다. 혹시 주의를 요구할 경우 새싹 마크를 출력하거나 구매하여 차량 뒤에 붙이고 다니면 편하다. 새싹 마크는 일본에서 초보운전자들이 1년 동안 붙이고 다니는 스티커이다. 도로의 중앙선은 노란색이 아니고 흰색 선이라 헷갈리는 예도 있다. 그리고 U턴은 주행도로의 필요한 곳에서 상황에 따라 주위를 살피며 안전하고 신속하게 한다. 우회전이나 좌회전은 중앙신호를 따르며 적색등이 커지면 우회전 또한 진행할 수 없다. 초록등이 커지면 보행자 등에 주의해서 천천히 진행한다. 일단 정지선에선 2~3초간 정지 후 진행해야 한다. 간혹 한적한 골목에서 위반하는 경우 갑자기 나타난 교통경찰에 의해 벌금을 내야 하는 일도 있으니 일단정지는 꼭 지키도록 한다. 일단정지는 속도계가 잠시 0km가 되어야 한다는 의미다.

(3) 안전통행

좌측통행인 영국은 회전 교차로에서 우선순위는 기존 진입 차량, 우측 입구 진입 차량이다. 교차로 바닥에 주황색으로 된 격자무늬가 있는 장소는 주차뿐만 아니라 잠시 멈추는 것도 과태료의 대상이다. 시내는 일방통행과 좁은 도로가 많으므로 흐름에 따라 여유 있게 이동해야 한다. 런던 중심부에 진입하는 경우 모든 차량은 '혼잡통행료'를 부과하며, 통행료는 주차장, 주유소 등에서 지급할 수 있다. 2019년 4월 8일 이후 런던에 진입하는 모든 차량은 '매연 배출세'도 낸다. 반드시 지정된 주차공간을 이용해야 하고, 교통법규 위반에 대한 처벌도 엄중하다. 운전 중 휴대전화 사용은 절대 불가능하다. 무보험 차량은 운행할 수 없으며 적발 시 차량을 압류당한다.

유럽의 지방 도시에서는 사거리 좌회전이 종종 '감지신호'로 운영되는 예도 있으므로 차선을 정확히 지켜 정해진 위치에 서 있어야 좌측 감지신호기가 작동됨을 인식하자. 정확한 위치에서 기다리지 않으면 장시간 신호가 떨어지지 않아 당황스러울 것이다. 주차공간이 부족한 경우가 많아 주민들이 주차하는 공간에 세워두면 차량 바퀴를 고정틀로 묶어버려 낭패를 볼 수 있으니 가능하면 주차요금 지급이 가능한 허락된 곳을 찾아야 한다.

(4) 유럽의 주차 방식

유럽은 대부분 무인 주차시스템이 많은 곳이다. 공영주차장이나 도로에 마련된 주차공간을 활용한다. 그러나 차량털이범이 많아 방심하면 사고가 날 수 있으니 관리인이 있거나 주차 관련 시설 등 안전이 확보된 지하주차장이나 주차타워에 주차하는 것이 좋다. 지하주차장 요금 시스템은 한국과 유사하다. 그러나 도로변 주차시스템은 우리와 다르다. 주차 미터기를 이용하여 주차요금을 예상 시간만큼 결제 후 영수증을 차량 운전석 앞 보드에 올려두면 된다. 파킹디스크를 이용하여 2시간 무료로 주차하는 때도 있다. 단 주의해야 할 점은 관리인이 없다고 주차를 하면 견인하거나 차를 움직이지 못하도록 바퀴를 장치로 묶어버리는 수도 있다.

2) 교통사고 발생과 해결방안

교통사고 발생 시 가벼운 접촉사고엔 경찰 개입이 필요하지 않고 차량에 갖춰진 '교통사고양해각서'를 쌍방이 작성하여 서명 후 교환하면 된다. 각각 1부씩 가지고 7일 이내에 보험사에 신고하는 것이 일반적이다. 그러나 사고의 규모가 크고 인명 피해가 발생했다면 일단 경찰에 신고하고 보험사에 연락한다. 위축되거나 당황하지 말고 침착하게 사고 관련 현장 사진이나 상황을 잘 기록한다. 진술서 양식은 렌터카 회사에서 차량에 비치할 수 있으니 계약할 당시 받아 보관하면 된다. 목격자가 있다면 증언이나 진술서도 도움이 될 것이다. 사고 위중 시에는 영사콜센터 긴급연락처로 추가 연락을 해야 도움을 받을 수 있다. 사고처리 시 의사소통에 어려움이 있다면 총영사관에 도움을 청하거나, 영사콜센터 3자 통역 서비스를 활용하면 된다.

고속도로에서 사고나 차 고장으로 비상 정차한 경우 반드시 삼각대를 설치하고 노란색 형광 조끼를 입어야 한다. 렌터카면 미리 확인하고 차량에 비치된 것을 사용하면 된다.

3) 차량 도난이나 훼손

차량이 사라지면 혹시 견인되었는지 가까운 경찰서를 방문하여 확인 후 사고처리

절차를 진행한다. 차량이 도난될 수도 있으므로 핸들을 안전장치로 묶어 두거나 도난방지 시스템을 활용하면 좋다. 도난 사고가 자주 발생하는 점을 인식하고 차량에 물건이나 가방을 두지 말아야 하고, 부득이한 경우 눈에 보이지 않는 곳에 두는 것이 좋다. 그러나 호텔 주변 도로 주차공간이나 안전이 확보되지 않은 노상 공간에 주차하면 표적이 되어 차량 도난이 발생할 수 있다. 관리인이 있거나 안전한 호텔 지하주차장, 카메라가 설치된 공간에 주차해야 한다.

종종 주차된 차량에 펑크를 내거나 훼손하여 여행객이 당황하는 순간에 가방 등 물건을 훔쳐 도주하는 예도 있다. 만약 이런 사고를 당하면 일행은 자신의 소지품을 잘 간직하고 차량에서 떨어져 안전한 곳에 머물게 하고 운전자는 차량의 짐을 호텔 프런트에 맡기고 차량의 수리를 부탁하는 것이 좋다.

차량을 훼손하고 소지품을 도난당하는 일은 스위스 몽트뢰 시옹성 주차장 등 유럽 관광지 전역에서 빈번히 발생한다. 오토바이를 이용하여 차량 유리를 깨고 조수석이나 뒷자리에 둔 물건을 탈취하는 예도 있다. 일시 정지한 차량에 오물을 붓거나 스티커를 붙인 후 운전자가 나와 처리하려는 순간 차 안에 있던 물건을 날치기하는 일도 있다. 귀중품은 트렁크에 보관하거나 주정차 시 될 수 있으면 소지해야 한다. 그리고 주차는 안전요원이나 관리인이 있는 곳에 주차하는 것이 안전하다. 차량 수리비 등이 비싸므로 훼손당하는 일이 없도록 하며, 충분한 보상조건의 보험에 가입하는 것이 유리하다.

4) 대륙별 자동차 여행과 안전 법규

(1) 아프리카 북부

모로코는 교통사고 다발 국가로 방어운전이 필수다. 고속도로와 일반도로 등 무차별 무단횡단이 일반적이므로 특별한 주의가 필요하며, 보행자 우선 문화는 아니라서 조심해야 한다. 택시와 오토바이도 위협적이다. 교통사고 발생 시 경찰이 도착하기 전까지 현장을 보존해야 하고, 인명 피해가 있더라도 환자를 이동할 수 없다. 응급조치보다는 경찰 조사를 위한 현장 보존 등 행정절차를 우선시하는 관행이 있다. 긴급

상황 발생 시 인명보호를 위한 효율적 조치를 위해 대사관에 연락을 취하는 것이 바람직하다.

(2) 아프리카 중부

사막지역에서는 갑자기 나타나는 동물과 충돌할 수 있으니 안전운전을 위해 동물 출현에 특별히 신경 써야 한다. 낙타, 양, 염소 등을 도로변에 방목하기 때문이다. 야간 운행 시에는 특히 각별히 주의하고, 집중호우가 내리는 경우 가능하면 운전하지 않는 것이 좋다. 특히 사막지역은 강우량이 적어도 우천 시 절대로 운전을 금지해야 한다.

(3) 아프리카 남부

가나, 가봉, 나이지리아, 르완다, 수단, 시에라리온, 앙골라, 중앙아프리카, 코트디부아르, 카메룬 등은 한국과 같은 우측통행이며, 국제운전면허증으로 운전할 수 있다. 세네갈, 남아프리카공화국, 콩고도 그렇다. 에티오피아, 모잠비크는 국제운전면허증으로 운전할 수 없으며, 대체로 도로에 신호체계가 없고 교통법규를 거의 지키지 않기 때문에 단순 접촉사고가 잦은 편이다. 짐바브웨, 모리셔스, 모잠비크, 남수단, 나마비아, 우간다는 한국과 반대로 우측에 운전석이 있으며 좌측통행이다. 모리셔스는 음주 운전에 무관용의 원칙을 두고 있다.

시에라리온, 나이지리아, 가봉 등의 국가에서는 야간 운전을 자제해야 한다. 야간 운전 중 강도를 만났을 경우 반항하지 말고 될 수 있으면 요구에 순순히 따르는 것이 상해를 입지 않고 현장을 벗어나는 방법이다. 맞서 싸우다 상해를 입은 사례가 종종 발생하기 때문이다.

(4) 동남아시아

태국, 인도네시아, 싱가포르, 말레이시아의 운전석은 우측에 있어 차량 진행 방향이 우리나라와 반대이므로 긴장해야 한다. 대부분의 나라가 국제운전면허증을 인정하지만, 인도네시아는 국제협약 가입국이 아니어서 인정하지 않는다. 필리핀, 캄보디아에서는 한국과 같은 우측통행이지만 자동차 전용 도로가 없고 태국, 베트남처럼 오토바이 및 툭툭이 등이 자동차와 뒤섞여 도로를 주행하므로 저속으로 달려야 한다.

(5) 중동

일반적으로 중동 지역은 우리나라와 유사한 교통법규와 좌측 운전석을 가지고 있다. 그러나 교통체계가 무질서하여 항상 방어 및 안전운전이 필요하며 후진이나 역주행, 무단횡단이 빈번하므로 익숙하지 않은 방문자의 경우 특별한 유의가 필요하다. 대부분 보행자 건널목이 없고 교통신호등이 설치되어 있지 않으며, 교차로도 신호등이 없는 원형교차로가 대부분이다. 이집트에서도 원형교차로가 많은 편이며 선진입 차량에 우선권이 있다. 도로 정비가 불충분하며, 무단횡단 등의 사고가 자주 발생한다. 대부분의 국가에선 국제운전면허증을 한시적으로 허용한다. 아랍에미리트 등의 국가는 음주 운전에 무관용 원칙과 교통법규 및 신호를 위반할 경우 고액의 벌금을 내야 한다.

아랍에미리트, 오만 등 중동 지역은 교통사고 사망률이 높은 국가가 많다. 아랍에미리트에서는 운전 중 교통사고 현장을 찍거나 SNS에 배포하는 행위는 엄격하게 법적 제재를 받을 수 있으니 조심해야 한다. 과속으로 주행하다 걸리면 차량 영치금 포함 천만 원의 벌금이 나올 수 있다.

(6) 아메리카 대륙

미국에서는 'stop(일단정지)'이라고 쓰여 있는 팔각형의 빨간색 표지판이 있는 곳에서는 반드시 2-3초간 정지하여 좌우를 살펴본 후 출발하여야 한다. 가장 자주 위반하는 경우이며, 위반 고지서를 받는 법규이니 잘 지켜야 한다. 스쿨버스의 정차 시 버스 운전자 옆으로 'stop' 사인이 펼쳐지면, 좌우 모든 차는 정지해야 한다. 중앙선에 중앙분리대가 없는 도로일 경우에는 반대편 차선의 차들도 정지해야 한다.

도미니카 공화국은 운전석 위치가 우측이며 북미지역의 교통법규와 유사하다. 볼리비아, 칠레, 브라질, 멕시코시티, 엘살바도르 등은 한국과 같다. 아르헨티나, 엘살바도르, 온두라스 등은 국제운전면허를 인정하지만, 멕시코시티, 콜롬비아 등은 국제운전면허를 인정하지 않는다. 교통사고 발생 시 무면허 운전 책임이 부과될 수 있음에 유의해야 한다.

에콰도르, 온두라스, 베네수엘라는 성숙한 운전문화가 정착되지 않아 교통신호 체계 등이 부족하여 방어운전이 필요하다. 국민의 대부분이 교통신고를 준수하지 않으며 도로 안내 표지판이 없거나 틀린 정보가 많아 주의가 요망되는 국가다. 멕시코시티를 포함한 일부 주에서 운전면허시험 없이 면허증을 구매하는 관행이 있다. 그래서 운전 미숙과 양보운전문화 미정착 등으로 교통사고 발생률이 높은 편이며, 중산층 이하 운전자의 경우 대부분 무보험 차량 운행이 많다.

브라질은 자동차 보험 가입이 의무사항이 아니어서 무보험 차량이 상당수 운행 중이므로 각별한 주의가 필요하다. 특히 카니발 축제 기간에 음주 운전으로 인한 사고가 다수 발생한다. 주요 대도시 빈민가에 진입할 경우 차량 강도를 당할 확률이 아주 높으며, 차량 강도를 당하였을 때 범죄자가 불법 총기를 휴대한 경우가 많으므로 저항 시 상해를 입을 가능성이 크다. 상해를 입지 않도록 최대한 주의를 기울이고, 사고 즉시 브라질 군경(190)이나 대사관 긴급연락처로 연락해야 한다.

아르헨티나는 국토가 넓어 장거리 여행이 필수라 차량 점검이 필수다. 한국처럼 주유소가 자주 있지 않으므로 가득 주유할 것을 권장한다. 주유원에게 '가스(gas)'라고 말하면 '디젤(diesel)'을 주유하는 경우가 많으므로 휘발유 차량은 반드시 '나쁘따(nafta)'라고 말해야 한다.

경유(diesel)는 'Gazole(영국)'라고 표기하므로 휘발유인 'Gasoline'과 혼동하지 않아야 한다. 영국을 제외한 나라는 휘발유인 경우 'Essence(프랑스)', 'Benzin(독일)' 등 다양하게 표기하며, 종류에 따라 'Super', 'Super Plus'로 표기한다. 숫자는 옥탄가를 의미하며 높을수록 고급 휘발유다. 주유 손잡이가 노랑이나 검정은 경유이며, 휘발유는 녹색이나 빨강이다.

● 프랑스 주유기의 모습

출처: 미스터위버, 유럽자동차여행연구소

(7) 오세아니아

호주와 뉴질랜드, 피지 등 오세아니아 국가 대부분의 운전석은 우측에 있다. 좁고 가파른 비탈길과 구불구불한 길이 많으며, 고속도로가 별로 없다. 뉴질랜드 도로는 대부분 편도 1차로이며, 일부 도로에는 일정한 간격으로 추월 차로가 마련되어 있다. 앞지르기는 될 수 있으면 추월 차로를 이용해야 한다. 회전 교차로 진입하기 전에 점선 앞에 일단정지하고 우측 차량 우선이기에 반드시 오른쪽에서 차량이 오고 있는지 확인해야 한다.

4. 천재지변, 전쟁과 테러

1) 천재지변과 안전

(1) 아프리카 지역의 천재지변

① 아프리카 북부
알제리는 지진 다발지역으로 2003년 5월 진도 6.8의 강진이 수도 알제 근처의 부메르데스에서 발생하여 2,000명 이상의 사망자와 1만여 명의 부상자가 발생하였다. 최근까지 크고 작은 지진이 지속해서 발생하는 가운데 2021년 3월 17일 수도 동쪽 베자이아에서 진도 5.9의 강진을 비롯한 여러 차례의 여진이 발생하고, 이후 3월 25일 베자이아에서 또 진도 4.3의 지진이 발생하였다. 아프리카 중부지역인 카메룬 수도 야운데의 300km 서쪽에 있는 해발 4,030m의 카메룬산은 활화산으로, 지난 1999년 4월 폭발하여 대규모 용암 분출과 함께 지진이 발생한 적이 있었다.

화산 경보의 종류

– 백색경보 : 화산활동이 일상적이지 않고 약하게 진행되는 경우
– 황색경보 : 화산활동으로 인한 지진활동이 눈에 띄게 증가한 경우
– 오렌지색 경보 : 화산활동이 이전 단계보다 이례적으로 증가한 경우
– 적색경보 : 화산활동이 진행되어 직접적인 피해를 보는 긴박한 상황의 경우

---

② 아프리카 중부와 사하라 남부 아프리카

건기에 큰 피해를 보는 나라가 많은 지역이다. 코트디부아르의 건기인 12~2월 사이에는 '아르마땅(Harmattan)'이라는 모래바람이 사막으로부터 불어오는데, 이 바람은 뇌척수막염의 원인 중 하나다. 이 시기에 방문하는 경우 뇌척수막염 예방접종을 하는 것이 좋다. 카메룬도 북방 사하라 사막으로부터 카메룬 전역으로 모래바람이 불어와서 호흡기 질환을 유발하곤 한다. 에티오피아는 고산지대가 많아 2003년 가뭄 시에는 약 1,500만 명이 기아 상태에 빠진다. 2008년 및 2011년에도 동부아프리카 다른 나라와 함께 국제사회 및 WFP 등 유엔기구로부터 대규모 지원을 받았었다.

콩고, 탄자니아, 코트디부아르, 카메룬, 중앙아프리카공화국, 나이지리아, 가봉, 가나, 토고 지역은 홍수로 인해 피해를 보는 국가들이다. 돌발적으로 쏟아지는 폭우나 열대성 소나기가 심할 경우 홍수와 산사태, 범람 등으로 운전할 수 없을 정도이므로 유의가 필요하고, 배수시설 미비로 주요 도로가 일시 범람하는 경우가 많다. 모리셔스와 세계의 4대 섬 중 하나인 마다가스카르 국가는 열대성 저기압인 사이클론이 매년 11~5월 사이에 발생하는데 지역적으로 큰 피해를 보는 경우가 있으므로 동 지

역 여행에 유의해야 한다. 이 시기에 여행한다면 기상청 등을 통해 미리 확인하는 것이 필요하다.

(2) 아시아 대륙의 천재지변

① 동남아시아

필리핀은 환태평양조산대에 위치하여 화산, 지진, 태풍 등 자연재해가 자주 발생하는 지역이다. 화산활동은 마닐라 북부 및 남부에 모두 발생한다. 1991년 6월 이재민 4만여 명, 사망 900여 명 등 20세기 최대의 화산활동을 벌인 피나투보 화산은 물론 2010년, 2013년 화산활동 중인 마욘 화산, 2020년 화산재 분출 등으로 필리핀 경보단계 4단계까지 상승(최고 5단계)하여 2021년 4월까지 일대 주민이 대피해 있는 따가이타이 따알 화산 등이 대표적이다. 지진도 필리핀 전역에서 감지, 2013년 10월 보홀에서 7.2의 지진이 발생하여 200여 명이 사망하였다. 인도네시아 지역도 불의 고리(Ring of Fire)라고 불리는 환태평양화산지진대에 위치하여 지진이 빈번하고 화산활동이 활발한 곳이다. 수마트라 시나붕 화산, 발리 아궁화산, 순다해협 끄라까따우 화산 등이 있다. 2018년 중부지역에선 지진으로 쓰나미도 발생했었다. 미얀마 동부지역도 지진이 발생하는 지역이다.

◦ 필리핀 북쪽 루손 섬에 있는 피나투보(Pinatubo)산이 1991년에 화산 폭발

출처: 위키백과, U.S. Geological Survey Photograph taken by Richard P. Hoblitt

　필리핀에는 많은 태풍이 우기에 몰려 있으니 필리핀 여행을 할 때 수시로 기상 예보를 확인하는 것이 필요하다. 우기에는 집중호우가 계속되면서 강물 범람으로 고립되는 지역이 발생하므로, 될 수 있는 대로 운전이나 여행을 삼가야 한다. 미얀마는 열대성 소나기가 심하게 내릴 때는 운전이 불가능할 정도이므로 유의해야 한다. 배수시설이 열악하여 도로가 범람하는 경우가 많다. 말레이반도의 동해안 지방은 10~2월에 걸쳐 북동 몬순 기간으로 집중호우로 인한 피해가 발생하는 곳이다.

　스리랑카는 전 세계에서 번개가 가장 많은 국가 중 하나로 우기에 많은 번개가 발생하고, 매년 이로 인한 사망 사고도 빈발하므로 유의가 필요하다. 낙뢰는 몬순(Monsoon) 시작기에 해당하는 3~4월/10~11월 오후나 저녁에 발생 가능성이 크다. 일기예보를 주시하여 발생 위험지역에 접근을 삼가야 한다. 인도에서도 몬순기후에 소나기가 내리면 천둥과 번개를 동반하는 경우가 많다.

　네팔은 침강하는 인도판(India Plate)과 융기하는 유라시아판(Eurasia Plate)의 역

단층에 있는 곳으로 지진에 취약한 지역이다. 2015년에 규모 7.8 대지진이 발생했다. 파키스탄은 히말라야 지진대에 있어 전국에 걸쳐 빈발하게 지진이 발생한다. 2005년 무자파라바드 지역과 2008년 발루치스탄주 퀘타 지역 대지진으로 다수의 사망자와 이재민이 발생하였다. 몰디브에선 쓰나미가 2004년에 발생한 적이 있다.

파키스탄, 방글라데시, 스리랑카, 인도 지역은 집중호우로 인한 피해가 종종 발생하는 지역이다. 파키스탄은 2010년 최대 규모의 홍수가 발생하여 1,600여 명 사망, 전 국토의 1/5지역에서 약 2,100만 명이 피해를 보았다. 2011년 신드주 중남부 지역(Sanghar, Milpur Khas, Badin)에 홍수가 발생하여 150명 사망, 5백만 명의 수재민이 발생하였다. 인도는 매년 6~8월에는 집중호우로 인한 피해가 종종 발생하며, 2010년 8월에는 잠무카슈미르주 레, 라다크 지방의 폭우로 인한 홍수로 수백여 명이 사상 또는 실종되고 수만 명의 수재민이 발생하였으며, 우리나라 여행객 100여 명 등 외국인 관광객 2,000여 명도 도로 유실로 수일간 고립된 적이 있었다. 북부 우타르칸드, 잠무카슈미르주 스리나가르 일대, 인도 남부 케랄라주는 집중호우로 피해를 본 지역들이다. 스리랑카 또한 지역에 따라 홍수로 인한 산사태, 이재민 발생 등 피해가 대규모로 발생한다.

네팔의 겨울은 폭설로 인하여 트레킹 루트가 때때로 막히는 경우가 있으므로 트레킹 이전에 전문 여행사를 통해서 정보를 확인하여야 한다. 겨울은 추위가 혹독하고 높은 고도에서는 특히 위험할 수 있다. 파키스탄 북부지방에도 폭설이 내려 눈사태 및 산사태가 자주 발생하여 많은 인명 피해가 발생하는 지역이다.

② 동북아시아

카자흐스탄, 우즈베키스탄, 키르기스스탄(Kyrgyzstan)은 중앙아시아 지진대에 자리 잡고 있어 매년 강한 지진이 자주 발생한다. 알마티는 유라시아판과 인도판 지진대의 경계에 있어 평소 지진 발생에 대비하는 자세가 필요한 지역이다. 키르기스스탄(Kyrgyzstan)의 남부지역은 가끔 지진이 발생하는 지진 위험지역이며, 비쉬켁을 포함한 전 키르기즈 지역들도 지진의 위험성을 항상 지니고 있다. 키르기스스탄-우즈베키스탄-타지키스탄에 걸쳐 있는 페르가나 계곡에서 규모 6.2의 지진이 발생하기도 한다. 투르크메니스탄(Turkmenistan)은 유라시아 지진대에 걸쳐 있어 간혹 지진

피해를 보는 지역으로, 1948년에 아시가바트 지역은 지진으로 도시 전체 인구의 80%가 사망하기도 하였다.

. 2011년 3월 11일 도호쿠 지방 태평양 해역 대지진으로 발생한 쓰나미로 동아시아 국가 사상 역대 최대의 해저 거대지진

출처: 위키백과

③ 중앙아시아

대만은 환태평양지진대에 있어 연평균 70~100회의 크고 작은 지진 발생하는 곳이다. 일본은 지진, 태풍, 화산 폭발 등 자연재해가 빈번하게 발생하고 있다. 2011 도호쿠 대지진의 경우 45Mt에 달할 정도로 엄청난 규모로 발생했으며 막대한 피해를 초래했다. 2011년 동일본대지진 이후에도 지속해서 지진이 발생하고 있어 우리 국민 또는 관광객은 일본 체류 또는 여행 시 이러한 자연재해에 대비할 필요가 있다. 또한, 도쿄 주변의 대표적인 관광 명소로 알려진 하코네 지역의 오와쿠다니에서 소규모 분화가 계속되고 있어 이에 대한 주의가 필요하다.

(3) 아메리카 대륙

① 북미 국가

미국은 지역별, 시기별로 태풍, 지진, 토네이도, 홍수 등 다양한 천재지변에 대비해야 할 필요가 있다. 대서양에 인접한 미 동남부지역(플로리다, 루이지애나, 조지아 등)과 남부지역인 텍사스 남부, 루이지애나, 미시시피에는 매년 8월 중순부터 10월까지 허리케인 피해 가능성이 있으며, 로키산맥 동쪽의 중서부지역(콜로라도, 캔자스, 오클라호마, 텍사스), 남부지역(테네시, 미주리, 아칸소, 앨라배마, 미시시피)에는 이른 봄부터 늦은 가을까지 토네이도 피해 가능성이 있다. 지진의 여파로 인한 쓰나미가 빈번한 곳은 하와이다.

② 중남미 국가

카리브해 연안지역, 도미니카연방, 멕시코, 온두라스, 쿠바 등은 많은 비와 바람을 동반하는 허리케인으로 저지대를 중심으로 산사태, 가옥 침수, 도로 유실 등 피해 발생이 빈번하다. 특히 멕시코만 연안 또는 인근 저지대를 중심으로 산사태, 가옥 침수, 도로 유실 등으로 피해 발생이 빈번한 지역이다. 특히 온두라스는 1998년 태풍 '미치'로 인해 5,600명이 사망하였고, 2020년 11월 태풍 '에타' 및 '이오타'로 온두라스 총인구의 30% 이상인 338만 명의 이재민이 발생하였다. 태풍이 자주 발생하는 시기에는 대도시 외 지방 여행을 자제하는 것이 바람직하다. 태풍이나 심한 바람에 큰 나무가 쓰러지거나 바위가 굴러 심각한 사고를 당할 수도 있으니 여행에 각별히 주의해야 한다.

콜롬비아, 브라질, 볼리비아, 아르헨티나 수도인 부에노스아이레스 지역은 우기엔 많은 폭우로 매년 홍수, 산사태 등의 자연재해가 반복적으로 일어나는 국가들이다. 온두라스는 우기(6~10월)에는 폭우로 인해 장기 정전 및 침수 등 도시지역이 마비되고 도로가 붕괴하는 사태가 자주 발생한다. 콜롬비아에서는 매년 우기에 홍수 및 산사태로 많은 사망자가 발생하는 지역이다. 산사태와 도로 침수 그리고 강물 범람으로 고립되는 지역이 발생하므로, 될 수 있는 대로 운전이나 여행을 삼가야 한다.

칠레, 멕시코, 니카라과, 코스타리카, 아르헨티나, 에콰도르, 엘살바도르 등 여러 중남미 국가가 환태평양 지진 발생지역에 있어, 화산 분출과 지진이 자주 발생하며, 심각한 인명 피해가 발생한다. 엘살바도르에서 2020년에 발생한 지진은 1,524회였으며, 진도 3.0 이상은 651회가 발생했다. 칠레에서는 2010년 2월 중남부 콘셉시온 (Concepción) 8.8의 대지진으로 이재민 50만 명, 사망자 525명, 실종자 25명 등 대규모 인명 및 재산피해가 발생했다.

아르헨티나 화산 발생사례

- 2015.08 코토팍시 화산에서 화산재 및 연기 수차례 분출
- 2018.5 상가이 화산 분출
- 2018.6 레반타도르 화산 화산재 분출 및 화산 내부 용암활동 관측
- 2018.6 갈라파고스제도 페르난디나섬 라 쿰브레 화산 및 이사벨라섬 시에라 네그라 화산 분출
- 2020.9 상가이 화산 분화활동 증가로 가스와 화산재가 분화구 6~10km 상승
- 2021.3 상가이 화산가스와 화산재 수차례 분출로 화산재 7~8.5km 상승

출처 : 외교부 해외안전정보, 국가 지역별 정보 참고

1985년 9월 8.1의 지진으로 멕시코시티 내 6천여 개의 건물이 무너졌고, 10만 채의 가옥이 파손되었으며, 수만 명의 사망자, 50만 명의 부상자와 150만 명의 이재민이 발생한 바 있다. 2017년 9월 발생한 7.1 지진으로 멕시코시티 288명을 비롯해 전국적으로 369명의 사망자와 한국인 1명의 사망자가 발생하였다. 니카라과는 화산대에 있는 국가로 1972년에도 수도 마나과에서 대지진이 발생, 1만 명 이상이 사망하였다. 지금도 여전히 수도를 포함한 인근 지역에 소규모의 지진이 빈번하게 일어나고 있다.

- 1949 암바토에서 대지진(진도 6.8)이 발생하여 도시 전파, 약 5,050명 사망
- 2010.8 키토 동쪽 약 300km 지점의 아라 후노 지역에서 진도 7.2 지진 발생
- 2013.2 콜롬비아에서 발생한 진도 7.0 지진의 여파로 콜롬비아와 국경 인접 도시를 비롯한 만타, 키토 등 에콰도르 내 여러 지역에서 진도 3~5 이상 지진 발생
- 2013.3 리오밤바에서 진도 4.8의 지진 발생
- 2013.4 아마존 지역에서 진도 5의 지진 발생
- 2016.4. 북서쪽 해안 진도 7.8의 지진이 발생하여 663명 사망, 6,274명 부상
- 2017.6 마나비주 연안 진도 6.3, 진도 4.8 지진 각각 발생
- 2019.2 엘 오로주 진도 4.5 규모 지진 발생
- 2019.2.22 05:17 산티아고주 모로나 지역 진도 7.62, 05:40 과야스주 과야킬 지역 진도 6.06 지진 발생

출처 : 외교부 해외안전정보, 국가 지역별 정보 참고

(4) 오세아니아

뉴질랜드, 환태평양지진대에 있어 지진 등 자연재해에 대한 상시 대비가 필요하다. 통가, 니우에는 지진 다발지역에 속해 있어 지진이나 해일 등에 대비한 사전 안전정보 숙지가 필요한 지역이다. 매년 2~3월경 사이클론 피해가 발생할 수 있으니 이 시기에 여행할 경우 각별히 주의해야 한다. 호주는 대표적 건조지역으로 특히 건조한 봄과 여름에 산불이 자연 발생하는 경우가 많다. 일부 해안지역에서는 간혹 집중호우나 태풍 등으로 인한 피해가 있기도 하다.

2) 전쟁과 분쟁 그리고 테러 발생지역

낯선 나라를 방문하는 여행객은 출발 전 '외교부 해외안전여행' 사이트에 접속하여 최신 해외안전정보를 확인하여야 한다. 출국 전 여행객이 알아야 할 최신 정보들이 공지되어 있다. 사이트 내 여행경보조정도 미리 살펴 해당 국가가 여행 금지발령 국가에 속하는지 미리 정보를 확인해야 한다. '여행 금지국가'로 지정된 경우 우리 국민은 정부의 사전 허가 없이 방문할 수 없다. 특히 전쟁이나 분쟁 지역의 정보는 결코 놓쳐서는 안 된다. 우리 정부의 '예외적 여권사용허가'를 받지 않고 대상 국가에 입국

하는 국민은 여권법 제26조[27], 여권법 제17조[28] 등 관련 규정에 따라 처벌 또는 행정제재의 대상이 될 수 있다.[29]

위기상황이 발생했을 때는 영사콜센터 24시간 전화나 영사콜센터 SNS 채팅 상담을 받을 수 있다. 여행경보 제도, 위기상황대처 안내서 등은 외교부 해외안전여행 애플리케이션을 활용한다.

여행 금지국가와 지역 현황(방문과 체류 금지)

국가	지역	금지 기간	특정 지역
러시아	일부지역	2022.03.08 ~ 현재	우크라이나 전쟁 접경지역
벨라루스	일부지역	2022.03.08 ~ 현재	우크라이나 전쟁 접경지역
수단	전역	2023.04.29 ~ 현재	수단정부군(SAF)과 신속지원군(RSF) 간 무력 충돌
소말리아	전역	~ 현재	무정부 상태
시리아	전역	~ 현재	지상 전투
아르메니아	일부지역	~ 현재	아제르바이잔 접경 30km
아제르바이잔	일부지역	~ 현재	아르메니아 접경 5km
아프가니스탄	전역	~ 현재	무력 분쟁
우크라이나	전역	~ 현재	러시아의 크림 병합, 공격
벨라루스	일부지역	현재	우크라이나 전쟁
예멘	전역	2011.6.28 ~ 현재	후티 반군의 주요 도시 장악

[27] 제17조 제1항 본문 및 제2항에 따라 방문 및 체류가 금지된 국가나 지역으로 고시된 사정을 알면서도 같은 조 제1항 단서에 따른 허가(제14조 제3항에 따라 준용되는 경우를 포함한다)를 받지 아니하고 해당 국가나 지역에서 여권 등을 사용하거나 해당 국가나 지역을 방문하거나 체류한 사람은 1년 이하의 징역 또는 1,000만 원 이하의 벌금을 물린다.
[28] 「여권법」 제17조 제1항: 외교부 장관은 천재지변 · 전쟁 · 내란 · 폭동 · 테러 등 대통령령으로 정하는 국외 위난상황(危難狀況)으로 인하여 국민의 생명 · 신체나 재산을 보호하기 위하여 국민이 특정 국가나 지역을 방문하거나 체류하는 것을 중지시키는 것이 필요하다고 인정하는 때에는 기간을 정하여 해당 국가나 지역에서의 여권의 사용을 제한하거나 방문 · 체류를 금지(이하 "여권의 사용제한 등"이라 한다)할 수 있다. 다만, 영주(永住), 취재 · 보도, 긴급한 인도적 사유, 공무 등 대통령령으로 정하는 목적의 여행으로서 외교부 장관이 필요하다고 인정하면 여권의 사용과 방문 · 체류를 허가할 수 있다.
[29] 여행 금지국가 · 지역 지정 근거 :「여권법」 제17조 제1항,「여권법」 제26조

리비아	전역	2014.08.04 ~ 현재	무정부 상태
이라크	전역	~ 현재	이라크 내 ISIS 점령 군사충돌
이스라엘	일부지역	~ 현재	가자지구와 레바논 접경지역
팔레스타인 자치지역	전역	~ 현재	가자지구
레바논	일부지역	현재	남부 이스라엘 접경 5km
이란	전역	현재	이스라엘에 대한 이란의 탄도미사일 공격에 대한 반격
필리핀	일부지역	현재	테러 위험
아이티	전역	현재	무장갱단이 폭력사태
라오스	경제특구	현재	골든트라이앵글 경제특구
미얀마	일부지역	현재	삔울린 주, 만달레이 시 반군부 세력의 원거리 공격

출처 : 외교부 해외안전여행 참고

러시아, 외교부 사이트 국가/지역별 정보

중동 · 북아프리카 국가/지역

레바논 ○ ●	리비아 ●	모로코 ● ◐ ○	모리타니아 ◐ ○
바레인 ●	사우디아라비아 ◐ ○	시리아 ●	아랍에미리트
알제리 ◐ ○	예멘 ●	오만	요르단 ● ◐
이라크 ●	이란 ○ ◐	이스라엘 ○ ●	이집트 ● ◐ ○
카타르	쿠웨이트 ● ◐	튀니지 ● ○	팔레스타인 자치지역 ○ ●

● 여행유의　◐ 여행자제　○ 출국권고　● 여행금지　◐ 특별여행주의보

위 이미지에서 확인할 수 있듯이 정보는 레바논[30], 리비아, 시리아, 이라크, 예멘, 이스라엘, 팔레스타인 자치지구는 여행금지 국가에 속한다. 출국권고 국가도 레바논, 모로코, 모리타니아, 알제리, 이란 등이다. 이외에 여행유의와 여행자제 국가가 표시되어 있다. 아랍에미리트, 오만, 카타르는 여행안전 국가로 분류된다.

2005년 요르단의 암만 시내 3개 호텔에서 알카에다 계열에 의한 동시다발 폭탄 테러가 발생하여 약 60여 명이 사망한 사례가 있고, 2016년 관광객이나 경찰을 대상으로 한 테러가 발생하였으나 이후 요르단 정부의 보안 강화 노력으로 현재까지 큰 테러 사건은 발생하지 않고 있다. 요르단은 여성을 대상으로 하는 성희롱, 성추행 등은 간혹 발생하고 있는바, 늦은 밤에 여성 혼자 있게 되는 상황이 되지 않도록 유의하는 것이 좋다.

대한민국 정부는 여행금지 국가와 금지 지역의 지정 기간을 2024년 7월 31일까지 6개월 연장하기로 하였다. 참고로 8개 국가는 ① 소말리아, ② 아프가니스탄, ③ 이라크, ④ 예멘, ⑤ 시리아, ⑥ 리비아, ⑦ 우크라이나, ⑧ 수단이다.

6개 지역으로는 ① 필리핀 일부지역(잠보앙가 반도, 술루 · 바실란 · 타위타위 군도) ② 러시아 일부지역(로스토프, 벨고로드, 보로네시, 쿠르스크, 브랸스크 지역 내 우크라이나 국경에서 30km 구간) ③ 벨라루스 일부지역(브레스트, 고멜 지역 내 우크라

---

30) 레바논 전역에 적색 여행경보가 발령 중이다. 2024년 7월 27일(토) 골란고원 마즈달 샴스(Mazdal Shams) 축구장에서 로켓 피격으로 최소 12명의 아동, 청소년이 사망한 것과 관련해, 이스라엘이 동 폭격이 헤즈볼라 소행임을 주장하며 강력한 보복을 예고하고 있어 긴장이 고조되고 있다.

이나 국경에서 30km 구간) ④ 아르메니아-아제르바이잔 접경지역(아제르바이잔 접경 30km 구간, 아르메니아 접경 5km 구간/아르츠바셴 및 나흐치반 아르메니아 접경지역 제외) ⑤ 팔레스타인 가자지구 ⑥ 미얀마 일부지역(샨주 북부·동부, 까야주)[31]

5. 종교와 문화적 차이

1) 종교적 차이와 안전

나라마다 대륙마다 종교를 믿는 방식도 다양하다. 대체로 중동 지역에선 종교적인 규정에 따라 돼지고기를 먹지 않는다. 코란에 명시되어 있을 정도로 엄격하다.[32] 인도는 소를 숭배하기에 사소한 것이라도 소를 함부로 다뤄서는 안 된다.[33] 이슬람교를 신봉하는 국가에서는 라마단 기간이라던가 종교 행사가 있을 땐 그들의 행사를 적극적으로 수용하여 함께 즐기면 좋을 것이다. 그들이 중요하게 생각하는 것에 대해선 여행객 또한 존중하는 태도가 필요하다. 이슬람교도는 악수하거나 식사할 때는 반드시 오른손을 사용한다. 왼손은 부정한 것으로 생각한다. 아프리카 지역의 가봉, 감비아, 니제르, 말리, 탄자니아 등의 나라가 있다.

전반적으로 이슬람교도는 그들의 정체성을 형성하는 중요한 요소이며, 이슬람 문화와 전통이 사회 전반을 지배하고 있다. 이슬람 교리에 따라 주류 및 음란물 소지, 돼지고기 반입, 공공장소에서 남녀 간의 애정표현 등은 생활의 금기사항이다. 이슬람

---

31) 외교부 해외안전여행, 안전공지
32) 레위기 11장에서 포유류(11:1-8), 해산물(11:9-12), 조류(11:13-19), 곤충류(11:20-23)에 대한 구체적인 내용이 있다. 반추동물 중 발굽이 갈라지고 되새김질하는 동물은 식용이 가능하다. 낙타, 오소리, 토끼는 발굽이 갈라지지 않았다. 어류 중 지느러미와 비늘이 없는 해산물과 육식하는 조류는 식용이 불가능하다. 날개가 있고 기어다니는 곤충도 식재료로 사용할 수 없다. 이외에 레위기 11장 47절까지 부정한 것과 먹지 못하는 생물을 자세히 분별하고 있다. 이슬람교에선 먹을 수 있는 음식엔 할랄(halal, alal, halaal)이란 이름을 사용하며, 허용할 수 없는 음식은 하람(haram)이다. 참고로 유대인의 종교적 음식법인 카슈루트(kashrut)에 따라 허용하는 식품은 코셔 푸드(Kosher foods)라 부른다.
33) 힌두교에선 소에 대한 숭배사상을 중요하게 생각한다. 소에는 3억 3천만의 신들이 깃들어 있다고 한다. 소와 인간의 간격은 단 하나뿐이라는 윤회 사상에 근거하기도 한다. 고기와 피는 불결하단 생각이 깊다.

사원에서는 행동에 주의가 필요하며, 기도 중인 사람의 앞을 지나가거나 말을 걸지 말고, 기도할 때 사용하는 담요를 밟지 말아야 한다. 라마단 단식기간에 일출에서 일몰까지는 허가된 식당 외의 공공장소에서 식음, 흡연, 껌 씹기 등을 삼가야 한다.[34] 라마단 기간에는 관습에 어긋나는 행동을 삼가고, 안전행동 수칙을 참고하여 신변안전에 특히 유의하여야 한다. 유대인 명절 기간 중 다수가 모이는 특정 종교시설 등을 중심으로 테러 발생의 가능성이 상승하기에 주의해야 한다.[35]

인도네시아, 카타르, 이집트, 모리타니아, 모로코, 사우디아라비아, 알제리, 아랍에미리트 등 이슬람 국가 방문 시에는 공공장소에서 노출이 많은 옷은 삼가야 한다. 악수하거나, 물건을 주고받을 때는 오른손을 사용하는 것이 관례다. 이슬람을 믿는 현지 여성에게 먼저 악수를 청하는 등 불필요한 신체접촉이나 욕설은 하지 않아야 한다. 여성에 대한 발언 및 부인·딸에 대한 안부도 물을 수 없다. 길거리, 공공장소에서 여성에 대한 사진 촬영은 사전 동의가 필요하다. 말레이시아는 코란 구절이 인쇄된 의류는 금지되어 있다.

태국 같은 불교 국가에선 불교와 승려에 대해 존경표시를 해야 한다. 태국인들은 독실한 불교도이기 때문에 자존심을 손상하는 불필요한 언동은 삼가야 한다. 사원의 본당에 오를 때는 신발을 벗어야 하며, 샌들류는 피해야 하고 사찰 방문 시 불상을 손으로 만지지 말아야 한다. 특히 여성의 경우 사원 방문 시에는 무릎 밑으로 내려오는 긴치마 착용이 관례다.[36] 거리에서 주황색의 승복을 입은 승려에게는 존경의 자세로 접근하는 것이 바람직하며, 아무렇게나 카메라를 들이대는 것은 무례한 행위이다. 여성 관광객은 승려를 대할 때 몸이나 손이 닿지 않도록 주의해야 하며, 노상에서 마주칠 때는 길을 피해야 한다. 직접 물건을 건네주어서는 안 되며, 옆의 남자를 통해서만 건넬 수 있으니 주의해야 한다.

---

34) 라마단은 이슬람력의 제9월로 사도 무함마드가 쿠란을 계시받은 신성한 달이다. 무슬림이 지켜야 할 5대 의무 중 하나로 태양이 있는 동안 절대 금식을 포함하여 술과 담배, 성생활도 금해야 한다. 라마단 금식은 '가난한 이들'의 굶주림을 체험하며 알라에 대한 믿음을 시험한다는 의미를 갖고 있다. 원래는 낮에 금식을 하고 저녁 이후에는 이웃과 음식을 나누며 삶과 음식의 소중함을 되새기는 기간이다. 여행자들에겐 느슨하지만 가능한 그들에게 피해가 가지 않도록 유의해야 한다.
35) 유대인 명절: 속죄일(Yom Kippur, 9.24.~9.25)/수확 축제(Succot, 9.29.~10.8)
36) 유럽여행 중 성당의 경우 모자를 벗어야 하며, 짧은 반바지 등 몸을 많이 드러내는 옷을 입고 입장하는 것을 금한다. 복장 문제로 출입을 제한하는 베드로 성당 등도 있다.

(1) 종교와 특수성

① 이란

이란에서는 여성들이 실외로 나갈 경우 머리에 반드시 스카프를 두르고 몸의 윤곽이 드러나지 않도록 긴 코트를 입어야 하고, 얼굴과 손 외의 신체는 일절 노출되어서는 안 되며, 남성들도 외출 시 반바지 착용이 금지되어 있다.

② 알제리

알제리는 금·토요일이 휴무이며, 알제리 정부 건물이나 안전 보호시설 촬영은 금지되므로 야외에서의 촬영은 자제하여야 한다. 알제리는 이슬람 사원(모스케)은 허가 없이 들어갈 수 없으며 출입할 때에는 반바지 등의 차림을 하지 않도록 하고 여자는 머리에 스카프의 일종인 히잡을 착용해야 한다. 라마단 기간에는 일출 후부터 일몰 전까지 물과 모든 음식의 섭취가 금지되어 있으므로 외국인이라도 거리에서 음료수나 음식 먹는 것을 자제하고 호텔 식당 등 가려진 곳에서 식사하는 것이 좋다.

③ 이스라엘

안식일인 금요일 일몰부터 토요일 일몰까지는 일체의 노동이 금지되며, 안식일에 통곡의 벽과 같은 유대교 성지를 방문할 경우 사진 촬영은 허락되지 않는다. 안식일에 예루살렘의 종교인 지역은 차를 타고 들어가지 않는 것이 좋으며, 외국인이 단정치 못한 복장을 하거나 경건하지 않은 행동을 할 경우, 돌팔매질 등 위해를 당할 수도 있다. 유대인의 음식 규정 '코셔'를 지키는 호텔이나 식당에서 한국 음식을 가져가 먹는 등 그들에게 불쾌한 일을 하지 않아야 한다.

이스라엘의 유대교 극전통주의자들이 다수 거주하는 주택가를 방문하게 될 때 긴 팔 셔츠, 긴 하의 등 보수적이고 단정한 복장을 하는 것이 무난하다. 남성들은 여름철에도 검은색 양복이나 외투 차림이며, 여성들은 긴 상의와 긴 치마를 입는다. 정통파 종교인은 남녀 구분이 엄격하므로 검은 복장의 남자에게 여자가 말을 걸거나 긴 옷차림의 여자에게 남자가 말을 걸지 않도록 조심해야 한다.

④ 요르단과 카타르

요르단 사람들은 외국인에게 상당히 친절한 편이며, 종교적 언행으로 인한 마찰을 일으키지 않는다면 신변 위협은 크지 않은 편이다. 카타르에서는 종교시설 및 다중 운집시설 방문은 자제해야 한다. 문화적인 차이를 고려하여 신체접촉 및 욕설 등은 삼가야 한다.

⑤ 태국

태국인은 오랜 독립국을 유지하기에 자존심이 높다. 불교와 승려에 대해 존경표시를 해야 한다. 왕실에 대한 존경심은 절대적이며 외국인은 왕실에 대한 적절한 존경심을 표해야 한다. 극장에서 영화상영 전 국왕 찬가가 나오면 태국인과 같이 기립하여야 한다. 호텔 등에 걸려 있는 국왕과 여왕의 사진을 손가락질하는 것도 금기다.

머리에는 정령이 깃들어 있다고 믿으므로 어린이의 머리를 함부로 쓰다듬는 것은 금물이다. 발은 신체 중 가장 비천한 부분으로 믿으므로 발로 차거나, 남에게 발바닥을 보이는 행위는 심한 모욕으로 받아들여지니 삼가야 한다. 왼손은 부정한 손이라고 믿으므로 물건을 잡을 때는 꼭 오른손으로 잡도록 유의하여야 한다. 음주 시 술잔은 돌리지 않으며, 지나치게 술을 권하는 것은 실례가 된다.

⑥ 네팔과 인도

국민의 80% 이상이 힌두교도로 강력한 힌두문화의 영향을 받고 있으며 카스트 제도에 따른 계급의식 및 차별이 관습상 그대로 있다. 카트만두 파슈파티에 있는 힌두사원 내부는 힌두교도가 아닌 경우 입장이 불가하다. 인도는 전통적 위계질서를 규정해 온 카스트 제도가 헌법상 폐지되었지만, 여전히 인도인의 실생활에는 결혼, 교육, 직업선택 등 개인의 전반적 사회활동에 큰 영향을 미치고 있다. 따라서, 이러한 관습을 이해하고 카스트의 구분에 따른 자존심의 손상이 없도록 특히 배려하고, 특히 상대의 카스트를 직접 물어보지 않는 것이 좋다. 인도는 전통적으로 음주를 터부시하여 일부 주에서는 금주 제도를 시행하기도 하며, 또한 특정일과 특정 시간과 장소에서 술 판매를 금지하기도 한다. 인도인들은 전통과 관습을 중시하는 편이라 여행자 중 여성들에게는 이를 엄격히 적용하므로 짧은 반바지, 미니스커트, 민소매 등

너무 눈에 띄는 복장 착용에 유의하는 것이 좋다.

⑦ 아랍에미리트

아랍에미리트는 외국인 관광객 유치 및 비즈니스 활동을 원활히 하기 위해 이슬람 국가임에도 불구하고 외국인에 대해 5성급 호텔 및 극히 제한된 장소에서만 음주를 허용하고 있다. 공공장소에서의 음주는 금지되어 있으며, 술에 취한 상태에서 공공장소를 배회하는 것만으로도 벌금 또는 구류의 처벌을 받을 수 있다. 외국인의 복장에 제한은 없으나, 이슬람 국가이므로 공공장소에서의 심한 노출은 삼가는 것이 바람직하다. 보수적 도시인 샤르자(Sharjah) 지역에서는 복장에 대한 단속이 다른 지역보다 엄격하다. 공공장소에서 남녀 간의 애정표현을 삼가야 하며, 동성애 및 동성애적인 복장 등도 금하고 있다. 이슬람교가 국교로서 외국인의 신앙 활동은 정해진 종교 단지 내에서만 허용되며, 종교 선교 활동은 불법으로서 처벌받는다. 라마단의 규율을 철저히 지킨다. 사우디아라비아도 이슬람 전통을 유지하는 국가로 사우디 여성들은 아바야(검은색의 이슬람 전통복장)를 착용하는 경우가 많다. 외국 여성의 경우 아바야를 착용할 의무는 없다. 그러나 과도한 노출을 지양하고 어깨와 무릎을 가리는 정도의 단정한 복장이 권고된다. 이란에서도 여성들이 실외로 나갈 경우는 반드시 머리에 스카프를 두르고 몸의 윤곽이 드러나지 않도록 긴 코트를 입어야 하고, 얼굴과 손 외의 신체는 일절 노출되어서는 안 되며, 남성들도 외출 시 반바지 착용이 금지되어 있다.

⑧ 브루나이

브루나이는 이슬람을 국교로 왕이 통치하는 이슬람 왕정국가로 이슬람에 따라 금요일이 휴일이며 토요일은 정상 근무일이다. 라마단 기간 중 브루나이 관공서 등은 단축 근무(08:00~14:00)를 한다. 라마단 기간 중 식당은 낮에 문을 닫는다. 일부 식당은 포장(take away)을 원하는 비이슬람교도를 위해 주문을 받기도 한다. 그러나 비이슬람교도도 낮 동안 식당 내에서 음식을 먹을 수 없으며 포장(take away)만 가능하다. 이슬람교도들이 보는 앞에서 음식을 섭취하는 행동은 금기며, 공개된 장소와 길거리 등 공공장소에서 음식을 먹거나 물이나 음료를 마시는 행위 및 흡연을 해서는 절대 안 된다. 브루나이에서 주류의 판매 및 공공장소에서의 음주는 불법이다. 비이슬람교도 외국인은 가정집 또는 특별히 제한된 장소에서 음주가 일부 허용되기도 한다. 이슬람 교리에 따라 돼지고기와 술을 먹지 않으며, 닭고기나 쇠고기 등도 할랄이 아닌 것은 먹지 않는다.

사우디아라비아

- 사진 촬영 문제 : 대부분의 공공기관 건물들이 보안 구역으로 설정되어 사진 촬영이 금지되어 있다. 또한, 아바야를 착용한 여성들에 대한 사진 촬영이 금기시되므로 공공장소에서 사진을 촬영할 때는 특별한 주의가 필요하다.
- 복장 불량 문제 : 사우디는 이슬람 전통을 유지하는 국가로 사우디 여성들이 외출하는 경우, 아바야(검은색의 이슬람 전통복장)를 착용토록 하고 있으나, 외국 여성의 경우 아바야 착용이 의무는 아니며 어깨와 무릎을 가리는 정도의 단정한 복장이 권고된다. 또한, 남녀를 불문하고 외출 시 몸에 달라붙는 옷이나 이슬람을 모독하는 글, 그림이 있는 옷을 입어서는 안 된다.
- 이슬람 규율 위반(주류, 돼지고기 등 금기 음식 및 음란물 반입 또는 소지) : 이슬람 규율에 반하는 주류, 돼지고기, 음란물 등의 반입이나 휴대는 엄격히 금지되며 발각될 경우 즉시 체포 및 실형에 처할 수 있는바 수화물 탁송 등에 특별한 주의가 필요하다.

---

2) 선교 활동 금지와 신변안전

우즈베키스탄, 타지키스탄, 투르크메니스탄, 오만, 요르단, 알제리는 법령상이나 제도상으로 선교 활동이 명시적으로 금지되어 있다. 알제리 내 이슬람교도를 개종시키려는 모든 시도 및 행위, 주재국 관계 당국에 허가되지 않은 모든 선교 활동 시 사법당국의 구금이나 벌금형에 처하게 된다. 봉사단체나 한글 교육을 가장한 성경 교육, 찬송가 낭송 등 모든 선교행위를 일절 금하고 있으니 유념해야 한다. 아프가니스탄도 이슬람 국가로서, 아프가니스탄 사람을 대상으로 개종을 강요하거나 선교 활동을 하는 것은 주재국 법에 부합하지 않는 매우 위험한 행동이다.

이집트에서 선교 활동은 인정하지 않으며, 특히 샤리아(이슬람 종교법)에 의해 이슬람교도에 대한 선교 활동은 엄격히 제한되고, 선교 활동 적발 시에는 강제추방 조처될 수 있음에 유의해야 한다. 또한, 이슬람 종교를 모독하는 행위는 주재국 법령에 따라 처벌될 수 있다.

브루나이, 말레이시아에서 이슬람을 믿는 말레이인을 상대로 포교 활동을 하는 것은 불법 행위이며, 이슬람 사원을 출입할 때는 입구에서 얼굴과 손발을 씻은 후 들어가고, 반바지 차림이나 신발을 신고 들어가는 것은 금기다. 말레이시아 최초의 국가인 말라카 왕국이 1414년 이슬람교를 국교로 선포한 이래 이슬람교가 말레이시아의 문화와 국민 생활 전반에 미치는 영향은 매우 크다. 코란은 이슬람교도에게 하루 5번 기도, 라마단(금식), 성지순례 등의 의무사항을 지키도록 규정하고 있고, 현지의 이슬람 모스크에서는 매일 정해진 시간에 확성기를 통하여 기도 시간을 알리고 있으며, 이슬람교도들은 매년 정해진 기간에 한 달간 금식하고, 사우디아라비아 메카에 성지순례를 하기 위하여 수입의 일정 부분을 저축하기도 한다. 다른 종교로의 개종을 금지하는 이슬람의 교리로 인해 헌법상 규정된 종교의 자유가 진정으로 보장되는지에 대한 논란도 발생한다.

스리랑카, 방글라데시에서는 현지인들에 의해 문제가 제기되면 어려움을 겪게 되므로 현지 문화를 존중하는 범위 내에서 선교 활동을 해야 한다. 특히, 종교 비자 없이 임의로 선교를 하는 것은 금지하고 있으므로 주의해야 한다. 이슬람교 국가로서 주류를 마약 관리법(Narcotics Control Act)에 규정하여 통제하고 있으며, 주재 국민뿐만 아니라 외국인도 관계 당국의 허가 없이는 주류를 수입, 보관, 판매 및 구매할 수 없다. 특히 술과 관련해서는 다른 어떤 범죄보다도 엄격하게 처벌(긴급체포, 구속)하고 있다.

베트남 지방정부 소속 종교위원회의 사전 허가를 받지 않은 종교활동(종교집회 또는 노상에서의 찬송가 합창 등)은 법적으로 금지되어 있다. 특히 외국인이 베트남인을 대상으로 한 선교 또는 포교행위는 절대적으로 금지하고 있으며, 발각 시 추방 등 강경 제재를 받게 된다. 미얀마는 국민의 대부분이 불교 신자이므로 현지인과 대화 시 불교 및 전통을 무시하는 언행이나 행동은 삼가야 한다. 불교도에 대한 여타 종교의 선교는 엄격히 금지하고 있다. 미얀마 불교사원(파고다)에 출입할 때에는 신발은 물론 양말까지 모두 벗어야 하며, 민소매 옷이나 짧은 치마, 짧은 바지를 입어서는 안 된다. 사원 내 특정 장소는 여성의 출입 또는 접촉을 금지하는 예도 있다.

중국 헌법 제36조에는 종교활동의 자유를 보장하고 있지만, 제한도 있다. 특히, 외국인이 중국인에 대해 선교 활동하는 것이나 허가된 지역 외에서 종교활동을 하는 것은 위법으로 관계 당국은 민감하게 반응하고, 적발될 경우 통상 강제추방당하게 되니 유의해야 한다. 대만은 종교의 자유는 인정하며 대부분 도교, 불교 및 토속신앙을 믿는다. 그러나 종교의 자유를 허용하지만, 정부로부터 선교자격 거류증을 받은 자만이 선교 활동에 종사할 수 있다. 몽골(Mongolia)은 종교는 라마불교가 일반적이나 중동 이슬람교 국가처럼 특별히 종교 관습 또는 종교법에 따라 외국인의 일상생활을 통제하는 경우는 없다. 그러나 선교 활동에 대해서 엄격히 규제하고 있으므로 선교를 위한 입국 시에는 반드시 종교 사증을 발급받아야 한다. 일반 사증으로 선교 활동을 할 때 입국 목적 외 활동으로 강제추방될 수 있다.

3) 문화적 차이와 심리적 증상

여행은 낯선 공간과 문화와 급격한 만남이 이뤄지는 일이다. 여행자들의 경험담을 듣거나 여러 통로로 들었던 지식 그리고 간접적으로 얻어지는 이미지들로 환상적인 생각을 할 수 있다. 그러나 현지에 도착하면 문화, 종교, 관습, 가치관, 생활 양식의 차이로 다양한 충격을 감수해야 하는 점이 있다. 로마에 가면 로마법을 따라야 하지만 차이와 차별로 인한 심리적 불안은 쉽게 사라지지 않는다. 문화충격으로 심리적 허탈감이나 생각보다 불결하거나 불안한 상황에 여행의 기분을 불편하게 할 수 있다. 여행지 대부분이 상상에는 못 미치지만 나름 여행객을 위해 불편을 최소화하려고 도로와 상점 그리고 주변 환경을 정비하고 노력한 결과물이다. 그러나 일상으로 들어가면 그들의 삶 또한 우리와 별반 다르지 않다. 쓰레기도 나뒹굴고, 노숙자, 부랑인이 넘쳐나고 심지어 마약 중독자들의 좀비와 같은 무기력한 사람들을 목격할 수도 있다.

인종차별로 인한 공격을 받을 수 있기에 시선을 마주친다거나 구경거리로 착각해서 사진을 찍는다면 불시에 공격을 받을 수도 있다. 음주와 마약 그리고 노숙자들의 공격성은 언제 어디서 발생할지 모를 일이다. 못 본 척 지나치는 것이 여행자에겐 현명한 판단일 수 있다. 대부분의 노숙자가 공격적이지는 않지만 낯선 공간에서 벌어질 수도 있는 일에 대해선 깊이 관여하지 않는 것이 좋을 것이다. 삶에 있어 차이는 분명 존재한다. 그러나 다르다고 비난해서는 안 될 일이다. 그들도 나름의 방식으로 환경과 역사 등 다양한 조건을 극복하며 살아온 결과로 이해하면 좋을 것이다.

● 2018년 프랑스 혁명일과 월드컵 우승으로 거리로 나온 파리 군중들

출처: 저자

여행지에 도착 후 간혹 심리적 충격을 받아 여행을 포기하는 사람도 있다. 도저히 감당할 수 없는 일이 눈앞에서 벌어지는 것에 대해 타협이 이뤄지지 않는다는 것이다. 소매치기, 사기, 심한 노출, 더러운 환경, 종교적인 복장과 태도, 무질서한 상황, 불결한 음식, 매춘, 마약 등 받아들이기 어려운 상황들로 심리적 충격을 받아 증후군을 앓는 예도 있다. 여행객을 표적으로 삼아 벌어지는 사건이나 사고도 만만치 않게 발생한다. 산만한 관광객을 노리는 전문 털이범들이 주변에 많다는 생각에 결국 심리적 불안감으로 노이로제에 걸리는 경우도 있다. 사고를 당한 여행객은 트라우마로 인해 여행을 포기하는 경우도 있다. 불편한 상황을 견디고 무사히 돌아와야 하기에 심리적 중압감은 떠날 때의 가벼운 마음과 달리 무겁다.

2003년 39살의 한 일본 여행자가 파리(Paris)의 지저분한 모습에 충격을 받아 파리시를 상대로 법원에 고소한 사례가 있다. 여행자는 아름다운 파리를 동경했다가 실

망감으로 크게 분노했다. 역사적인 도시 프랑스 파리, 특히 지하철 역사의 내부는 우중충한 데다 고약한 냄새가 코를 찔렀을 것이고, 사람 사는 곳의 일상적인 불결함 등이 낭만적인 파리를 꿈꾸었던 여행자에게 충격으로 다가왔다.

2004년 일불의학협회 회장이던 마리오 르누에는 프랑스의 정신의학 저널 네르뷔르에 실은 논문에서 '파리의 도시 이미지'는 현실과는 거리가 먼 것으로 일본 내의 잡지, 방송 등의 대중 매체가 이러한 허상을 부추기고 있다고 했다. 대중 매체들이 화려한 수식어로 장식함으로써 패션과 예술의 도시라는 이미지가 생산되고 사람들은 가공된 이미지에 현혹되거나 자신도 모르게 믿음을 강화하게 됐다는 말이다.[37]

---

37) 주성열, '노래가 있어 사랑받는 여행지들', 『트레블 데일리』 전문가칼럼, 2017.12.04

REFERENCE 참고문헌 ▼

고종원 외, 국제 관광, 백산출판사, 2021

고종원, 세계관광, 대왕사, 2003

김다영, 여행을 바꾸는 여행 트렌드, 미래의 창, 2022

김다영, 여행의 미래, 미래의 창, 2020

김해세관, 설렘의 관문, 세계 공항을 가다, 2010

나디르, 장 피에르, 여행 정신: 현명한 여행자를 위한 삐딱한 안내서, 책세상, 2013

론리플래닛 트래블가이드 시리즈, 크로아티아, 몽골, 쿠바 등

박종하, '온천관광과 Disease-X', 『트레블 데일리』 전문가칼럼, 2024

엘리자베스 베커, 여행을 팝니다, 유영훈 역, 명랑한지성, 2013

이정운, 유럽 자동차 여행-유럽 자동차 여행을 위한 완벽한 가이드북, 꿈의지도, 2024

주성열, '노래가 있어 사랑받는 여행지들', 『트레블 데일리』 전문가칼럼, 2017

외교부 해외안전여행 사이트(https://www.0404.go.kr/dev/main.mofa)

질병관리청 사이트(https://www.kdca.go.kr/)

해외여행안내

해외여행지역
대륙별 상품 안내

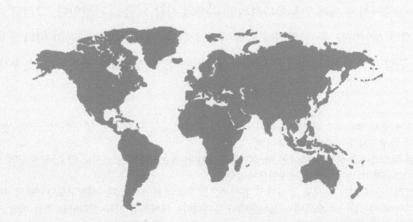

해외여행지역
대륙별 상품 안내

1. 유럽

1) 서유럽

(1) 이탈리아

참좋은여행에서는 이탈리아를 사계절 언제 가도 새로운 곳으로 소개한다. 최근 부각되는 소도시관광을 홍보한다. 아시시[1], 산지미냐노[2], 오르비에토[3] 등이다. 로마 남부의 나폴리, 폼페이, 소렌토 일정이 포함된다. 이탈리아 대도시와 소도시 완전일주 9일 상품이 219-259만 원대의 가격에 판매된다.

본 상품에서는 세계 7대 불가사의인 피사의 사탑 외관을 관광한다. 그리고 이탈리아 5개의 해안마을 중 친퀘테레 관광이 포함된다. 세계 3대 박물관인 바티칸 박물관 내부 관람이 포함된다. 항공은 아시아나항공이다. 쇼핑 2회가 조건이다. 인솔자는 미

---

[1] 가톨릭 성지이다. 움브리아주 스바니오산의 언덕 위에 있는 도시이다. 성 프란체스코와 성녀 클라라의 탄생지이다(미술대사전 용어편).

[2] 중부 토스카나주 중부 시에나현 북서쪽의 도시이다. 농촌지대의 중심지로 양조, 금속공업 등이 있다. 12-14세기 번창하였다(세계인문지리사전).

[3] 움브리아주에 있는 도시로 로마에서 북서쪽으로 96km 떨어져 있다. 해발고도 195m의 바위산에 위치하며 케이블카로 오르내린다(두산백과 두피디아). 테베레강 지류 팔리아강 연안 해발 315m에 위치한다(세계인문지리사전). 이 지역은 화이트와인의 명산지이다.

동행한다. 전용차량 및 현지 스루가이드가 안내한다. 현지 지불 가이드 및 기사경비
는 90유로로 성인 및 아동 동일하다.

이탈리아는 도시 하나하나가 영화의 한 장면으로 묘사된다. 예술과 문화가 가득한
이탈리아로 홍보한다. 호텔은 일급호텔 기준이다(참좋은여행 상품상세정보 참고).

(2) 스위스, 이탈리아

유럽 선호도 1, 2위 나라를 한번에 여행하는 상품으로 홍보한다. 전 일정 일급호텔,
전문인솔자가 동행한다. 서유럽 2개국 9일 상품으로 269만 원대 상품이다. 국적기인
아시아나항공에 탑승한다.

유류할증료가 포함된 가격이다. 최고 1억 원 해외여행자보험에 가입되어 있다. 알
프스산맥의 철도역인 융프라우요흐는 유럽에서 가장 높고 100년의 역사를 자랑하는
곳으로 인기 있는 스핑크스 전망대에서 설원을 360도 내려다볼 수 있음을 강조한다.
산악열차에서 바라보는 알프스의 경치를 잊을 수 없는 한 장면으로 설명한다(참좋은
여행 상품상세정보 참고).

(3) 영국, 프랑스, 스위스, 이탈리아

베스트 서유럽 완전정복 상품으로 홍보한다. 세계 3대 박물관인 대영박물관, 루브
르 박물관, 바티칸 박물관이 포함된다. 런던 입국 및 로마 출국으로 최적의 동선임을
강조한다. 서유럽 4개국 11일 상품으로 판매가는 319만 원이다.

전 일정 유럽 전문인솔자가 동행한다. 개인수신기를 제공한다. 아이거 익스프레
스[4]에 탑승한다. 항공은 에미레이트항공 탑승한다. 쇼핑은 6회이다(참좋은여행 상품
상세정보 참고).

---

[4] 그린델발트 터미털을 출발하여 아이거글레처까지 운행하는 3중 케이블 곤돌라이다(위키피디아).
　그린델발트는 해발 943m이다. 도착하는 이이거글렛처는 2,320m이다. 아이거 익스프레스는 6.5km
　거리를 15분 만에 닿을 수 있다(월간 산, 2024.7.5).

▶ 대한민국 용인시 호암미술관 – 주위의 산책로도 좋고 주제별 전시를 하고 있다. 1982년 개장하였다. 삼성문화재단 소유이다. 창업주 이병철의 호를 따서 이름을 지었다. 이병철 회장이 30여 년에 걸쳐 수집한 한국 미술품 1천2백여 점을 소장하고 있다.

스위스 기차여행 7-9일

하나투어에서는 스위스 기차여행상품을 출시하여 판매한다. 여름철 이후 휴가여행을 위한 상품이다. 대중교통을 이용하는 특별여행상품으로 판매가는 4,179,000원부터이다. 서유럽의 한 국가인 스위스에서만 여행을 하며 기차여행을 통해 스위스의 아름다운 자연과 산을 감상하기에 적합한 상품으로 출시되었다.

(4) 영국

노쇼핑, 노옵션 클래식 여행상품으로 홍보한다. 영국의 클래식한 전원풍경 코츠월드, 청정 자연의 대서사 자이언츠 코즈웨이를 홍보한다. 런던 직항으로 영국, 아일랜드, 스코틀랜드 10일 여정으로 489만 원대 상품가격이다.

영국 애프터눈 티 체험, 월드체인 호텔에서 2박한다. 아시아나항공에 탑승한다.

노쇼핑, 노옵션상품이다. 가이드, 기사 경비는 현지에서 100파운드 지불함을 공지한다.

영국은 한 권의 책과 같다고 설명한다. 코츠월드5)는 영국인들이 은퇴 후 살고 싶은 곳으로 선정된 곳이다. 영국 특유의 전원 풍경이 보존된 아름다운 마을이다. 자이언츠 코즈웨이6)는 세계자연유산으로 지정된 세계에서 손꼽히는 아름다운 해안가이다. 주요 성과 궁전 등 역사적인 명소가 있고 18-19세기 조성된 뉴타운은 근대와 현대의 조화를 이루는 에든버러7) 일정이 포함된다(참좋은여행 상품상세정보 참고).

(5) 영국, 프랑스

문화의 깊이가 있는 여행으로 홍보한다. 클래식 베스트 상품으로 서유럽 2개국 9일 309만 원 상품이다. 파리와 런던 근교도시 이색투어로 코츠월드, 스톤헨지8) 일정이 포함된다. 그리고 프랑스 명소 천공의 섬 몽생미셸9)이 포함된다.

주말 출도착하는 알찬 일정으로 설명한다. 유럽의 3대 박물관인 대영박물관, 루브르 박물관 관람이 포함된다. 터키항공에 탑승하며 쇼핑 3회이다(참좋은여행 상품상세정보).

---

5) 영국에서 가장 예쁜 마을로 불린다. 동화 속의 나라로도 평가된다.
6) 북아일랜드의 앤트림주 해안에 육각형의 돌기둥이 있는 곳이다. 이곳의 풍경은 옛날에 만들어진 웅장한 건축물이 폐허로 변한 것 같지만 자연이 만든 천연기둥이다. 생성시기는 6000만 년 전이며 기둥의 지름은 38-50cm이다(죽기 전에 꼭 봐야 할 자연 절경 1001). 세계자연유산으로 등재되어 있다(위키피디아).
7) 세계적인 예술축제가 열리는 도시이다. 거리공연도 매우 유명하다. 우리나라의 난타 공연도 이곳에서 처음 시도되었다.
8) 원형으로 늘어선 돌기둥으로 영국 솔즈베리 평원에 있는 것을 가리키는 고유명사이다. 원형의 흙 구조물 한가운데 거대한 바위들을 여러 형태로 세워 배열한 선돌(입석)유적지이다. 1986년 세계문화유산으로 등재되었다(나무위키).
9) 서북부 노르망디 지방, 망슈의 해안 근처에 있는 작은 섬이자 도시이다. 성 미카엘의 산이란 뜻이다. 1979년 세계문화유산으로 등재되었다(나무위키). 2015년 기준 인구는 50명으로 면적은 약 100 헥타르이다(위키백과).

▶ 프랑스 보르도 와이너리 – 최근 여행객들의 와인투어 수요가 많아지면서 와이너리 방문이 늘고 있다. 프랑스 보르도의 유명 와이너리 레오빌 포이페레 와이너리 전경이다.

▶ 대한민국 충주 소재 작은 알자스 와이너리 – 프랑스 알자스 출신 양조업자가 우리나라 지역 가운데 이곳을 선택하여 유기농 포도를 재배하여 경쟁력 있는 와인을 재배하고 있는 곳이다.

▶ 작은 알자스(레돔알자스) 와인농장의 포도밭 전경 – 매우 정성을 기울여 포도생산을 하고 있는 곳으로 포도가
익어가는 8월에 이곳을 방문하여 사진을 촬영한 것이다. 프랑스인이 우리나라 지역에서 와인을 생산하는 것
이 매우 인상적인 곳이기도 하다.

(6) 리히텐슈타인/산마리노/모나코/안도라

참좋은여행의 단독상품으로 세계에서 가장 작은 나라 4국 11일 상품이다. 10박 11일 아시아나항공에 탑승한다. 노쇼핑으로 여행경비는 429만 원이다. 호텔은 전 일정 일급기준이다. 유럽 전문인솔자가 동행한다. 북이탈리아, 남프랑스 관광이 포함된다. 인솔 가이드 및 기사 현지 지불 경비는 110유로이다.

모나코는 몬테카를로 해변과 카지노로 유명한 왕국이다. 바티칸 다음으로 작은 소국이다. 그레이스 캘리가 여왕이 되면서 전 세계인의 주목을 받은 나라이다.

산마리노는 바티칸시국, 모나코 다음으로 유럽에서 세 번째로 면적이 좁은 나라이다. 울릉도보다 작으며 세계에서 가장 오래된 공화국이다.

리히텐슈타인은 아름다운 우표를 발행하는 것으로 유명하다. 유럽에서 4번째로 작은 소국이다. 스위스와 오스트리아 알프스산맥의 고원지대에 위치하며 아름다운 경치를 자랑한다.

안도라는 피레네산맥 남쪽에 위치한다. 스페인과 프랑스 사이에 위치한 자치국이다. 국가 전체가 면세지역으로 유럽의 슈퍼마켓으로 불린다(참좋은여행 상품상세정보 참고).

상세 일정은 다음과 같다. 프랑크푸르트-슈투트가르트-파두츠(이상 독일)- 코모-시르미오네-라벤나-산마리노-볼로냐-제노바(이상 이탈리아)-모나코-생폴드방스-카시스-엑상프로방스-고흐드-아비뇽-아를-카르카손(이상 프랑스)-안도라라베야-헤로나-바르셀로나(이상 스페인)

참좋은여행사에서는 티웨이항공 바르셀로나 직항상품을 출시하였다. 대도시 자유시간의 특징을 지닌다. 11월-12월 7개 출발날짜로 7월 예약 시 209만 원 상품을 189만 원에 판매한다. 이는 선예약 시 혜택으로 마케팅하고 있다.

그리고 동 여행사에서는 스페인, 포르투갈 9일 상품을 홍보한다. 아시아나항공에 탑승한다. 바로셀로나 직항을 강조한다. 10대 맛기행을 홍보한다. 가을 및 겨울 출발 상품을 하계에 예약 시 전 날짜 1인 20만 원 할인을 홍보한다. 쇼핑은 3회 실시한다. 현지에서 가이드 설명을 들을 수 있는 수신기[10]를 제공한다. 기사 및 가이드 경비는

---

10) 수신기는 현재 유럽여행에서 대세인 전형적인 아이템이다. 예전에는 가이드가 차 안에서 설명하고 투어 시 전체가 모이게 해서 목소리를 크게 하여 설명하느라 시간적인 지체가 있었지만 현재 수신기 시스템으로 가이드가 말하는 소리를 고객들이 이어폰을 끼고 경청하기에 잘 들리고 거리

성인과 아동이 동일하다. 30명 이상 시 90유로(일인당), 25-29명 시 100유로, 20-24명 시 120유로가 의무적으로 부과된다.

▶ 스페인 마요르카 – 유럽의 대표적인 휴양지로 요트와 호텔 등이 보인다.

가 다소 떨어져 있어도 잘 들린다는 점에서 매우 좋은 아이템이다. 현재 유럽의 대세 아이템으로 수신기가 큰 역할을 하고 있다.

▶ 포르투갈 포르투 지역의 Taylor's 포트와인 숙성시설 – 1692년부터 주정강화와인인 포트와인을 생산하는
와이너리이다.

아시아나항공 바르셀로나 노선은 이코노미 스마티움 클래스로 A350기종의 일반석이다. 일반석보다 다리 공간이 4인치 큰 91.44cm로 여유로운 좌석공간을 강조한다. 인천공항에서 비즈니스 라운지를 이용할 수 있다. 간단한 식사와 휴식이 가능한 비즈니스 라운지를 이용할 수 있는 특권이 주어진다. 이를 이용 시 항공권 발권 후 아시아나항공으로 전화하여 예약번호를 말하면 된다. 금액은 편도 220,000원을 공지한다.

상기 10대 맛기행은 빠에야, 몽골리안 BBQ, 샹그리아(와인칵테일), 바깔라우, 포르토 와인, 하몽, 에그타르트, 타파스, 발렌시아 오렌지, 에저가 속한다(참좋은여행 상품상세정보).

(7) 독일 일주 9일

참좋은여행에서는 낭만가도 독일 일주 9일 상품을 3,292,000원부터 판매한다. 인천-프랑크푸르트 직항 코스이다. 엘베강이 흐르는 독일의 피렌체인 드레스덴, 작센의 스위스로 불리는 바슈타이를 방문한다.

여행의 포인트는 라인강의 진주이며 로맨틱가도의 시작 뤼데스하임, 유명한 온천 휴양지인 바덴바덴, 아인슈타인이 태어난 도시 울름을 방문한다. 노쇼핑 및 노옵션상품이다. 호텔은 투어리스트급 또는 일급호텔이다. 전문인솔자가 전 일정 동행한다. 가이드 및 기사 경비는 1인당 90유로임을 공지한다.

프랑크푸르트, 베를린, 드레스덴, 로맨틱가도의 시작점이자 중세의 보석으로 불리는 로텐부르크를 방문하는 일정이다. 독일 3대 성당인 마인츠 대성당을 방문한다. 헨젤과 그레텔의 배경지 티티제를 방문한다. 벤츠박물관이 있는 슈투트가르트, 독일의 행정수도 베를린, 경제수도인 프랑크푸르트 등을 방문하는 여정이다. 투어리스트급 또는 일급호텔에서 숙박한다(참좋은여행 상품상세정보).

2) 동유럽

(1) 체코, 오스트리아, 헝가리 상품

대도시의 넉넉한 자유시간을 강조한다. 동유럽 3개국 9일 상품이다. 가격은 199만 원부터이다. 프라하(까를교), 부다페스트 2대 야경[11]을 강조한다. 오스트리아 쉴브른 궁전, 벨베데레 궁전[12]이 포함되어 있다. 체코에서는 필스너우르젤 맥주 공장을 방문해서 시음한다. 멜크수도원은 유네스코 세계문화유산으로 지정된 곳이다. 헝가리의 숨은 보석인 센텐드레[13]가 포함된 상품임을 강조한다. 겨울에 출발하는 상품일정이다. 유럽 선호도로 인해 여름철에 판매가 시작된다.

패키지 투어는 대부분 투어리스트급 또는 일급호텔 기준이다. 전문인솔자가 동행한다. 여행경비 외에 가이드, 기사 경비는 현지에서 90유로를 지불한다. 그리고 선택관광, 개인 비용은 별도이다. 물값, 매너팁도 불포함된다.

탑승하는 폴란드항공의 경우 아시아나항공의 마일리지가 50% 적립됨을 공지한다. 프라하, 부다페스트, 비엔나에서 충분한 자유시간이 제공됨을 공지한다.

식사의 차별화된 내용은 다음과 같다. 스비치코바는 노란 소스에 삶은 소고기와 체코식 찐빵을 찍어먹는 음식이다. 굴라쉬는 다양한 야채에 후추, 파프리카[14]로 특유의 매운맛을 낸 헝가리 전통 수프요리이다. 슈니첼은 고기요리를 기름에 튀겨 감자와 샐러드를 곁들인 음식으로 우리나라의 돈까스와 비슷하다(참좋은여행 상품상세정보 참고).

---

11) 그 밖에는 프랑스 센강 및 에펠탑 야경을 최고로 뽑는다. 홍콩, 일본 북해도 하코다테, 서울의 야경도 경쟁력을 지닌다는 평가이다.
12) 벨베데레궁전 내부에서는 클림트의 키스를 전시한다.
13) 센텐드레는 다뉴브 강변의 예술인의 도시로 불린다. 헝가리 수도인 부다페스트 근교(약 20km)에 위치한다. 박물관, 전시관이 많다. 철도, 선박(도나우강변 위치)으로 도시에 접근하기 좋다(위키백과). 1000년의 역사를 지닌 고도로 사적과 문화유산이 많다(여성조선, 2020.7.6).
14) 헝가리는 파프리카, 고추가 유명하다. 고추로 만든 비타민도 세계적인 인지도를 갖고 있다. 파프리카도 고추의 종류로 보면 된다.

▶ 하동 케이블카 전경 – 멀리 남해 바다가 펼쳐진다. 청정한 한려해상국립공원의 절경을 한눈에 볼 수 있다. 금오산 정상에서는 산책을 하고 카페에서 즐길 수 있다. 케이블카는 산악자원이 많은 나라에서 중요한 관광 요소이고 콘텐츠이다. 세계에서 관광용 케이블카가 가장 많은 나라는 오스트리아, 스위스이다.

(2) 체코, 오스트리아, 헝가리, 크로아티아, 슬로베니아 상품

본 상품은 A380에 탑승한다. 동유럽 5개국 13일 여정이다. 지상 최대의 낙원 두브로브니크, 소설 장미의 이름 멜크수도원, 동화마을을 연상케 하는 센텐드레, 프라하, 부다페스트 2대 야경, 쇤브룬 궁전[15], 벨베데레 궁전이 포함된 일정임을 강조한다.

에미레이트항공에 탑승한다. 쇼핑은 4회 이용한다. 경유하는 항공편의 장점을 공지한다. 긴 시간 비행으로 인해 힘드신 분들에게 환승으로 공항 휴식 후 출발하는 점을 안내한다. 그리고 환승공항에서의 면세구역에서 쇼핑의 장점도 공지한다.

최근 유럽여행은 개인 수신기를 대여 및 이용하게 함으로써 현지 가이드의 설명을 거리가 멀어도 잘 경청할 수 있는 시스템으로 가이드 설명의 완성도를 강조한다.

크로아티아의 폴리트비체 국립공원은 에메랄드빛 호수와 나무의 요정이 살 것만 같은 곳임을 설명한다. 크로아티아 스플리트는 눈부신 아드리아해를 품은 항구도시로 설명한다. 오스트리아의 잘츠부르크는 영화 사운드 오브 뮤직의 배경지로 설명한다. 멜크수도원[16]은 세상에서 가장 아름다운 도서관을 품은 곳으로 설명한다.

체코의 체스키 크룸로프는 빨간 지붕이 있는 인상적인 곳으로 설명한다. 체스키 크룸로프는 볼타바강 위에 떠 있는 한 떨기 아름다운 장미로 묘사된다. 동유럽 여행 중 소도시로 사진이 아름답게 나오는 곳으로 관광객이 선호하는 지역이다. 아름다운 풍광과 1992년 유네스코 세계유산으로 등재된 곳으로 유명하다. 체스키 크룸로프성을 보기 위해 많은 관광객이 방문한다(나무위키).

호이리게[17]는 다양한 고기요리와 소시지 및 감자 샐러드가 제공되는 음식을 말한다. 송어구이 정식[18]은 그릴에 구운 송어에 감자 샐러드를 곁들인 음식이다(참좋은 여행 상품상세정보 참고).

---

[15] 합스부르크 왕가의 여름휴양지인 쇤브룬 궁전 정원의 내부 관람도 가능함을 공지한다.

[16] 오스트리아 멜크에 있는 수도원이다. 900년 넘는 세월 동안 로마 가톨릭의 본거지였다. 때로는 종교개혁에 대항하는 요새이기도 했다(죽기 전에 꼭 봐야 할 세계 건축 1001).

[17] 오스트리아 호이리게는 오스트리아 그린칭이 본고장이다. 호이리게는 오스트리아 비엔나의 명물 음식이다(여성조선, 2022.6.28; 미디어파인, 2017.10.14).

[18] 크로아티아의 요리이다. 플리비체 호수 등에서 잡은 송어로 판단된다. 그릴에 구운 송어와 감자 샐러드가 일반적이다.

롯데관광에서는 크로아티아, 발칸2국 10일 상품을 출시하여 판매한다. 노쇼핑, 노옵션, 노팁상품이다. 특급호텔을 사용한다. 9,790,000원의 판매가격이다.

그리고 비즈니스 항공, 스위트 룸을 사용하는 동유럽 4개국 다뉴브리버크루즈 10일 상품은 독일, 오스트리아, 헝가리, 슬로베니아 상품이다. 16,500,000원이 판매가격이다.

최근 비즈니스 항공좌석을 이용한 고가의 상품들이 많은 관심을 받으며 이용되는 추세이다. 일반상품에 비해 상대적으로 가격이 높은 특징을 보인다.

3) 발칸지역

하나투어에서는 발칸반도 2-3개국 9일 상품을 출시하였다. 크로아티아, 슬로베니아 일정이다. 상품가격은 1,949,000원부터이다.

참좋은여행에서는 다른 여행사에는 없는 발칸 정통 9개국 발칸의 아홉 나라를 포함한 발칸 9개국 13일 상품을 출시하였다. 3,290,000원부터 판매한다. 루마니아의 고성인 브란성/펠레슈성을 방문한다.

아름다운 자연의 선물로 불리는 크르카 국립공원, 세르비아의 수도 베오그라드, 불가리아의 아테네 벨리코투르노보, 루마니아 브란성과 펠레슈성 내부 입장, 도시 전체가 세계문화유산인 시기쇼아라를 방문한다. 12박 13일의 터키항공 여정이다. 쇼핑 3회, 옵션이 가능한 상품이다.

가이드 및 기사 경비는 현지에서 130유로(1인당) 지불해야 한다. 본 상품은 터키항공에 탑승하며 효율적인 동선 이동을 강조한다. 정통발칸 9개국 및 세계문화유산 6개 도시[19]를 강조한다. 발칸 역사를 잘 아는 유럽 전문인솔자가 동행한다. 호수와 폭포가 아름다운 크르카 국립공원이 포함된 여정이다.

관광포인트를 보면 다음과 같다. 동화 속 풍경을 자랑하는 알프스의 진주로 불리는 블레드 관광, 유럽 최대의 석회동굴로 희귀한 종유석이 장관인 포스토이나, 지상

---

[19] 두브로브니크, 스플리트, 모스타르, 코토르, 오흐리드, 시기쇼아라를 말한다. 오흐리드는 북마케도니아의 진주로 불린다. 700년이 넘는 역사가 있는 성 요한 카네오성당과 절벽아래 있는 거대한 호수의 아름다움이 훌륭하다. 루마니아의 시기쇼아라는 외부의 침략을 막기 위한 요새 형태로 만들어진 도시이다. 오해된 돌길 위, 알록달록한 건물이 있는 곳으로 소설 드라큘라의 주인공 블라드 체페슈의 고향이다(참좋은여행 상품상세정보).

낙원으로 불리는 유럽인의 선호 휴양지인 두브로브니크, 이색적인 항공도시로 황제가 사랑한 도시로 알려진 스플리트 관광, 세계문화유산으로 등재된 모스타르다리로 유명한 모스타르, 도시 전체가 유네스코 세계문화유산인 아기자기한 도시 코토르, 호수와 어울려 한 폭의 그림 같은 호반의 도시 오흐리드, 불가리아 왕국의 수도였고 천혜의 요새를 가진 벨리코트르노보, 도시 전체가 세계문화유산인 중세모습을 간직한 시기쇼아라 등을 방문한다.

맛체험으로 두브로브니크에서 해산물 스파게티, 모스타르에서 체밥치치, 크르카에서 송어구이, 불가리아에서 숍스카/카바르마, 루마니아에서 사르말레가 포함된다.

맛체험 주요 내용을 보면 다음과 같다. 그릴에 구운 송어에 감자샐러드가 포함된 송어구이 정식, 양고기 또는 소고기 조각을 꼬치에 꿰어서 구운 음식인 체밥치치, 불가리아 치즈인 시레네를 올린 불가리아 국민들이 즐겨 먹는 샐러드인 숍스카 샐러드, 오븐으로 조리하는 돼지고기 야채 스튜인 카바르마, 다진 돼지고기와 야채 그리고 쌀 등을 섞은 반죽을 양배추에 싸서 익힌 양배추 롤인 사르말레를 경험할 수 있다(참좋은여행 상품상세정보).

참좋은여행에서는 크로아티아, 슬로베니아, 보스니아, 몬테네그로 발칸 4개국 9일 상품을 2,190,000원부터 판매한다. 만족도 1위 및 담당자 강력추천 상품으로 홍보한다. 주말 출도착 포함과 합리적 가격을 강조한다.

아드리아해의 진주로 불리는 아름다운 해안도시인 두브로브니크[20]에서 자유시간을 보장한다. 마르코폴로의 고향 코르출라섬을 방문한다. 아름다움 뒤에 아픔이 있는 모스타르, 성모발현지 메주고리예를 방문한다. 터키항공에 탑승한다. 노쇼핑상품이다. 옵션상품은 가능하다. 두브로브니크 자유시간 시에는 식사 비용을 제공한다.

장터가 열리며 활기찬 도시인 스플리트[21], 크로아티아의 국립공원으로 아름다운 플리트비체는 세계문화유산으로 지정된 곳으로 설명한다. 크로아티아 수도인 자그레브는 중세의 흔적과 현대적인 세련미가 공존하는 도시로 설명한다.

---

[20] 지상낙원으로 불리는 유럽인이 선호하는 휴양지이다. 방문하면 도시 전체가 아름답게 조망되는 곳이다. 붉은 지붕의 특징을 지닌다. 바다가 인접해 있다. 케이블카를 타고 도시의 경관을 잘 볼 수 있는 곳이기도 하다. 성곽을 따라 아드리아해를 조망하며 걷는 것도 도시의 역사를 살펴볼 수 있다.

[21] 이색적인 항구도시로 황제가 사랑한 도시로 불린다(참좋은여행 상품상세정보).

크로아티아의 수도이며 교통의 허브인 자그레브로 시작하여 몬테네그로 포드고리차에서 종료되는 여정으로 해안을 따라 버스 이동을 줄여 합리적인 동선으로 진행됨을 강조한다. 1일 1개 대도시, 1일 최대 2개 소도시 관광으로 진행됨을 공지한다. 마르코 폴로의 고향인 두브로브니크 코르출라섬22)을 관광한다. 동화 속 풍경을 자랑하는 알프스의 진주 블레드23)를 관광한다. 도시 전체가 세계문화유산인 아기자기한 도시 코토르24)를 방문한다.

투어리스트급 또는 일급호텔에서 숙박한다. 송어구이 정식, 체밥치치 등 특식이 제공된다(참좋은여행 상품상세정보).

4) 지중해

(1) 그리스

롯데관광에서는 그리스 9일 아테네직항 8-9월 4회 여정을 홍보한다.

지중해 비즈니스 항공좌석 이용 상품

롯데관광에서는 비즈니스 그리스 일주 10일 상품을 8,990,000원부터 판매한다. 산토리니섬 2박과 크레타섬을 방문한다. 안탈리아 이색골프 7박 9일 상품은 10,200,000원부터 판매된다. 이집트 & 두바이 아라비아 4개국 크루즈 12일 상품은 9,980,000원부터 판매된다. 비즈니스석과 크루즈 발코니룸이 기준이다. 산토리니 & 크레타 동부 지중해 3개국 크루즈 15일 상품은 19,500,000원 부터이다. 이탈리아, 그리스, 튀르키예 여정이다. 비즈니스석과 크루즈 발코니 조건이다.

---

22) 아드리아해의 바람이 있는 코르출라섬은 아름답고 평화로운 섬이다(tour.interpark.com)freeya).
23) 슬로베니아의 북서쪽에 위치한 도시 블레드에는 알프스산맥의 만년설이 흘러내려와 만든 블레드 호수가 있다. 이 호수의 한가운데는 동화책에서 본 것 같은 작은 섬 블레드섬이 있다. 뱃사공이 노를 젓는 플레트나(Pletna)라는 이름의 배를 타고 이동한다(nownews.seoul.co.kr)new, 2024.4.4).
24) 몬테네그로의 도시로 유네스코 세계문화유산의 중세 성벽도시로 아름답다. 16~17세기 베네치아 공화국의 요새로 세계문화유산에 등재된 성곽도시이다.

(2) 시칠리아, 몰타

참좋은여행에서는 비즈니스 클래스/노팁, 노옵션, 노쇼핑 시칠리아, 몰타 9일 상품을 7,190,000원부터 판매한다. 아그리토 신전의 계곡 내부를 방문한다. 오션뷰 레스토랑, 넉넉한 자유시간을 홍보한다.

에미레이트항공 비즈니스석 탑승, 시칠리아 입국 및 몰타를 출국하는 상품이다. 팔레르모/파처빌에서 자유시간이 주어진다. 몰타의 성요한 대성당을 방문한다. 두바이- 카타니아 구간은 현지이동 코스로 이코노미 탑승을 공지한다. 위탁수화물은 최대 30kg, 기내수화물은 7kg임을 공지한다. 기사 및 가이드 경비 90유로가 포함된다. 전일정 일급호텔에서 숙박한다. 여행자보험은 만 15~79세에 한해 최대 3억 원 여행자보험[25]에 가입한다. 그 외 연령에서는 최대 1억 원 여행자보험에 가입됨을 공지한다.

카타니아에서는 두오모성당, 코끼리분수, 성 아가타 대성당을 방문한다. 사라쿠사에서는 네아폴리스 고고학공원 내부를 방문한다. 타오르미나 움베르토 거리, 타오르미나 원형극장(내부)을 방문한다. 체팔루에서는 체팔루 두오모, 산 스페파노 교회를 방문한다. 아그리젠토에서는 신전의 계곡 내부를 방문한다. 고조섬에서는 아주르 원도우[26], 블루홀, 파피누 성당 내부, 성모승천 대성당을 방문한다.

몰타섬[27]에서는 성요한 대성당 내부, 블루그로토 보트, 딩글리 절벽, 뽀빠이 빌리지, 바라카 정원, 추모의 종을 관람한다. 사보카 영화 대부의 촬영지인 산타루치아성당, 바비텔리를 방문한다. 몰타는 지중해의 파라다이스로 표현된다.

몰타의 대표 전통음식인 Fenek(토끼요리)[28]를 경험한다. 닭고기와 비슷한 맛과

---

[25] 해외질병의료비 최대 1백만 원, 해외상해의료비는 최대 5백만 원을 공지한다(참좋은여행 상품상세 정보).

[26] 오랜 침식작용으로 바위에 창문처럼 구멍이 뚫린 시 아치(sea arch)는 마치 거대한 조각품 같아서 고조섬 사람들이 아주르 윈도라고 부른다. 우리말로 풀면 담청색의 창문이라는 뜻이다(한국경제, 2014.4.21). 자연의 아름다움과 푸르고 짙은 바다색을 감상할 수 있다.

[27] 몰타제도(Maltese Islands)는 수도 발레타(Valleta)가 있는 몰타섬과 고조섬, 에메랄드빛 바다의 코미노섬(Comino) 등 사람이 거주하는 세 개의 큰 섬을 비롯하여 7개의 섬으로 이루어진다. 이탈리아와 시칠리아섬으로부터 약 93km 남쪽에 위치한다(두산백과 두피디아). 고조섬에는 몰타에서 가장 큰 거석신전이 있다. 여행자들이 찾는 유명한 장소이다(한국강사신문, 2020.11.15).

[28] 작은 섬나라이다 보니 식재료를 구하기 힘들어 토끼를 길러 요리해 먹었다고 한다. 슬로우푸드로 육질이 부드럽고 쥬시한 것이 특징인 요리이다. 몰타 가정식에는 이 요리의 국물을 소스 삼아

식감이라는 설명을 한다. 거부감이 있는 분들은 사전에 알려주면 다른 현지식으로 변경 가능함을 공지한다.

비즈니스석 탑승으로 추가 마일리지 적립이 가능함을 공지한다. 쇼퍼 드라이브 서비스가 실시된다. 서울과 수도권지역으로 무료에서 최대 2인까지 탑승 가능한 1대당 편도 금액은 남양주, 하남, 경기 광주는 55,000원을 공지한다. 안전을 위해 의료실비 한도는 최대 1,000만 원 보험 가입을 공지한다. 최소 15~최대 25인 소규모 행사를 공지한다(참좋은여행 상품상세정보).

5) 코카서스

참좋은여행에서는 전 구간 비즈니스/노팁, 노옵션, 노쇼핑 코카서스 3개국 10일 상품을 6,890,000원부터 판매한다. 트빌리시 푸니쿨라 탑승 및 야경투어가 포함된다. 쿠라강 유람선 및 나리칼라성 케이블카[29]가 포함되는 여정이다.

특급호텔 3박이 업그레이드된다. 아짜트 계곡 주상절리를 관광한다. 에미레이트항공에 탑승한다. 노쇼핑, 노옵션 상품이다. 두바이-바쿠/예레반-두바이 환승구간은 이코노미 탑승임을 공지한다. 경비에 포함사항으로 기사 및 가이드 경비, 아제르바이잔[30] 도착비자가 포함된다. 최대 3억 원의 여행자보험이 가입된다. 적용대상은 만 15~79세이다. 만 15세 미만과 만 80~100세는 최대 1억 원 여행자보험이 가입됨을 공지한다.

와인의 발상지 조지아[31]에서는 와이너리 투어가 실시된다. 아르메니아[32]에서는

파스타를 만들어 즐긴 후, 야채를 곁들인 토끼스튜는 메인코스로 먹는다(매일신문, 2021.9.2; 쿡앤셰프, 2021.8.16).

[29] 나리칼라 요새 케이블카 탑승으로 트빌리시를 한눈에 조망할 수 있다.

[30] 카스피해 서부연안을 끼고 있다. 남북으로 이란과 러시아 사이에 있는 국가이다 1922년 구소련을 구성하는 공화국의 하나로 편입되었으나 1936년 아제르바이잔 소비에트사회주의공화국으로 분리되었다. 1990년 12월 아제르바이잔공화국으로 개칭한 후 1991년 10월 공식적으로 독립하였다(두산백과). 인구는 1,046만 2,904명으로 세계 90위이다. 수도는 바쿠이다. 이슬람교 96%로 시아파가 85%를 차지한다. 건조기후, 건조 아열대기후, 산지 툰트라 기후이다(외교부, KOTRA).

[31] 1990년 구소련이 붕괴되면서 러시아로부터 독립한 신생국가이다. 유럽대륙과 아시아 경계에 위치한다. 그루지야로 불린다. 인구는 455만 명(2013년), 수도는 트릴리시이다. 종교는 조지아 정교이다. 조지아인이 83.8% 등이다(시사상식사전).

[32] 수도는 예레반, 인구는 277만 7,979명, 종교는 아르메니아 정교이다. 18세기까지 주변 여러 국가의

예레반 꼬냑 박물관을 방문한다. 티빌리시, 므츠헤타에서 멋진 식사를 즐길 수 있다고 홍보한다. 에미레이트항공에 탑승한다. 세반 호수에서는 송이구이로 식사를 한다.

▶ 대한민국 충주시 활옥동굴 내 와인저장소 및 판매부스 – 최근 우리나라 광명동굴 등에서는 와인을 저장하고 판매한다. 많은 사람들의 관심을 받으며 판매되고 있다. 동굴 안은 서늘한 온도와 습도 등으로 와인 저장에 적격인 환경이다. 유럽지역을 중심으로 전 세계적으로 와인에 대한 관심이 높다.

지배를 받아왔다. 1920년 세르브 조약에 의해 독립이 인정되었다. 1936년 12월 구소련을 구성하는 연방공화국의 하나가 되었다. 구소련의 해체로 1991년 독립하였다. 온대성 기후, 고산기후이다 (두산백과; 외교부, KOTRA).

메이든 타워, 블라르 파크를 바쿠에서 관광한다. 고부스탄에서는 동굴암석화를 관람한다. 시그나기에서는 민속박물관, 보드헤교회를 방문한다. 게그하드에서는 게그하드 수도원을 방문한다. 세반에서는 세반호수, 세반나반크 수도원을 방문한다. 카즈베기에서는 게르게티 츠민다 사메바교회를 방문한다. 구리우리에서는 구리우리 전망대, 악마의 협곡, 와이너리를 방문한다. 트빌리시에서는 나리칼라 요새, 케이블카 탑승, 시오니 대성당, 쿠라강 유람선에 탑승한다.

최소 15~20인의 소규모 인원 행사를 공지한다. 에미레이트항공은 마일리지 추가로 50% 적립 및 대한항공 마일리지 추가로 25% 적립됨을 공지한다. 라운지 이용은 인천공항에서 출발 전 1회, 두바이공항 출발 전 1회 이용 가능함을 공지한다. 쇼퍼 드라이브(Chauffeur-drive)[33] 서비스를 실시한다. 서울 및 수도권이 해당하며 지역에 따라 무료 또는 편도 220,000원부터 55,000원까지 비용이 적용된다.

6) 북유럽

(1) 아이슬란드

하이라이트 골든서클 투어, 블루라군 온천욕, 노팁/노옵션/노쇼핑 아이슬란드 일주 9일 상품이 참좋은여행에서 출시되었다. 잠들지 않는 땅으로 홍보한다. 상품가격은 529만 원부터이다.

레이캬비크 시내에서는 자유시간이 주어진다. 빼어난 경관[34]으로 유명한 셀야란스폭포, 빙하를 볼 수 있는 스카프타펠 국립공원이 일정에 포함된다. 북유럽 직항인 핀란드항공에 탑승한다. 핀에어 마일리지로 백화점 상품권 교환이 가능함을 공지한다. 오로라 헌팅 1회가 진행되는 여정이다. 오로라[35]를 새벽의 여신으로 표현한다. 설원에서 펼쳐지는 빛의 향연으로 홍보한다(참좋은여행 상품상세정보).

---

[33] 고객의 집에서 공항까지 모셔다 드리는 왕복 전용 차량 서비스이다. 비용은 1대당 편도금액이며 2인까지 탑승 가능하다. 출발 3일 전까지 여행사에 신청 접수해야 한다(참좋은여행 상품상세정보).
[34] 경관으로 유명한 굴포스, 스코가포스 폭포도 여정에 포함된다.
[35] 오로라(aurora)는 고위도 지방의 발광현상이다. 우주에서 지구로 유입되는 하전 입자들이 고층대기의 기체들과 충돌하여 빛을 내는 현상이다(천문학백과).

(2) 핀란드 일주

오로라 헌팅 1회, 산타클로스 테마파크 관광 포함된 핀란드 일주 9일 상품이 참좋은여행에서 출시되었다. 핀에어는 직항으로 상품 판매가는 499만 원부터이다.

겨울 대표 액티비티인 순록썰매 또는 허스키³⁶⁾ 썰매(개썰매)를 탑승한다. 헬싱키 근교 눅시오 국립공원을 방문한다. 쇼핑 1회, 선택관광은 없다(참좋은여행 상품상세정보).

(3) 노르웨이 일주

참좋은여행에서는 겨울왕국 로포텐과 오로라의 성지인 노르웨이 일주 8일 상품을 출시하였다. 499만 원부터이다. 북극권 최대도시 트롬쇠 관광, 오슬로-나르빅 구간을 항공이동하는 상품이다.

핀에어³⁷⁾에 탑승한다. 트롬쇠에서 오로라 헌팅 1회 포함된다. 노쇼핑 및 노옵션 상품이다(참좋은여행 상품상세정보).

(4) 북유럽 단기 여정

게이랑에르³⁸⁾/송네 피오르³⁹⁾ 관광이 포함된다. 오슬로/헬싱키에서 자유시간이 주어진다. 대형크루즈 2박의 북유럽 4개국 9일 상품이 309만 원부터 판매된다.

노르웨이 제2의 도시 베르겐 관광을 한다. 개별부담의 자유식 2회이다. 터키항공에 탑승한다. 쇼핑 3회, 선택관광 가능한 상품이다. 가이드, 기사 경비는 현지에서 90유로(성인, 아동 동일)를 지불해야 한다.

---

36) 영하 20-30도의 날씨에 허스키들은 자신의 역할을 담당한다. 눈썰매를 끌기 위한 여러 역할이 나눠져 있다(EBS, 2009.8.31).

37) 인천-헬싱키 구간 최신 Airbus A350-900기종에 탑승한다. 여유로운 좌석 간격의 이코노미 클래스는 46cm이다. 핀에어 마일리지 적립 시 백화점 상품권으로 교환 가능함을 공지한다(참좋은여행 상품상세정보).

38) 높이 1,500m 산 사이에 형성된 V자형 계곡으로 2005년 유네스코 세계자연유산에 선정되었다(참좋은여행 상품상세정보). 피오르에 속한다.

39) 노르웨이에서 가장 길고 수심이 깊다. 병풍처럼 늘어선 웅장한 산줄기를 볼 수 있는 협곡(참좋은여행 상품상세정보)으로 설명한다.

세계에서 가장 크고 오래된 빙원으로 푸른 빙하라 불리는 요스테달 빙원의 한 자락인 뵈이야 빙하를 볼 수 있다. 북유럽 4개국의 대표도시인 노르웨이 오슬로, 덴마크 코펜하겐, 스웨덴 스톡홀름, 핀란드 헬싱키를 방문한다(참좋은여행 상품상세정보). 모두 수도이기도 하다.

2. 동남아시아

하나투어에서는 여름휴가상품으로 나트랑+달랏 5일(349,000부터), 보홀 4-5일 일급호텔 기준(359,000원부터), 치앙마이 5일(929,000원부터), 방콕 파타야 5-6일(429,000원부터), 세부 5일(948,000원부터), 싱가포르 5일(1,115,000부터), 푸꾸옥 3박 5일(749,000원부터) 등의 바캉스 상품을 구성하여 홍보하고 있다.

롯데관광에서는 해외여행의 베스트셀러 상품으로 방콕 & 파타야 상품을 홍보한다. 그리고 팔색매력 대만 상품을 아시아나 왕복 탑승으로 홍보한다. 패키지+자유여행상품으로 다낭 & 호이안 상품을 소개한다. 나트랑, 달랏 상품을 베트남 핫플레이스의 매력이 있는 곳으로 소개한다.

롯데관광에서는 인기기획전으로 동남야 5성 방콕 파타야 459,000원부터 상품을 홍보한다.

1) 홍콩

준특급호텔 숙박, 여유로운 자유시간, 딤섬, 광동식, 에그타르트를 제공하는 홍콩 3-4일 상품이 399,000원부터 판매된다.

2박 3일 상품은 티웨이항공에 탑승한다. 홍콩의 대표관광지를 방문한다. 소호, 침사추이, 새단장 픽트램이 포함된다. 가이드 및 기사 경비는 1인당 30불(미화)이다. 홍콩의 전경을 한눈에 담는 빅토리아 픽트램에 탑승한다.

홍콩의 인사동 할리우드 로드, 세계에서 가장 긴 미드레벨 에스컬레이터, 홍콩에서 가장 트렌디한 거리인 소호거리, 홍콩의 대표적 쇼핑지역인 침사추이 및 1881

헤리티지, 홍콩의 전망을 가장 잘 볼 수 있는 연인의 거리를 방문한다(참좋은여행 상품상세정보).

2) 대만/가오슝

(1) 대만

예쁜 낭만의 거리 미식천국으로 홍보한다. 55$ 상당의 101빌딩 시먼당거리가 포함된다. 딤섬, 샤브샤브, 우육면, 망고빙수, 버블티, 한식 불고기가 제공된다. 노쇼핑 핵심투어 상품 대만 4일 여정은 499,000원부터 판매된다.

예류, 스펀[40], 홍등이 빛나는 이국적인 지우펀, 단수이가 포함되는 상품이다. 제주항공 등에 탑승한다. 소요시간은 인천-타이베이 약 2시간 40분이다. 가이드 및 기사경비 US40$(1인당)이다. 101빌딩은 옵션가격이 US$35 상당이다. 타이베이 최대 번화가인 시먼당거리 관광 및 1시간 자유시간은 US$20 상당이다. 대만의 3대 간식인 망고빙수, 펑리수, 버블티가 제공된다.

일정에는 세계 4대 박물관인 고궁박물관, 대만의 역사가 담긴 중정기념당, 오랜 세월 해식과 풍식작용으로 형성된 예류 해상공원, 타이베이 근교 항구 도시로 영화촬영지로 알려진 단수이, 라오허제 야시장 등이 포함된다(참좋은여행 상품상세정보).

(2) 가오슝

노쇼핑, 휴양도시 컨딩[41], 옛 수도 타이난을 홍보한다. 필수코스로 프랑스식 할인매장 까르푸에서의 넉넉한 자유시간도 강조한다. 가오슝 타이난[42] 컨딩 4일 상품은 649,000원부터 판매된다.

---

[40] 기차가 오가는 철로에서 소원을 천등에 적어 하늘에 날려 보내는 마을이다. 탄광이었던 여느 마을보다 아름답다. 천등에 소원을 적어 기찻길에서 날리는 진풍경을 만날 수 있다(참좋은여행 상품상세정보).

[41] 에메랄드빛 바다를 볼 수 있는 휴양도시로 해양스포츠를 즐길 수 있다.

[42] 대만의 옛 수도이다. 가장 오래된 네 번째로 큰 도시이다. 300개가 넘는 사원을 포함하여 많은 유적들이 남아 있다(참좋은여행 상품상세정보).

대만 제2의 도시 가오슝[43] 관광을 홍보한다. 딤섬, 샤브샤브, 한식, 현지식이 제공된다. 티웨이항공에 탑승한다. 본 상품은 국적기부터 저비용항공까지 선택하는 스케줄이 가능하다. 항공사에 따라 비용이 차이가 난다. 인천-가오슝 비행시간은 약 2시간 50분 정도이다(참좋은여행 상품상세정보).

▶ 국내 지리산 가족호텔 내 온천 – 온천은 관광의 중요한 요소이다. 전남 구례군 소재의 호텔에 온천장이 있다. 게르마늄 온천으로 유명하다. 대만 등 동남아에서도 온천이 잘 발달되어 있고 방문객 선호도도 높다.

3) 싱가포르

노쇼핑 상품으로 미슐랭가이드 인증 특식 3회[44] 제공, 쇼핑센터 방문 없는 여유로운 일정을 강조한다. 준특급호텔과 1일 자유여행의 5일 여정으로 899,000원부터 판매된다.

---

[43] 현대적인 도시의 이미지를 갖는다. 항구가 발달한 도시로 침략의 역사가 있다. 도시 곳곳에서 서양식 건축물과 유적지를 볼 수 있다(참좋은여행 상품상세정보).

[44] 칠리크랩, 송파 바쿠테(우리나라 갈비탕 같은 국물에 등갈비가 들어 있음), 페라나칸(향신료가 들어간 매운 닭고기 요리, 오징어를 달콤 매콤한 소스로 볶아낸 요리, 양배추와 각종 야채 끓인 수프 등)이다.

티웨이항공에 탑승한다. 싱그런 낮과 황홀한 밤의 두 가지 빛깔을 지닌 싱가포르를 강조한다. 싱가포르의 핵심투어를 홍보한다. 가든스 바이더베이 & 슈퍼트리, 140여 년의 역사를 지닌 보타닉가든(국립식물원), 리버 원더스, 머라이언 공원, 싱가포르에서 가장 높은 육교인 핸더슨 웨이브 브릿지, 차이나타운, 아이온 오차드 쇼핑몰에서 자유시간을 제시한다. 그리고 섬 전체가 하나의 테마파크인 센토사섬 관광을 포함한다(참좋은여행 상품상세정보).

▶ 경기도 용인시 한택식물원 – 식물원은 관광자원의 중요한 콘텐츠이다. 싱가포르의 경우 세계문화유산으로 지정된 보타닉가든 등 주요한 식물원 등이 세계적인 인지도를 갖고 있고 많은 방문객을 유치하고 있다.

4) 마카오/홍콩

150$ 상당의 마카오 데이투어가 포함된다. 준특급호텔에서 숙박하는 마카오와 홍콩 5일 상품이 599,000원부터 판매된다.

유럽의 문화를 만날 수 있는 곳이 마카오라고 홍보한다. 파스텔톤 유럽풍 건물과 이국적인 풍경을 강조한다. 즉 포르투갈의 문화와 모습을 발견할 수 있는 곳이다. 고급스러운 호텔에서의 호캉스를 홍보한다. 그리고 카지노의 대표적인 도시답게 화려한 카지노를 홍보한다.

홍콩에서는 딤섬, 밀크티와 토스트, 완탕면, 제니 베이커리를 강조한다. 대한항공, 아시아나항공 등에 탑승한다(참좋은여행 상품상세정보).

▶ 국내 기네스북에 등재된 최대규모 카페 – 실내 좌석 수 2,190개를 보유하여 기네스북에 등재된 김포 소재 포지티브 스페이스 566 내부전경이다. 카페와 베이커리는 전 세계적인 트렌드이다.

5) 브루나이

참좋은여행에서는 브루나이 4일 상품을 1,299,000원부터 판매한다. 전 일정 7성급 엠파이어 호텔[45]이다. 노팁, 노옵션, 노쇼핑 프리미엄 여행이다. $160 상당 템브롱 국립고원이 포함되는 일정이다. 청정국 브루나이를 홍보한다.

짚라인, 스피드 보트 체험이 포함된다. 3박 4일 여정으로 로얄브루나이항공에 탑승한다.

브루나이 랜드마크인 7성급 엠파이어 호텔 투숙 시에는 객실당 데일리 미니바가 무료 제공된다. 보르네오섬의 거대한 정글 템블롱 국립공원(US$160 상당), 최대규모의 수상가옥마을인 깜뽕 아에르(US$30 상당), 짚라인 포함(6인 예약 시 레프링으로 진행 가능)된다.

브루나이 핵심관광지 현 국왕이 거주하는 이스타나 누룰이만 왕궁, 황금 돔과 이태리 대리석, 영국제 크리스탈로 만들어진 오마르 알리 사이푸틴 모스크를 방문한다. 브루나이의 실미콘 밸리로 불리는 아야산 쇼핑센터도 방문한다. 그리고 브루나이 강을 메꿔 만든 대규모 공원인 에코파크 등을 방문한다(참좋은여행 상품상세정보).

6) 라오스

참좋은여행에서는 비엔티엔 루앙프라앙 방비엥 5일 상품을 399,000원부터 판매한다. 수영장을 갖춘 비엔티엔 5성급 유은호텔에 투숙한다. 수영장, 스파 등 다양한 편의시설을 갖추고 있다. 라오스 내에서는 고속열차를 이용한다. SNS 핫플 레스토랑 특식이 3회 제공된다.

탐낭 및 탐쌍동굴을 체험한다. 전신 마사지 1회가 포함된다. 특식 3회는 무제한 삼겹살, 스테이크, 프리즌 현지식이다. 3박 5일로 에어부산 또는 제주항공에 탑승한다. 쇼핑은 3회 실시된다.

루앙프라방에서는 왓마이사원, 왓씨엥통, 몽종야시장 관광을 한다. 꽝시폭포 산림

---

[45] 무알코올 샴페인 룸당 1병 소진 시 다른 기념품으로 제공됨을 공지한다(참좋은여행 상품상세정보). 7성급호텔답게 객실당 데일리 미니바를 무료로 이용할 수 있는 점 등이 차별적이다.

욕, 탁발행렬을 체험한다. 방비엥에서는 여행자 거리에서 풍등 띄우기(4일 1개이며 우천 시 불가함), 블루라군, 탐낭동굴, 카야킹 체험을 한다. 비엔티엔에서는 탓 루앙, 빠뚜사이 독립기념문을 방문한다(참좋은여행 상품상세정보 참고).

▶ 섬진강 재래시장 화개장터 – 재래시장은 지역의 많은 사람들을 이동시키고 필요한 물건을 판매하는 소통의 장소이기도 하다. 세계의 많은 지역에서 시장은 필수적인 생활의 터전이다.

7) 코타키나발루

참좋은여행에서는 코타키나발루 5일 상품으로 5성급 수트라하버리조트를 이용하는 상품을 홍보한다. 여행가격은 599,000원부터이다. 수트라하버리조트는 5개의 수영장, 27홀의 골프장을 갖추고 있다. 본 상품에는 100$ 상당의 요트 선셋투어, 낚시투어가 포함된다. 그리고 50$ 상당의 아일랜드 호텔투어(BBQ 현지식)가 포함된다.

상기 조건 외에 시내관광 및 야시장 관광이 진행된다. 3박 5일 상품으로 티웨이항공에 탑승한다. 가이드 기사 경비 1인당 50$은 불포함이다. 말레이시아 관광세 객실당 30링킷은 현지에서 지불해야 한다.

석양의 일몰과 일출이 아름다운 코타키나발루를 홍보한다. 특히 수트라하버 리조트 퍼시픽에서는 세계 3대 석양을 감상할 수 있다. 시내 및 공항에서 10분 거리임을 공지한다. 조식 포함되며 18시 레이트 체크아웃도 공지한다(참좋은여행 상품상세정보 참고).

8) 방콕

산호섬 또는 반나절 자유시간 선택이 가능함과 마사지 2시간 및 바다전망을 업그 레이드한 상품이다. 파도풀을 보유한 센터포인트 프라임호텔을 이용한다. 5성급 방콕 파타야 5일 상품이 339,000원부터 판매된다.

방콕 사원관광, 파타야 산호섬, 태국 전통안마 2시간이 포함된다. 쇼핑은 4회, 선택 관광도 이용 가능하다. 티웨이항공에 탑승한다. 가이드 및 기사 경비 $50이 불포함되어 있다. 방콕에서는 관광을 하고 파타야에서는 휴양함을 강조한다. 현지 맛집 뭄알러이를 방문한다. 파타야 재래시장에서 수박주스(땡모반)가 제공된다.

파타야 3대 쇼인 알카자쇼[46] 또는 콜로세움쇼를 관람한다. 플로팅마켓, 악어농장, 코끼리트레킹을 체험할 수 있다. 파타야에서는 현지 재래시장을 관광할 수 있다(참좋은여행 상품상세정보).

9) 보홀

참좋은여행에서는 120$ 상당의 거북이[47] & 발리카삭 호핑 투어(90$)를 포함한 5성 리조트 보홀 4-5일 상품을 출시하였다. 상품가격은 399,000원부터이다. 스톤마사지 1시간 + 리조트 디너 1회가 포함되어 있다. 5성 리조트로 보홀쇼어 또는 타왈라 리조트를 선택할 수 있다.

---

[46] 태국을 대표하는 트랜스젠더 쇼이다. 저녁시간에 쇼가 4회 진행된다. 3만 원 내외의 가격이다. 관광의 나라 태국에서 상품화된 쇼이다. 티파니쇼도 잘 알려져 있다.
[47] 거북이 왓칭투어는 30$이다.

4대 특식도 포함된다. 샤브샤브, 삼겹살정식, BBQ세트메뉴, 리조트디너가 속한다. 에어부산에 탑승하며 쇼핑 2회 조건이다. 가이드, 기사 경비 USD50/인당은 불포함이다. 그리고 현지 공항세 560페소도 불포함된다.

보홀 팡라오 시내관광 시 사왕재래시장, 성 어거스틴 성당을 방문할 수 있다. 공항 및 시내 접근성이 좋은 리조트로서 10분거리를 강조한다. 그리고 휴양상품으로서 수영장 스파레스토랑, 풀bar, 이국적인 야외 비치 풀, 레스토랑, 카페, 아일랜드 바 등 부대시설을 공지하고 있다(참좋은여행 상품상세정보).

▶ 강화도 일몰 전경 – 석양의 전경이 아름답다. 화도면 카페에서 본 전경이다. 일출과 일몰은 동남아 휴양지에서도 인기있는 관광 콘텐츠이다.

3. 동북아시아

1) 일본

(1) 북해도/오키나와/돗토리

하나투어에서는 여름휴가상품으로 홋카이도/후라노/비에이 3-5일(990,000원부터) 상품을 판매한다. 홋카이도는 겨울에 눈이 많이 와서 특징적인 장소이기도 하지만 여름철에는 더위를 피할 수 있는 휴양지로 일본 내외에서 선호되는 지역으로 인기를 끌고 있다.

그리고 오키나와의 숨겨진 보석 미야코치마 에어텔 상품을 1,039,000원부터 판매한다. 색다른 일본여행 8일 상품은 여행작가 서규호와 동행하는 상품이다. 2,890,000 원부터이다.

롯데관광에서는 추석연휴 일본 전세기가 투입되는 상품을 홍보한다. 진에어에 탑승하는 북해도 상품을 일곱 빛깔 꽃들의 향연으로 홍보한다. 미야즈/우지/난탄 그리고 오사카 상품을 소개한다. 초록빛 여름의 소리로 돗토리 상품을 홍보한다. 돗토리 상품은 온천과 식도락이 만나는 상품으로 소개한다.

▶ 북해도 오타루 운하 – 대표적인 관광지로 많은 사람이 방문한다. 최근 북해도는 한국인이 많이 방문하는 지역이다. 운하 주변에는 기념품점, 음식점 등 상점들이 이어진다.

부산 출발 일본 크루즈여행(삿포로/오키나와)

코스타 세레나호는 총무게 114,500톤, 객실 1,600개, 길이/폭 290m/36m, 탑승정원 3,700명, 층수 14층, 승무원 1,100명이다.

설 연휴 따뜻한 남쪽 섬 오키나와 이시가키, 2월 초 삿포로 눈축제 기간에 하코다테 오타루에 간다. 10명 이상 단체는 추가 할인을 공지한다. 발코니 객실은 빨리 마감됨을 공지한다. 삿포로 눈축제 하코다테/오타루 크루즈 7일은 1,890,000원부터 판매된다. 선실에서 6박을 한다. 항구세는 포함된다. 크루즈 선내 뷔페와 정찬식이 포함된다. 선내 부대시설 및 각종 프로그램을 이용할 수 있다. 일부 유료 레스토랑 및 시설은 제외됨을 공지한다. 객실 조건에 따라 추가요금이 발생된다. 일본 국제관광 여객세는 $7.5로 선내 개별 결제해야 한다. 그리고 기항지 관광비용은 출발 전 선택관광 프로그램으로 구매해야 함을 공지하고 있다.

얼리버드 혜택은 조기 완납 시 특별 할인으로 1인 30만 원이다(참좋은여행 상품상세정보). 설 연휴 크루즈 6일 상품은 오키나와/이시가키 일정이다. 1,790,000원부터 판매된다. 크루즈 선상팁은 개별 결제임을 공지한다. 그리고 크루즈 내 참좋은여행 전용 안내데스크가 운영됨을 공지한다. 한국인 직원 상주 근무를 알린다. 삿포로 크루즈 상품도 해당되는 내용이다(참좋은여행 상품상세정보).

(2) 오사카

모두투어에서는 오사카 패키지 3일 상품을 499,000원부터 판매한다. 오사카, 나라, 교토, 교베 방문일정이다. 항공은 티웨이항공, 제주항공, 진에어, 피치항공에 탑승한다. 김포 출발이다. 오전 출발, 유두부정식, 소고기샤브샤브, 꽉 찬 패턴, 식도락 여행을 홍보한다.

김포에서 오사카까지는 제주항공으로 1시간 40분을 공지한다. 세계 최대의 청동불상과 목조건축으로 유명한 사찰인 동대사를 방문한다. 나라 사슴공원(나라코엔)을 방문한다. 명품매장이 집합된 쇼핑거리인 신사이바시를 방문한다. 그리고 먹거리와 쇼핑으로 유명한 거리이며 오사카 최대 유흥가이자 다운타운인 도톤보리를 방문한다.

천수각이 불포함된 오사카성, 벚꽃과 단명의 명소인 아라시야마(교토), 교토의 도게쯔교 다리, 노노미야 신사(치쿠린 대숲), 일본에서 가장 유명한 사찰이자 세계문화유산인 청수사, 한신 대지진의 위력을 보여주는 지진 메모리얼파크, 하버랜드 및 모자이크를 방문한다.

쇼핑은 총 1회로 공지한다. 일정의 만족감, 가이드 만족이 높게 리뷰된다. 고객들의 리뷰가 사이트에 많이 올라와 있는 특징이 있다(모두투어 여행핵심정보).

(3) 규슈

참좋은여행에서는 가을 단풍이 비치는 호수 유후인/후쿠오카/벳푸 3일 상품을 출시하였다. 숙소가 좋다고 홍보하고 있다. 오션뷰 특급 힐튼호텔을 사용한다. 벳푸에서는 바다 전망의 노천온천인 세이후 호텔에서도 숙박한다. 자유식비 총 2천 엔을 제공한다. 상품가는 599,000원부터이다.

노팁, 노옵션, 1시간 맥주를 무제한 제공하는 상품임을 공지한다. 1인 5만 원 상당의 혜택이 주어짐을 설명한다. 팁포함, 자유식 1회 1천 엔, 간식비 천 엔이 제공됨을 알린다.

엄선된 식사[48]로 당고지루정식, 토반야키정식, 럭셔리 호텔 뷔페식이 제공된다. 기사 및 가이드 경비 3,000엔이 포함된 상품이다. 후쿠오카까지 비행시간이 1시간 20분 소요됨을 공지한다. 베테랑 가이드가 동행함을 공지한다.

유황냄새가 가득하고 족욕체험이 가능한 가마도지옥, 아기자기한 유후인 민예거리 및 긴린호수, 산책하며 사진 찍기 좋은 다자이후텐만구, 일본 3대 명성 중 하나인 구마모토성, 자연경관을 조망할 수 있는 아소대관봉 전망대가 포함된 일정이다(참좋은여행 상품상세정보).

일본 여행 증가

최근 일본에 가는 내국인의 수요가 많다. 일본 입국의 25% 정도를 차지할 정도로 한국인의 일본여행은 많다. 환율의 영향[49] 등이 많은 작용을 한다. 그리고 오키나와, 홋카이도 등 다양한 관광지역을 갖고 있는 이유도 수요 증가에 한몫하고 있다고 사료된다. 일본은 아름다운 문화와 다양한 문화를 지니고 있다는 평가이다. 그리고 시차가 없고 인천-도쿄 간 직항으로 2시간 20분 정도로 가깝다. 그리고 90일 무비자로 여권기한에 문제가 없으면 여행에 불편함이 없다.
후쿠오카, 오사카, 도쿄, 삿포로, 오키나와가 인기 도시이다. 인기 명소는 교토 후시미 이나리 신사, 교토 금각사, 교토 기요미즈데라, 도쿄 센소지, 오사카 유니버설 스튜디오 재팬 등이다(트립어드바이저; 이지앤북스).

---

[48] 따뜻한 나베요리, 1인 화로에 구워먹는 토반야키 정식, 럭셔리 호텔 뷔페, 후쿠오카 쇼핑센터에서 자유식 1회가 제공됨을 공지한다(참좋은여행 상품상세정보).

[49] 2024년 8월 17일 기준으로 100JPY= 917.59원이다. 800원대에서 최근 인상된 환율임에도 타 화폐보다는 상대적으로 낮다.

여행수지 최대 적자/외국 여행객 최근 트렌드

2024년 8월 15일 한국은행과 한국관광공사에 따르면 올해 상반기 여행수지는 64억 8천만 달러 적자를 기록했다. 우리나라 여행객들이 해외에서 쓴 돈이 늘면서 상반기 여행수지 적자가 6년 만에 최대를 기록하였다. 상반기 기준으로 2018년 78억 3천만 달러 적자 이후 가장 큰 규모이다.

올해 상반기 외국인이 국내에서 소비한 여행수입이 78억 4천만 달러에 그쳤다. 내국인이 외국에서 쓴 여행지급은 143억 2천만 달러였다.

올해 상반기 해외로 나간 우리 국민은 1천402명으로 한국을 찾은 외국인 관광객 770만 명보다 82.1% 많다. 관광수입의 감소는 외국인의 단체관광 위주에서 개별관광으로 바뀌며 면세점 등에서의 쇼핑보다 맛집 등 체험을 즐기는 경향이 강화한 데 따른 것이라는 분석이 우세하다(한국경제TV, 2024.8.15).

최근 외국인 개별여행자들은 성수동, 여의동, 한남동 등에서 즉석사진, 노래방 등의 이용이 높아지는 것으로 알려지고 있다.

한남동, 성수동, 연남동 등은 관광거점이 아닌 핫플로 외국인들이 많이 방문하는 곳이 되고 있다. 뷰티, 패션, 편의점 등에서의 성장이 커지고 있다. 에코백, 선물용 간식거리 등이 인기이다. 명동, 홍대의 인기는 여전하다.

그리고 퍼스널 컬러 테스트, 한강에서 라면 먹기, 아이돌 메이크업 후 사진 촬영하기 등 문화체험이 확대되는 추세이다. 도자기 만들기, 향수 만들기 클래스, 라면도서관 등이 인기를 끌고 있다(중앙일보PiCK, 2024.7.20 참고).

▶ 가회동 한옥카페 – 최근 외국인들이 한복 복장을 갖추고 방문하는 수요가 늘고 있다.

▶ 인사동 수문장 교대식 행렬 – 관광객에게 보여주기 위한 행사를 인사동에서 펼치고 있다. 사진을 찍고 싶은
사람은 수군들과 자연스럽게 사진촬영을 할 수 있다.

▶ 우리나라 서울의 랜드마크인 롯데타워 빌딩 전경 – 세계적인 높이의 빌딩(555m)이라 롯데몰에서 촬영 시
일부만 사진에 잡힌 구도이다. 우리나라 랜드마크로서 의미가 있는 빌딩이다.

▶ 청와대 전경 – 개방 이후 많은 국내외 관광객들이 방문하고 있다. 관광객에 대한 입장료도 무료이다. 오랫동안 대통령이 거주하던 곳으로 관심을 많이 받는 장소이기도 하다.

2) 중국

하나투어에서는 여름휴가상품으로 계림/양삭/마카오 상품을 판매한다. 1,249,000원부터이다. 롯데관광에서는 추석연휴 중국/대만 상품을 홍보한다.

참좋은여행에서는 백두산 북파+서파 4일 상품을 599,000원부터 판매한다. 차량이동으로 편안한 천지등정을 홍보한다. 백두산은 여름에 가장 좋다는 홍보를 한다. 인천-연길 왕복으로 제주항공을 이용한다. 장백폭포, 노천온천지대 관광을 한다. 동북요리, 한식, 연변식 등 식사가 제공됨을 공지한다.

중국비자는 단체비자로 6만 원이며 여권사본이 출발일 기준 14일 전까지 필수로 제출되어야 함을 공지한다. 여권사진은 여권 윗면, 옆면, 아랫면이 잘리면 안 된다. 사인면까지 나와야 함을 강조한다. 여권사본은 흑백이 불가하며 빛번짐 사진도 불가하다. 주민번호 뒷자리가 125/225/325/425로 시작하는 고객 및 종교인의 경우는 담당자의 확인이 필요함[50]을 공지한다.

가이드 및 기사 경비는 1인당 400위안임을 공지한다. 천지를 가까운 위치에서 조망할 수 있는 백두산 청문봉 북파코스를 강조한다(참좋은여행 상품상세정보).

참좋은여행에서는 인간세상에서 본 적이 없는 물빛지역을 여행하는 구채구 5일

---

50) 중국비자의 내용은 중국상품일 경우 공히 적용되고 있다.

상품을 599,000원부터 판매한다. 준특급숙박, 아시아나항공 인천-성도 직항, VIP 리무진 조건을 공지한다.

쇼핑은 2회, 선택관광이 가능하다. 구채구의 오색물빛은 자연이 만든 보석으로 설명한다. 구채구는 에메랄드빛 호수와 폭포 그림과 같은 풍경구로 홍보한다. 그리고 미식의 도시 사천성에서 맛보는 다양하고 맛있는 요리를 강조한다(참좋은여행 상품상세정보).

참좋은여행에서는 하이난 5-6일 상품을 349,000원부터 판매한다. 티웨이항공으로 인천-삼아 직항노선에 탑승한다. $50 원숭이섬 케이블카 + $30 별빛투어가 포함되는 상품이다. 노쇼핑, 무비자 상품이다.

인천-삼아 직항은 편도 약 5시간 10분이 소요됨을 공지한다. 휴양지 하이난은 따스한 햇살 아래, 여유로운 휴식으로 잠시 쉬어가는 곳으로 홍보한다. 수많은 기암괴석이 자리한 해수욕장 천애해각 관광을 강조한다. 명나라 고대선박을 재현한 유람선을 타고 즐기는 별빛투어는 야경을 즐길 수 있다. 아시아 최대규모의 하이난 면세점(CDF) 방문과 쇼핑이 가능함을 공지한다. 약 2천 마리의 원숭이가 생활하는 원숭이섬에 케이블카로 이동한다(참좋은여행 상품상세정보).

모두투어에서는 장가계, 원가계 4-6일 상품을 661,000원부터 판매한다. 아시아나항공, 대한항공, 에어서울, 중국동방항공에 탑승한다. 저녁출발상품이다. 5성호텔에 숙박한다. 팁이 포함되어 있다. 리무진을 현지에서 탑승한다. 발마사지, 황룡동굴, 백룡엘리베이터가 포함된다. 천문산이 포함된다. 인천-장사[51]까지 아시아나항공으로 3시간 30분 소요됨을 공지한다.

천문산[52]은 장가계의 상징으로 7,455미터의 천문산 케이블카를 탑승한다. 천자산은 기이하고 수려한 장가계의 자연풍경구로 웅장한 자연 그대로의 천자산 케이블카로 등정한다. 중국 10대 원수 하룡장군의 동상이 있는 하룡공원을 방문한다.

영화 아바타의 촬영지인 원가계를 방문한다. 천년 동안의 지각변동과 기후 영향으로 만들어진 다리인 천하제일교를 방문한다. 경관이 매우 아름다운 미혼대를 방문한

---

[51] 2000년의 역사를 가진 고도이자, 마오쩌둥의 고향으로 유명해진 도시이다(모두투어 여행핵심정보).
[52] 천문산은 장가계 시내에서 8km 떨어진 해발 1518.6m의 장가계의 대표적인 성산이다. 장가계 자연경관의 절정이다(모두투어 여행핵심정보).

다. 백룡엘리베이터는 높이 335m의 수직절벽 엘리베이터이다. 금편계곡은 7.5m의 신선계곡이다. 유람선을 타며 즐기는 반자연, 반인공의 호수인 보봉호를 방문한다. 모노레일을 타고 감상하는 한 폭의 산수화인 십리화랑을 방문한다.

거대한 종유석으로 이뤄진 웅장한 동굴인 황룡동굴을 방문한다. 장사에서 인천까지 2시간 50분 소요된다. 일정의 만족도와 가이드 만족도가 매우 높게 나타나고 있다. 여름철 여행의 어려움을 표현하는 리뷰도 있다. 그리고 비행시간이 밤 출발, 새벽 도착으로 일정의 피곤함도 있는 여정이다(모두투어 여행핵심정보).

3) 내몽고

초원과 사막체험이 가능한 게르에서 1박 숙박할 수 있는 상품으로 소개한다. 북경-내몽고 이동 시에는 2등석 고속열차를 이용한다. 중국비자는 단체비자 인당 6만 원으로 구비서류는 여권사본[53])을 공지하며 출발일 기준 14일 전까지 필수 사항임을 공지한다.

중국 국제항공편으로 이용하며 인천-북경 간 약 2시간 소요됨을 공지한다. 호텔은 일급기준이다. 게르 캠프는 2인 1실로 내부화장실이 있고 샤워실이 구비되어 있다. 아스하투 석림[54])에서는 기묘한 바위가 즐비한 바위숲을 경험한다. 울란부통 초원[55]) 은 영화촬영지로 유명하다. 계절마다 변화하는 신비한 장소이다. 옥룡사호[56])는 사막과 호수가 어우러진 대자연의 웅장한 협연이다. 백초오보[57])는 25만 개의 돌과 깃발이 있는 곳이다. 북경에서는 동하계올림픽박물관, 중국을 대표하는 최초의 예술 특화지구 798예술거리를 방문한다.

---

[53] 여권사진 나온 페이지 외에 사인면까지 나와야 한다(여권 윗면, 옆면, 아랫면 잘리지 않아야 함)는 것을 공지한다. 사진은 흑백이 불가하다(참좋은여행 상품상세정보).
[54] 아스하투는 몽골어로 험준한 바위를 의미하며 석회암으로 이루어져 있다. 대부분이 화강암으로 된 세계적으로 보기 드문 석림이다(블로그 지각변동이 만들어낸 걸작, 2020.8.3). 얼음이 빙하를 덮어 빙하가 녹으면서 형성된 물의 힘에 의해 형성된 얼음에 의한 돌의 숲이다(korean.cri.cn, 2015.9.21)
[55] 그림 같은 초원으로 천하제일 대초원으로 평가된다.
[56] 끝없이 펼쳐지는 광활한 사막과 그 사막의 모래와 사막이 만들어내는 아름다운 비경을 감상할 수 있는 몽골의 명소이다(인터파크투어).
[57] 몽골족의 샤머니즘을 보여주는 돌무지이다. 우리의 성황당과 같은 의미의 장소이다(인터파크투어).

여행경비는 4박 5일로 쇼핑 2회가 포함되며 59만 9천 원이다. 태초의 자연지역임을 강조한다. 현대식 게르 2인 1실 숙박, 활쏘기 등 몽골족 전통문화체험이 가능한 상품임을 공지한다(참좋은여행 상품상세정보 참고).

4. 중앙아시아

1) 카자흐스탄/키르기스스탄/우즈베키스탄

3국 여행으로 타슈켄트에 입국하여 알마티에서 출국하는 상품이다. 카자흐스탄의 광활한 대자연을 느낄 수 있는 여정이다. 타슈겐트, 비슈케크, 알마티에서는 도심 시내투어가 진행된다. 인천 타슈켄트 직항은 약 8시간 소요된다.

참고로 부하라, 사마르칸트, 타슈켄트는 우즈베키스탄에 속한다. 비슈케크, 알마티, 이식쿨은 키르기스스탄에 속하는 도시이다. 여행에서는 일반적으로 미국달러가 쓰인다. 현지통화는 카자흐스탄 텡게(KZT), 키르기스스탄 솜(KGS), 우즈베키스탄 숨(UZS)이다.

만년설로 덮인 산맥의 줄기 이식쿨호수[58] 유람이 특징인 상품이다. 이식쿨호수는 세계에서 두 번째로 큰 빙하가 녹아 형성된 산정호수이다(아주경제, 2024.1.26). 키르기스스탄은 중앙아시아의 스위스란 별칭을 지니고 있고 수천 개의 호수가 존재한다(뉴스클레임, 2024.7.7).

여행경비는 8박 10일 노쇼핑 상품으로 369만 원이다. 호텔은 3성, 4성급이다. 16명 이상 시 인솔자가 동행한다. 중앙아시아의 대표적인 로컬음식이 포함된다(참좋은여행 상품상세정보 참고).

---

[58] 호면의 표고는 1,609m이며 면적은 6,332㎢이고, 최고의 수심은 702m이다. 전체적으로 수심이 깊어서 수온의 변화는 적다. 대기가 최저기온에 이르러도 수온은 0℃ 이하로 내려가지 않는다(실크로드 사전, 2013.10.31).

5. 태평양, 오세아니아

1) 사이판

참좋은여행에서는 7-8월 여름휴가 기간 및 추석연휴 좌석 확보된 사이판 4-5일 상품으로 849,000원부터 판매한다. 14시 레이트 체크아웃 상품이다. 오전 출발, 오후 도착으로 꽉 찬 일정을 홍보한다. 하루 더 여유로운 4박 일정 추가가 가능함을 공지한다.

크라운 플라자[59] 호텔을 이용한다. 자유여행 최적의 리조트, 마이크로비치 전용비치, 그레이 밀카드 1일(조/중/석식)이 여행의 포인트이다. 제주항공에 탑승하며 노쇼핑, 옵션은 가능한 상품이다. 불포함사항은 공항-호텔 왕복 픽업 성인 $20/소아 $10, 공항-호텔 왕복픽업 + 아일랜드 관광 성인 $30/아동 $10이다. 그리고 일정상 불포함된 식사 6회는 불포함된다.

2022년 11월 오픈한 크라운 플라자 리조트는 사이판 시내 가라판 중심부에 위치함을 공지한다. 현지 맛집이 도보여서 편하게 이용 가능함을 공지한다. 젤라토 쿠폰이 증정된다. 제주항공의 무료위탁수화물은 1인당 1개로 23kg임을 공지한다(참좋은여행 상품상세정보).

2) 호주, 뉴질랜드

밀포드사운드 크루즈 + 시즈니 디너 크루즈, 시드니 오클랜드 시티 워킹투어, 뉴질랜드 남섬의 하이라이트 마운트쿡 트레킹이 포함된 호주, 뉴질랜드 10일 상품이 3,290,000원부터 판매된다.

시드니 및 오클랜드 워킹투어는 참좋은여행에서만 진행되는 상품임을 공지한다. 마운트쿡 트레킹은 해발 3,745m의 웅장한 만년설을 조망할 수 있다. 밀포드사운드 크루즈를 탑승하며 피오르 절경을 감상할 수 있음을 홍보한다. 호주에서는 특급호텔

---

[59] 수상배구, 농구, 폴로 게임을 즐길 수 있는 사우스풀, 여유로운 휴식을 위한 노스풀 및 수심이 얕고 워터슬라이드가 있는 키즈풀을 갖춘 수영장이 있다. 그리고 피트니스 센터가 24시간 연중무휴로 이용가능하다. 테니스장도 갖추고 있다(참좋은여행 상품상세정보). 휴양지에서의 액티비티는 매우 중요한바 관련된 시설을 갖추고 있다.

에서 숙박한다. 콴타스항공[60]에 탑승하며 쇼핑6회 및 선택관광이 가능하다.

뉴질랜드 북섬에서는 폴리네시안 풀에서 유황온천욕을 통해 여독의 피로를 풀 수 있음을 공지한다. 뉴질랜드 최고의 산림욕장인 레드우드, 아그로돔 및 팜투어를 통해 아기자기한 뉴질랜드 농장을 방문할 수 있다. 여왕의 도시로 불리는 퀸스타운 시내 관광이 포함된다. 남섬의 최대도시인 크라이스트처치 시티투어가 진행된다.

호주 시드니에서는 유칼립투스의 숲, 블루마운틴 국립공원 + 케이블카의 4종을 탑승한다. 호주의 랜드마크인 오페라하우스, 하버브릿지를 조망한다.

시드니 하버 디너 크루즈, 호주 및 뉴질랜드 청정우 스테이크, 피쉬앤칩스, 뉴질랜드 연어회, 한식이 제공된다. 호주 국적기 콴타스에서는 뉴질랜드 남북섬 이동 시 위탁 수하물이 20kg임을 공지한다. 그리고 웹체크인, 사전좌석 지정, 마일리지 적립이 가능함을 공지한다. 비즈니스 업그레이드는 불가함을 공지한다(참좋은여행 상품상세정보).

▶ 경기도 광주 화담숲 – 자연경치와 전경이 좋은 곳이다. 자연에 대한 선호도는 전 세계적인 관심사이며 관광콘텐츠이다.

---

[60] Qantas항공은 호주 및 뉴질랜드 전역의 100여 개 노선을 운영하는 호주의 대표 항공사이다. 세계에서 가장 안전한 항공사로 선정되기도 하였다(2023년, 항공사 안전 및 상품 평가 홈페이지: Airline Ratings 발표). 콴타스항공은 한국어 가능한 승무원이 탑승해 편안한 소통이 가능하다. 편도 2회의 기내식과 기내 엔터테인먼트가 제공된다. 그리고 1인 기내수화물 7kg, 위탁수화물 30kg 가능하다(참좋은여행 상품상세정보). 이러한 최상급의 서비스가 실시되고 있다.

6. 미주/남미

1) 하와이

참좋은여행에서는 하와이일주 6-7일 상품을 2,163,000원부터 판매한다. 필수명소는 가이드의 안내를 받고 나머지 코스는 자유시간을 갖는다. 일급/특급호텔은 선택이 가능하다. 카톡예약자에게는 룸이 업그레이드됨을 공지한다.

아시아나항공에 탑승한다. 3성급 와이키키리조트 호텔 시티뷰에서 부분 오션뷰 객실로 업그레이드를 공지한다. 가이드 및 기사 경비 1인당 50$은 성인 및 아동 동일하며 불포함사항을 공지한다.

하와이 핫플레이스인 카카아코 벽화거리·그래피티 아트 스트리트)를 방문한다. 하와이 대자연을 느낄 수 있는 쿠알로아 목장을 방문한다. 웅장한 산맥이 멋스러운 팔리전망대를 방문한다. 하와이의 깊은 역사를 지닌 미국 유일의 왕궁 이올라니 궁전을 방문한다. 와이켈레 프리미엄 아울렛에서 쇼핑한다.

차별화된 식사로 부티크호텔 런치[61], 랍스터, 카후쿠새우, 식사쿠폰 등이 제공된다. 하와이 대표 간식인 알록달록 시각적인 쉐이브 아이스가 제공된다. 로컬들의 소울푸드 로코모코가 제공된다(참좋은여행 상품상세정보).

2) 미서부

참좋은여행에서는 샌프란시스코 도착의 효율적 동선인 세도나 캐니언 내 숙박과 여유로운 일정의 5대 캐니언[62]+ 낭만기차 미서부 9-10일 상품을 출시하였다. 가격은 2,890,000원부터이다.

샌프란시스코 도착으로 6시간을 단축하는 효율적 동선을 강조한다. 5개 캐니언과 샌프란시스코, 라스베이거스, 로스앤젤레스, 세도나 4대 도시를 관광한다. 라스베이거스 메인스트리트 호텔에서 숙박한다. 세계자연유산으로 천정 산림욕 체험을 할 수

---

[61] 아이나몬드헤드의 뷰 맛집으로 이름난 부티크호텔 브런치이다.
[62] 그랜드 캐니언, 자인언 캐니언, 브라이스 캐니언, 모뉴먼트 밸리, 앤텔로프 캐니언이다.

있는 요세미티 국립공원을 관광하는 상품이다. 에어프레미아에 탑승한다. 9일 여정으로 쇼핑 3회, 옵션 가능하다. 판매가는 2,890,000원부터이다. 가이드 경비는 현지에서 210USD 지불해야 한다.

▶ 뉴욕 자유의 여신상 – 뉴욕은 미국 동부 도시로 미국의 상징적인 도시이다. 자유의 여신상을 보기 위해 많은 사람들이 근처에 모여 있다.

불포함 사항은 상기 언급한 가이드 및 기사 경비(성인과 아동 동일) 외에 ESTA 비자비용(개별 $21, 대행 5만 원), 일정에 미표시된 식사 등이다.

다양하고 맛있는 식사를 제공하는데 인앤아웃버거, A STAR 인터내셔널 뷔페, 스테이크, LA BBQ 등이다.

프리미엄 이코노미 좌석 업그레이드가 가능하다. 추가금액이 있다. 로스앤젤레스에서 리턴 연장이 가능하며 추가비용이 발생함을 공지한다. 그리고 개별항공권 소지자의 경우, 현지 관광 합류 시 2,400,000원/1인이다. 2인 1실 성인 기준임을 공지한다(참좋은여행 상품상세정보).

3) 캐나다 로키

로키 2대 국립공원, 6대 호수가 포함된 캐나다 로키일주 6일 상품이 참좋은여행에서 출시하였다. 캘거리 직항으로 로키까지 빠르게 이동함을 홍보한다. 밴프 시내 숙박으로 여유로운 여정이다. 상품가격은 2,990,000원부터이다.

밴쿠버/시애틀 인 아웃으로 차량 이동시간 대비 왕복 14시간 단축됨을 공지한다. 로키 2대 국립공원인 밴프 및 재스퍼 국립공원을 방문한다. 로키의 6대 호수관광[63], 재스퍼를 대표하는 코스인 멀린캐니언을 방문한다. 웨스트젯항공에 탑승한다. 쇼핑은 1회, 옵션을 실시한다.

가이드 경비는 89CAD(캐나다달러)로 불포함사항이다. 비자비용 대행료 25,000원도 불포함사항이다. 자연의 위로가 필요할 때 캐나다 로키여행을 권고한다.

세계 10대 절경 중 하나인 레이크 루이스, 요호 국립공원의 명승지인 에메랄드 호수, 캐나다화폐에 나오는 모레인 호수, 로키에서 가장 큰 호수인 멀린 호수, 에메랄드빛의 페이토 호수, 빅토리아 여왕의 손녀 이름을 딴 파트리샤 호수가 포함된다.

로키의 포인트인 밴프에서 숙박을 보장하는 상품이다. 전 일정 식사가 포함됨을 공지한다(참좋은여행 상품상세정보).

---

[63] 레이크 루이스, 모레인, 메리슨, 멀린, 페이토, 파트리샤가 6대 호수이다(참좋은여행 상품상세정보).

▶ 토론토 시내 전경 – 토론토는 캐나다에서 한국인이 가장 많이 거주하는 도시이다.

7. 중동/아프리카

롯데관광에서는 2024년 아시아 100대 골프코스 두바이＋아부다비 명품골프 여행 6박 8일 90홀 상품을 출시하여 판매한다. 비즈니스석 조건이며 상품가는 9,900,000원이다.

롯데관광에서는 비즈니스 클래스 아프리카일주 6개국 13일 상품을 출시하여 판매한다. 항공은 에미레이트 항공이다. 판매가격은 17,990,000원부터이다.

롯데관광에서는 아프리카 전 구간 비즈니스 탑승하는 상품도 출시하여 판매하고 있다.

참좋은여행에서는 프리미엄 전 구간 비즈니스/노팁, 노옵션, 노쇼핑 아프리카 6개국 13일을 14,990,000원부터 판매한다. 빅토리아 폭포 및 잠베지강 선셋 크루즈를 탑승한다. 응고롱고로[64], 세렝게티[65] 사파리가 포함되는 여정이다.

세계 3대 폭포 빅토리아 폭포가 포함된다. 킬리만자로산을 조망하는 암보셀리 국립공원 사파리가 포함된다. 코끼리 천국으로 불리는 초베 국립공원 보트 사파리도 포함된다. 에미레이트항공에 탑승한다. 케냐 비자비용 1인당 $56과 비자 발급 위한 서류를 여행사에 사전에 제출해야 한다. 지역별 도착비자가 필요하다. 짐바브웨, 잠비아, 탄자니아 일인당 총 US$100을 현장에서 지불[66]해야 함을 공지한다. 사증 6매 이상 필요함 등을 공지한다.

황열병 예방접종증이 필수사항이므로 사전 예약필수를 공지하고 있다. 황열병 예방접종하는 국립중앙의료원 시검역소, 충남대병원, 분당서울대병원 등을 알리고 출발 약 10일 전까지 접종을 공지한다. 여권과 필요시 복용 중인 약 리스트가 필요하며 접종비는 약 5~6만 원(진료비 + 백신비용 + 접종증명서)을 공지한다. 황열병 예방접종 시 수입인지가 필요하며 우체국과 시중은행에서 구입 가능함을 공지한다.

아프리카 여행 시 환경보호를 위해 비닐봉지 사용이 금지되어 있음과 비닐봉지 사용 시 최대 $400 벌금이 부과되므로 주의를 당부하고 있다.

본 상품은 전 구간 왕복 에미레이트항공 비즈니스 클래스[67] 탑승을 공지한다. 빅토리아 폭포 잠베지강 선셋 크루즈는 헬기 투어 포함 약 25만 원 상당임을 공지한다. 아프리카 전문인솔자가 동행하는 안전한 여행을 홍보한다. 현지 특식[68]은 4회로 보마식, 랍스터, 롯지식, 골드 레스토랑을 이용한다. 그리고 케이프타운 일정과 세계적으로 유명한 남아공 와이너리 투어가 포함된다. Groot Constancia 와이너리[69]이다.

---

[64] 세계 최대 크기의 분화구이다.
[65] 탄자니아 최대의 국립공원이다.
[66] 현장 상황에 따라 짐바브웨 & 탄지니아 UNI VISA 불가한 경우, 최대 $125비자피가 발생할 수 있음을 공지한다(참좋은여행 상품상세정보).
[67] 비즈니스 라운지 4회 이용할 수 있다. 다양한 3코스의 기내식을 홍보한다.
[68] 랍스터는 남아공에서 가장 유명한 바닷가재 요리이다. 롯지식은 광활한 국립공원 내에서 숙박하며 먹는 롯지 뷔페식이다. 보마식은 영양, 타조, 임팔라 등 다양한 야생동물을 이용한 아프리카 전통 바비큐 요리와 부족 춤 공연을 감상할 수 있는 식사이다. 골드 레스토랑은 아프리카 전통문화 체험과 아프리카 음식을 맛볼 수 있는 레스토랑이다(참좋은여행 상품상세정보).
[69] 케이프타운 교외에 위치한 오래된 와이너리이다. 17세기에 만들어졌다. 해안지역에 위치한다. 메를로 등 품종 와인이 국내에 들어와 있다. 와이너리 박물관이 있다. 와이너리 투어에서는 와인시음, 초콜릿 테이스팅 등이 가능하다. 비용은 지불해야 한다. 소비뇽블랑, 피노타지, 시라즈 등 시나몬 초콜릿, 블랙베리 밀크 초콜릿, 체리 및 향신료 들어간 다크 초콜릿 등과 시음하는 특별한 곳이기도 하다.

친환경적인 나무와 목조건물로 이뤄진 국립공원 내 숙소인 롯지에서 숙박한다. 케이프타운에서는 5성급 호텔에 숙박하여 품격있는 여행을 한다. 케이프타운에서는 세계 7대 자연경관이라고 인정되는 멋진 경관인 테이블 마운틴 360도 회전 케이블카에 탑승한다. 남아공 케이프반도 최남단에 위치한 희망봉 및 케이프 포인트트램에 탑승한다. 아프리카에서 유일하게 펭귄이 서식하는 볼더스 비치, 바다 한가운데 수천 마리의 물개가 서식하는 도이커섬, 남아공 최초의 식물원이자 큰 규모의 식물이 서식하는 커스텐보쉬 식물원 등을 방문한다.

여행사 아프리카는 동물들의 서식지로 비포장 도로가 많고 국립보호구역으로 대형버스의 이동이 제한됨을 공지한다. 지역 간 이동 특성상 22인승 차량을 이용함을 공지한다. 비즈니스 탑승으로 인해 마일리지가 대한항공, 에미레이트항공 탑승 시 일반석보다 25~50% 추가 적립됨도 공지한다.

그리고 본 상품은 고객의 집부터 공항까지 모셔다 드리는 왕복 전용 차량서비스인 쇼퍼 드라이브(Chauffeur-drive) 서비스를 안내한다. 서울 및 수도권 지역에 따라 무료 및 금액이 부과된다. 지방거주 고객은 김포공항 또는 서울역/광명역 KTX 이용 시 무료 가능하다. 의료실비한도가 최대 1,000만 원인 보험에 가입된다. 최소 10-16인 소규모 인원 행사임을 공지한다(참좋은여행 상품상세정보).

8. 특수지역

1) 북극

해가 지지 않는 백야 시즌 투어로 북극곰, 북극여우, 북방 밍크고래를 관람하는 북극탐험 9일 상품을 참좋은여행에서는 9,990,000원부터 판매한다. 단독 전세크루즈, 오슬로 특급호텔에 투숙하는 프리미엄상품으로 홍보한다.

다양한 생태환경과 아름다운 풍광의 스피츠베르겐 국립공원 방문, 노벨상 수상자가 투숙한 오슬로 특급호텔에 투숙하는 상품이다. 에미레이트항공에 탑승한다. 노쇼핑, 노옵션 상품이다. 비즈니스석 탑승 시에는 16,490,000원으로 가격이 상승한다.

유류할증료는 매월 마지막 화요일 기준으로 포함된다. 여행자보험이 만 15-79세인 경우 최대 3억 원 여행자보험에 가입된다. 기타 연령대는 1억 원 여행자보험에 가입됨을 공지한다.

북극상품은 여름철 7월 말에 출발한다. 전세 크루즈는 MS 노르스트예르넨 전세 크루즈[70]이다. 북극성을 뜻하는 의미이다. 승선인원 147명, 총길이 약 81m의 중소형 크루즈로 빙하 근처, 수심이 낮은 곳까지 갈 수 있다. 1956년 제작되어 2013년 북극 항해를 위해 레노베이션하였고 클래식함을 간직한다고 홍보한다.

지구 최북단 도시인 롱이어비엔[71] 방문, 최북단 북위 82도에 있는 섬인 모펜섬에서 북금곰을 만나볼 수 있음을 홍보한다. 순록 등 다양한 북극 동물[72]을 만나고 자연의 압도적인 풍광을 볼 수 있는 스피츠베르겐 국립공원 방문, 위도 66.5도 이상 고위도 지방에서 백야현상을 체험할 수 있음을 홍보한다.

오슬로[73]에서는 100년 역사의 고풍스러운 노벨상 수상자들이 머물러 특별한 시내에 위치한 5성 호텔에 숙박한다. 오슬로에서는 시내 전망을 한눈에 담을 수 있는 레스토랑에서의 만찬이 포함된다. 그리고 비즈니스클래스 고객에 한정하여 쇼퍼 드라이브 서비스(왕복 전용 차량 서비스)를 제공한다.

오슬로-롱이어비엔 중간구간 왕복은 이코노미석에 탑승한다. 롱이어비엔에서는 월드체인호텔인 스발바르 일급호텔에서 숙박한다.

북서해안에서 가장 규모가 큰 콩스피오르덴, 북극곰과 밍크고래 등을 볼 수 있는 막달레네피오르드 등의 방문을 공지한다(참좋은여행 상품상세정보).

---

[70] 참좋은여행에서는 최소 40-최대 80인의 단독 전세 크루즈로 공지한다.

[71] 7월, 8월 최저 및 최고기온은 3-7, 2-2℃로 상대적으로 기온이 높은 여름에 방문해야 한다. 1월의 경우 영하 20-영하 13℃(참좋은여행 상품상세정보)로 여행이 어렵다. 롱이어비엔은 노르웨이 스발바르 제도의 행정중심지이다. 스피츠베르겐섬에 자리한다. 인구는 2015년 기준으로 2,144명이다(위키백과).

[72] 순록, 북극곰, 북극여우, 하프물범, 바다코끼리, 바다표범, 바다오리, 북극 제비갈매기 등을 말한다.

[73] 노르웨이의 수도이다. 독특한 예술세계, 도전의 역사, 깔끔한 시가지가 조화된 도시이다. 6-8월에 여행이 권장된다. 1048년 바이킹 왕 하랄드 3세에 의해 건설되었다. 인구는 2014년 기준 약 63만 명이다(위키백과).

2) 인도

참좋은여행에서는 단독 베스트셀러 인도상품을 출시하였다. 국내선 항공이동 1회 + 특급열차 1회가 포함된다. 갠지스강 일출 또는 일몰 보팅 체험하는 여정이다. 북인도 일주 9일 상품이 144만 9천 원부터이다.

이동시간을 단축하는 국내선이 포함된다. 인도의 대표 건축물 타지마할 관광이 포함된다. 인도인들의 성지인 바라나시 관광도 포함된다. 요가[74], 헤나[75] 체험이 포함되는 상품이다. 대한항공에 탑승한다. 쇼핑 4회와 선택관광이 가능한 상품이다. 가이드 경비는 현지에서 160USD 지불해야 한다.

전통 무굴식 탄두리 치킨식사, BBQ뷔페 특식이 포함된다. 히말라야 아유르베다 세안세트가 증정된다. 인도 전통 짜이티[76] & 라씨[77]를 시음한다.

자이푸르 암베르성 지프차 탑승이 포함된다. 유네스코 세계문화유산 후마윤의 묘 (30$ 상당 포함), 자이푸르 랜드마크인 알버트 박물관을 방문한다. 인원별 기사 및 가이드 경비는 10명 이상 출발 시 US$90, 10명 미만 출발 시 US$160을 공지한다.

인도 도착비자 비용은 현지공항에서 지불한다. 신용카드 결제는 약 US$30로 진행되며 현금은 불가함을 공지한다. 필요서류[78]는 인적사항이 기재된 비자신청서, 해외 사용 가능한 VISA 또는 MASTER 신용카드 지참, 여권 및 전자 항공권이다. 단 타 국적자는 별도로 전자비자 진행이 필요함을 공지하고 있다.

현지 가이드 지불하는 공동경비는 현금 결제로 US$10이다. 물 추가비용, 헤나팁, 요가팁, 열차 이용 시 짐꾼 비용, 보팅 팁, 신발 보관료 등이 포함된다.

시차는 우리나라보다 인도가 3시간 30분 늦음을 공지한다. 인도여행 시 미국달러로 준비함을 공지한다. 인도루피는 우리나라에서 환전이 어렵고 남은 루피도 원화로 재환전이 어렵다. 인도 전압은 220-230V로 한국과 같아서 해외여행용 멀티어탭터는 필요 없음을 공지한다.

---

[74] 전문강사와 함께 인도정통 릴렉싱 심플 요가를 체험한다(참좋은여행 상품상세정보).
[75] 보름 뒤 자연스럽게 지워지는 인도의 천연 문신 헤나를 체험한다(참좋은여행 상품상세정보).
[76] 향신료가 가미된 밀크티이다.
[77] 인도 펀자브 지방에서 유래한 요거트음료이다. 물소젖으로 만드는 것이 오리지널이다(나무위키).
[78] 여행사를 통해 패키지상품으로 출국 시 여행사에서 준비하여 출발 당일 인천공항 미팅 시 제공함을 공지한다(참좋은여행 상품상세정보).

주의사항으로 소지품, 귀중품 보관에 주의할 것을 당부한다. 한식을 먹는 국가가 아니므로 간단한 밑반찬, 냄새나지 않는 마른 반찬류는 여행 시 도움이 될 수 있음과 포장에 유의해야 함을 공지한다. 걸어서 관광하는 일정이 있어서 편안한 운동화 준비를 권장한다(참좋은여행 상품상세정보).

3) 인도, 네팔

참좋은여행에서는 대자연과 종교의 경건함을 간직한 인도, 네팔 12일 상품을 199만 원부터 판매한다. 항공이동 2회로 최적의 스케줄로 홍보한다. 전 일정 일급호텔, 인도인으로 한국어 가능한 전문 가이드 안내를 공지한다.

빙하가 녹아내린 포카라 페와 호수[79]에서 보팅체험, 전통 무굴식 + BBQ 뷔페 특식이 포함된다. 부처님 탄생지에 건립한 마야사당을 방문한다. 무굴제국의 권력을 상징하는 아그라성에 방문한다. 하루 3병의 생수를 제공한다. 일정 중 2회 과일 간식도 제공함을 공지한다.

구름과 맞닿을 것만 같은 포카라의 사랑콧 전망대, 신성한 힌두교 전통의식 체험 아르띠뿌자를 참관한다. 카트만두[80]의 스와얌부나트 사원은 네팔에서 가장 오래된 사원으로 유네스코 세계문화유산이다. 카트만두의 시내 전경을 잘 볼 수 있는 곳으로 방문한다.

바라나시 갠지스강은 히말라야산맥에서 발원하여 인도 내륙을 타고 흐르는 인도인들의 삶의 터전이자 성스러운 어머니의 강으로 홍보한다. 자이푸르[81]의 암베르성[82]은 화려한 색채의 모자이크와 벽화, 높은 산과 무굴양식이 어우러져 웅장하고 신비한 절벽 위의 성임을 설명한다.

에어인디아에 탑승한다. 드림라이너 보잉797기종이다. 전 구간 위탁수하물 1인 23kg 1개를 공지한다. 인도는 우리나라보다 3시간 30분 시차가 늦다. 네팔은 우리나

---

[79] 포카라 페와호수는 포카라 남쪽 해발 800m 지역에 자리한다. 히말라야의 설산에서 녹아내린 물로 형성된 네팔에서 두 번째로 큰 호수이다(참좋은여행 상품상세정보).
[80] 세계에서 가장 높은 산 에베레스트에 둘러싸인 네팔의 수도이다.
[81] 올드 시티 또는 핑크 시티로 불리는 인도의 라자스탄주의 주도이다.
[82] Amber Palace는 아메르에 위치한 요새 및 궁전으로 2013년 유네스코 세계유산으로 지정되었다.

라보다 3시간 15분 늦음을 공지한다. 인도, 네팔 모두 미국달러로 준비를 권장한다. 네팔루피도 우리나라에서 환전이 어렵고 남은 루피도 원화 재환전이 어렵다는 것을 공지한다.

네팔비자는 미국달러로 현금으로 준비하면 됨을 공지한다. 네팔비자는 도착비자 신청서가 필요 없고 여권용 사진 1매만 준비하면 됨을 공지한다. 네팔 전압도 한국과 같이 220-230V로 해외여행용 멀티어댑터가 필요 없음을 공지한다(참좋은여행 상품 상세정보).

고종원 외, 관광자원 이해와 해설, 신화전산기획, 2024.3.5
고종원 외, 국제관광, 백산출판사, 2021.8.30
고종원, 여행상품개발론, 백산출판사, 2021.8.30
고종원 외, 주제여행상품, 백산출판사, 2023.11.20
고종원 외, 현대여행상품, 백산출판사, 2020.7.15
나무위키
두산백과 두피디아
모두투어 여행핵심정보
미디어파인, 2017.10.14
미술대사전 용어편
매일신문, 2021.9.2
세계인문지리사전
시사상식사전
실크로드사전, 2013.10.31
아주경제, 2024.1.26
여성조선, 2020.7.6
외교부
위키백과
월간 산, 2024.7.5
이지앤북스
인터파크투어
죽기 전에 꼭 봐야 할 세계 건축 1001
죽기 전에 꼭 봐야 할 자연 절경 1001
중앙일보 PiCK, 한국가면 00테스트부터... 요즘 외국인들의 K탐험, 2024.7.20
참좋은여행 상품상세정보
천문학백과
파이낸셜뉴스, 2024.8.15

트립어드바이저

쿡앤셰프, 2021.8.16

한국강사신문, 2020.11.15

한국경제, 2014.4.21

한국경제TV, 2024.8.15

EBS, 2009.8.31

KOTRA

nownews.seoul.co.kr〉new, 2024.4.4

tour.interpark.com〉freeya

해외여행 기본 정보

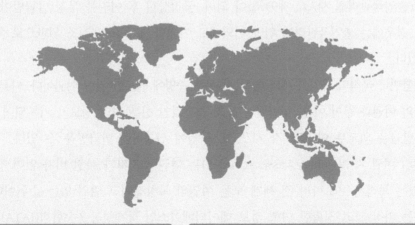

해외여행 기본 정보

1. 여권(Passport)

1) 여권의 개념

여권은 소지자의 국적 등 신분을 증명하고 국적국이 소지자에 대해 외교적 보호권을 행사할 수 있는 공문서의 일종으로, 외국을 여행하려는 국민은 여권을 소지해야 한다(여권법 제2조).

여권발급 대상은 대한민국 국적을 보유하고 있는 사람(여권법 제2조)으로 법령에 의한 여권발급 거부 또는 제한 대상이 아닌 사람(여권법 제12조)과 복수국적자이다. 외국 국적 취득 등으로 한국 국적이 상실된 후 한국 여권을 계속 사용한 경우에 처벌대상(출입국관리법 제7조, 제94조)이 되며, 국적상실 후 여권을 부정 발급받아 사용하는 경우에는 출입국관리법 위반 이외에도 여권법 제16조, 제24조 위반으로 처벌될 수 있다.

대한민국 국적의 국민이 해외 여행 시 신분 증명에 필요한 것이 여권이다. 다른 모든 국가의 여권과 같이 이름, 생년월일 등의 기본적인 신분 확인 정보가 기록되어 있다. 여권발급은 외교부 여권과, 각 시/도청, 구청에 신청하여 발급받을 수 있다.

헨리 여권 지수(Henley Passport Index)는 여권 소지자가 사전 비자 없이 접근할 수 있는 목적지수에 따라 전 세계 모든 여권의 독창적이고 권위 있는 순위이다. 이 지수는 가장 크고 정확한 여행 정보 데이터베이스인 국제항공운송협회(IATA)의 독점 데이터를 기반으로 하며, 헨리앤파트너스(Henley & Partners)가 발표한다. 2024년 현재 한국은 191곳에 무비자 입국이 가능해 오스트리아 · 핀란드 · 아일랜드 · 룩셈부르크 · 네덜란드 · 스웨덴과 함께 공동 3위를 기록했다.

2) 여권의 필요성

국외여행객의 여행허가증으로 국외에서의 신변보호 및 편의를 요청하는 공식문서로 사용된다.

여권의 용도

필요성	• 달러 환전 • 비자신청 및 발급 • 출국 수속 및 항공기 탑승 • 현지 입국 수속 및 귀국 • 면세점 상품 구입 • 국제운전면허증 발급 • 여행자 수표(T/C)로 대금 지급이나 현지 화폐 환급 • T/C 도난이나 분실 후 재발급 신청 • 출국 시 병역의무자가 병무신고 및 귀국신고 • 해외여행 중 송금된 돈의 인출 • 렌터카 임대 • 호텔 투숙 시 • 이외 필요 상황

출처 : 김병헌(2021), 국외여행인솔자업무론

3) 여권의 종류

(1) 발급 목적에 따른 여권 종류(법 제4조 제1항)

• **일반여권**

관광 및 비즈니스를 목적으로 국외여행을 할 경우 외교부에서 발급해 주는 여권을 말한다. 사용할 수 있는 기간에 따라 단수여권과 복수여권으로 구분된다.

국제민간항공기구(ICAO)의 권고에 따라 여권 내에 전자칩과 안테나를 추가하고, 내장된 전자칩에 개인정보 및 바이오 인식 정보(얼굴사진)를 저장한 여권이다. 우리나라는 관용·외교관여권은 2008년 3월 31일부터, 일반여권은 2008년 8월 25일부터 전자여권을 발급하고 있다. 전자여권에는 여권번호, 성명, 생년월일 등 개인정보가 개인정보면, 기계판독영역 및 전자칩에 총 3중으로 저장되어 여권의 위·변조가 어려우며, 특히 전자칩 판독을 통하여 개인정보면과 기계판독영역의 조작 여부를 손쉽게 식별할 수 있다.

출처 : 외교부 여권안내(https://www.passport.go.kr)

- **관용여권**

  여행목적과 신분에 비추어 외교부 장관이 관용여권의 발급이 필요하다고 인정되는 자에게 발급하는 여권으로 공무원, 정부투자기관의 임직원 등 공무수행자들이 해당된다.

(2) 사용 가능 횟수에 따른 여권 구분(여권법 제4조 제2항)

- **단수여권**

  발급지 기준 왕복 1회(출국, 입국 각 1회)에 한정하여 외국여행을 할 수 있는 여권이다.

- **복수여권**

  유효기간 만료일까지 횟수에 제한 없이 외국여행을 할 수 있는 여권이다.

▶ 일반여권

종전여권

차세대 여권(2021년부터 발급)

▶ 관용여권, 외교관여권

관용여권

외교관여권

출처 : 외교부 여권안내(https://www.passport.go.kr)

● 여권 개인정보면

출처 : 외교부 여권안내(https://www.passport.go.kr)

● 여권 사증면

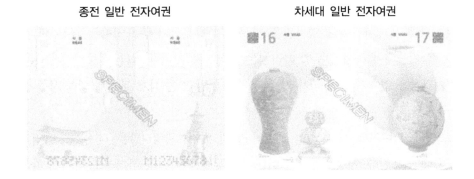

출처 : 외교부 여권안내(https://www.passport.go.kr)

2. 비자(VISA)

1) 비자 개념

비자란 원래 의미로는 일종의 배서 또는 확인으로서 국가 정책에 따라 그 의미가 다르다. 외국인이 그 나라에 입국할 수 있음을 인정하는 '입국허가 확인'의 의미와 외국인의 입국허가신청에 대한 영사의 '입국추천행위'의 의미로 보고 있는 국가로 대별된다.

우리나라에서는 후자의 의미, 즉 외국인의 입국허가 신청에 대한 영사의 입국추천 행위로 이해하고 있다. 따라서 외국인이 사증을 소지한 경우에도 공항 출입국관리사무소 심사관의 입국심사결과 입국허가 요건에 부합하지 아니한 경우 입국을 허가하지 않을 수 있다.

여행계획을 세우고 방문국가가 결정되면 방문하고자 하는 나라에 대한 비자의 필요 여부를 확인해야 한다. 비자가 필요한 국가들 중에는 방문 목적에 따라 체류기간과 요구하는 구비서류가 다른 경우가 있다.

2) 사증면제제도

국가 간 이동을 위해서는 원칙적으로 사증(입국허가)이 필요하다. 사증을 받기 위해서는 상대국 대사관이나 영사관을 방문하여 방문국가가 요청하는 서류 및 사증 수수료를 지불해야 하며 경우에 따라서는 인터뷰도 거쳐야 한다. 사증면제제도란 이런 번거로움을 없애기 위해 국가 간 협정이나 일방 혹은 상호 조치에 의해 사증 없이 상대국에 입국할 수 있는 제도이다.

사증면제국가 여행 시 주의할 점은 다음과 같다. 관광, 방문, 경유 등 비영리적 목적일 때 적용된다. 사증면제기간 이내에 체류할 계획이라 하더라도 국가에 따라서는 방문 목적에 따른 별도의 사증을 요구하는 경우가 많으니 입국 전에 꼭 방문할 국가의 주한공관 홈페이지 등을 통한 확인이 필요하다. 특히, 취재기자의 경우 무사증입국 허용이라 하더라도 사증취득이 필요하다.

특히, 미국 입국/경유 시에는 전자여행허가(ESTA, Electronic System of Travel Authorization)를, 캐나다와 호주, 뉴질랜드는 eTA(Electronic travel authorization)/ETA(Electronic Travel Authority)라는 전자여행허가를 꼭 받아야 한다. 영국 입국 시에는 신분증명서, 재직증명서, 귀국항공권, 숙소정보, 여행계획을 반드시 지참해야 한다.

2008년 이전에 미국에 방문하기 위해서는 반드시 주한미국대사관을 방문, 인터뷰 등의 복잡한 절차를 거쳐 비자를 발급받아야 했지만, 2008.11.17 우리나라가 미국의 "비자면제프로그램(VWP: Visa Waiver Program)"에 가입함으로써 우리 국민은 인터넷에서 간단한 등록절차를 거쳐 ESTA를 발급받는 것만으로 비자 없이 미국을 방문할 수 있게 되었습니다. 단, ESTA는 전자여권에만 적용되며, 전자여권이 아닌 여권은 별도의 비자를 받아야 합니다.

출처 : 외교부 해외안전여행(https://www.0404.go.kr)

비자(사증) 면제협정 국가

2024년 8월 기준

지역	국가
아시아/태평양	나우루, 니우에, 네팔, 뉴질랜드, 중국(대만), 동티모르, 라오스, 마셜제도, 마이크로네시아, 마카오, 말레이시아, 몰디브, 몽골, 미얀마, 바누아투, 방글라데시, 베트남, 브루나이, 부탄, 사모아, 솔로몬제도, 스리랑카, 싱가포르, 아프가니스탄, 인도, 인도네시아, 일본, 중국, 캄보디아, 쿡제도, 키리바시, 태국, 통가, 투발루, 파키스탄, 파푸아뉴기니, 팔라우, 피지, 필리핀, 호주(오스트레일리아), 홍콩
미주	가이아나, 과테말라, 괌, 그레나다, 니카라과, 도미니카공화국, 도미니카연방, 멕시코, 미국, 바베이도스, 바하마, 베네수엘라, 벨리즈, 볼리비아, 브라질, 북마리아나제도(사이판), 세인트루시아, 세인트빈센트그레나딘, 세인트키츠네비스, 수리남, 아르헨티나, 아이티공화국, 안티구아바부다, 에콰도르, 엘살바도르, 온두라스, 우루과이, 자메이카, 칠레, 캐나다, 코스타리카, 콜롬비아, 쿠바, 트리니다드토바고, 파나마, 파라과이, 페루
유럽	그리스, 네덜란드, 노르웨이, 덴마크, 독일, 라트비아, 러시아, 루마니아, 룩셈부르크, 리투아니아, 리히텐슈타인, 몬테네그로, 몰도바, 몰타, 벨기에, 벨라루스, 보스니아헤르체고비나, 북마케도니아, 불가리아, 사이프러스(키프러스), 산마리노, 세르비아, 스웨덴, 스위스, 스페인, 슬로바키아, 슬로베니아, 아르메니아, 아이슬란드, 아일랜드, 아제르바이잔, 안도라, 알바니아, 에스토니아, 영국, 오스트리아, 우즈베키스탄, 우크라이나, 이탈리아, 조지아, 카자흐스탄, 코소보, 크로아티아, 키르기스스탄(키르기즈공화국), 타지키스탄, 튀르키예, 투르크메니스탄, 포르투갈, 폴란드, 프랑스, 핀란드, 헝가리
아프리카/중동	가나, 가봉, 감비아, 기니, 기니비사우, 나미비아, 나이지리아, 남수단 남아프리카공화국, 니제르, 라이베리아, 레바논, 레소토, 르완다, 리비아, 마다가스카르, 말라위, 말리, 모로코, 모리셔스, 모리타니아, 모잠비크, 바레인, 베냉, 보츠와나, 부룬디, 부르키나파소, 사우디아라비아, 세네갈, 세이셸, 소말리아, 수단, 시리아, 시에라리온, 아랍에미리트, 앙골라, 알제리, 에리트레아, 에스와티니(스

	와질랜드), 에티오피아, 예멘, 오만, 요르단, 우간다, 이라크, 이라크(쿠르드 지역), 이란, 이스라엘, 이집트, 잠비아, 적도기니, 중앙아프리카공화국, 지부티, 짐바브웨, 차드, 카메룬, 카보베르데, 카타르, 케냐, 코모로, 코트디부아르, 콩고공화국, 콩고민주공화국, 쿠웨이트, 탄자니아, 토고, 튀니지
기타	※ 벨라루스 : (1) 러시아를 제외한 제3국으로부터, (2) 민스크, 브레스트, 비쳅스크, 고멜, 그로드노, 모길료프 국제공항을 통해 출입국하는 경우에만 무사증입국 가능(1년에 최대 90일까지 인정) ※ 인도 : 관광, 상용, 회의, 의료목적으로 입국 시 도착비자 발급(체류기간 60일 이내 2회 입국 가능) ※ 미국 : 인터넷상 전자여행허가(ESTA) 발급 사전 신청 필요 ※ 캐나다 : 인터넷상 전자여행허가(eTA) 발급 사전 신청 필요 ※ 호주 : 인터넷상 전자여행허가(ETA) 발급 사전 신청 필요 ※ 뉴질랜드 : 전자여행허가(NZeTA) 발급 사전 신청 필요

출처 : 외교부 해외안전여행(https://www.0404.go.kr)

3) 사증의 종류

(1) 단수사증

유효기간 내에 1회에 한하여 입국할 수 있으며, 유효기간은 발급일로부터 3개월이다.

(2) 복수사증

유효기간 내에 2회 이상 입국할 수 있다. 유효기간은 발급일로부터 외교(A-1)/내지 협정(A-3)에 해당하는 사증은 3년 이내이다. 복수사증발급협정에 의한 사증은 협정상의 기간으로 한다. 상호주의, 기타 국가이익 등을 고려하여 발급된 사증은 법무부장관이 따로 정하는 기간으로 한다.

4) 항공권

항공권은 항공사의 운송약관 및 특약에 따라 승객과 항공사 간에 성립된 운송계약을 표시하는 항공기 탑승·이용에 관한 증권이다.

(1) 전자 항공권(e-ticket : Eletronic Ticket)

전자 항공권은 종이서류를 발행하지 않고 승객 운송의 판매 및 사용을 추적할 수 있는 전자문서이다. 승객의 여정, 운임, 클래스, 지불수단, 쿠폰 상태에 관한 정보 및 모든 과거 기록이 발행 항공사의 전산에 기록되어 있다

• **전자 항공권**

출처 : https://news.koreanair.com/

항공권에 대한 모든 사항을 전자적인 기록으로 항공사의 데이터베이스에 저장하여 관리함으로써 발권 업무를 획기적으로 개선하고 있다. 기존의 전통적인 실물 항공권의 기능을 대체하고 있다. 항공운임의 지불을 증명하기 위해 이메일 등의 방법으로 고객에게 제공하는 발권 확인증(ITR : Itinerary & Receipt)이다. 전자발권에서는 고객이 항공권을 받거나 환급하는 등의 구매 절차가 생략됨으로써 항공권의 분실이나 도용의 위험이 줄어들고 탑승 절차가 간소화되는 이점이 있다.

(2) 예약기록(PNR : Passenger Name Record)

예약기록이란 항공 여행을 원하는 승객의 항공 여정 및 호텔, 렌터카 등의 부대서비스 예약 등을 포함한 항공편 탑승정보가 저장되어 있는 여객 예약기록을 말한다. 항공 여행을 하려는 승객이라면 예약기록이 존재해야 실제로 항공편에 탑승할 수 있다.

(3) 탑승권(Boarding Pass)

탑승권에는 탑승자의 영문이름, 출발지와 도착지, 항공편명, 탑승구, 좌석번호 등이 표기된다. 항공편명에는 항공사 코드와 편수가 표시되며, 탑승구는 이륙 전에 변경될 수 있으므로 공항 내에 있는 항공기 출발 현황판을 탑승 전에 수시로 확인하는 것이 필요하다.

• 탑승권 예시

출처 : 대한항공(https://news.koreanair.com)

(4) 도시(공항) 및 항공사 코드

항공기가 취항하는 전 세계의 도시와 공항, 그리고 항공사에서는 국제항공운송협회(IATA) 기준에 의해 약속된 약어를 사용하고 있다.

가) 도시코드(City Code)

도시코드는 영문 3자리로 사용되고 있다.

지역별 도시코드

지역	도시명	코드	도시명	코드
아시아	서울	SEL	부산	PUS
	도쿄	TYO	오사카	OSA
	베이징	BJS	홍콩	HKG
	싱가포르	SIN	방콕	BKK
	마닐라	MNL	호찌민	SGN
미주지역	뉴욕	JFK	로스앤젤레스	LAX
	토론토	YYZ	호놀룰루	HNL
	상파울로	SAO	멕시코시티	MEX
유럽지역	파리	CDG	런던	LHR
	로마	FCO	프랑크푸르트	FRA
	취리히	ZRH	모스크바	SVO
남태평양	시드니	SYD	오클랜드	AKL

출처 : (사)한국여행서비스교육협회(2022), 국외여행인솔자자격증 공통교재

나) 항공사 코드(Airline Code)

항공사 코드는 영문자 또는 영문과 아라비아 숫자로 조합된 2자리로 사용되고 있다.

항공사 코드

항공사(약호)	코드	항공사(약호)	코드	항공사(약호)	코드
아메리칸항공(AAL)	AA	에어캐나다(ACA)	AC	에어프랑스(AFR)	AF
안셋호주항공(AAA)	AN	알리탈리아항공(AZA)	AZ	영국항공(BAW)	BA
중국국제항공(CCA)	CA	중국북방항공(CBF)	CJ	캐나다항공(CDN)	CP
캐세이퍼시픽항공(CPA)	CX	중국남방항공(CSN)	CZ	델타항공(DAL)	DL
가루다항공(GIA)	GA	미서부항공(AWE)	HP	고려항공(KOR)	JS
재팬에어시스템(JAS)	JD	일본항공(JAL)	JL	대한항공(KAL)	KE
KLM항공(KLM)	KL	루프트한자항공(DLH)	LH	말레이시아항공(MAS)	MH
중국동방항공(CES)	MU	전일본항공(ANA)	NH	노스웨스트항공(NWA)	NW
에어뉴질랜드항공(ANZ)	NZ	싱가포르항공(SIA)	SQ	러시아항공(AFL)	SU
스위스항공(SWR)	SR	타이항공(THA)	TG	유나이티드항공(UAL)	UA
베트남항공(HVN)	VN	VASP브라질항공(VSP)	VP	월드항공(WOA)	WO
에어인도(AIC)	AI	에어인터항공(ITF)	IT	멕시코항공(MXA)	MX
인도항공(IAC)	IC	이집트항공(MSR)	MS	쿠웨이트항공(KAC)	KU
일본화물항공(NCA)	KZ	아시아나항공(AAR)	OZ	JAT항공(JAT)	JU

출처 : 저자 정리

5) 수하물

(1) 무료수하물

수하물은 공항 내 항공사별로 운영되는 체크인 카운터에서 수하물을 위탁 처리한다. 일반 수하물은 항공사, 노선별, 좌석 등급별로 무료 수하물 기준에 차이가 있어 항공사의 확인이 필요하다. 대형 수하물은 항공사 탑승 수속 카운터에서 요금을 지불한 후 세관신고를 한 뒤 대형 수하물 카운터에서 위탁한다. 화물칸에 싣는 수하물의 경우에도 인천공항 수하물 처리시스템상 최대의 크기가 90cm×70cm×45cm이므로, 어느 한 변의 크기가 초과되는 크기면 수하물로 위탁할 수 없다.

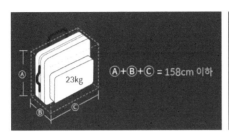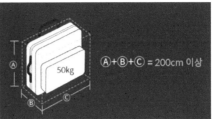

일반 수하물   대형 수하물

출처 : 인천국제공항(https://www.airport.kr)

(2) 기내수하물

항공사마다 승객이 무료로 가지고 탈 수 있는 허용치가 다르다. 그리고 가지고 타는 짐도 화물칸에 싣는 짐과 비행기 내로 갖고 타는 짐(기내 휴대)으로 구분되어 각각 그 기준이 다르다. 개인 휴대물품이 든 손가방, 노트북가방 등은 휴대하여 항공기에 탑승한다.

총기류, 칼, 곤봉류, 폭발물 및 탄약, 인화물질, 가스 및 화학물질, 가위, 면도날, 얼음송곳 등의 위해 물품은 기내 반입을 금지한다.

통상적으로 일반석에 적용되는 수하물의 크기와 무게는 개당 55×40×20cm 3면의 합이 115cm 이하로써 10~12kg까지이다. 항공사, 좌석 등급별로 기내 반입 가능 기준에 차이가 있으니 항공사로 미리 확인 후 이용하는 것이 필요하다.

기내수하물

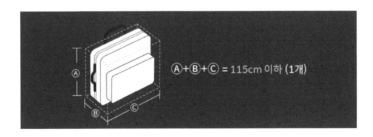

출처 : 인천국제공항(https://www.airport.kr)

6) 여행자보험 및 환전

(1) 여행자보험

여행 중 불의의 사고로 인한 상해, 질병, 휴대품 분실 등 각종 손해를 보상해 주는 여행종합보험을 말한다. 여행객이 사전에 계약한 일정 기간, 즉 거주지를 출발하여 여행을 마치고 귀국하여 거주지에 도착할 때까지를 보험 가입기간으로 정한다.

개인은 직접 보험회사 또는 여행사를 통해 가입할 수 있으며, 여행기간 및 보상금액에 보험료의 차이가 있다. 보험 가입 시에는 여행객의 성명, 주민등록번호, 주소, 여행지, 여행기간을 명시하게 된다.

(2) 환전

여행목적지가 여러 국가라면 각 국가에서 통용되는 화폐를 모두 환전하는 것이 좋지만, 가장 많이 사용되는 국가의 화폐만 환전하고 나머지는 미국달러로 환전해 가는 것도 실용적이다.

귀국 후 외화지폐는 재환전이 가능하지만 동전은 재환전을 할 수 없으므로 동전을 다 사용하고 돌아오는 것이 바람직하다. 동전을 다 사용하지 못한 경우에 공항 또는 기내에서 모금하는 유니세프 아동기구나 적십자에 기부하는 것도 의미있는 일이다.

신용카드를 사용할 경우 카드결제 환율은 카드 거래일보다 2-3일 늦은 국제카드사 정산기준으로 정해지기 때문에 환율하락 땐 현금결제보다 신용카드 사용이 유리하다.

7) 공항(Airport)

(1) 기본 시설

활주로, 유도로, 계류장, 착륙대 등 항공기의 이착륙 시설과 여행청사, 화물청사 등 여객 및 화물처리시설, 관제소, 통신시설, 기상관측시설, 주차시설, 경비보안시설 등이 포함된다.

● 인천국제공항 입국장

출처: https://www.airport.kr

(2) 인천국제공항 터미널별 취항 항공사

● 제1터미널

출처 : 인천국제공항(https://www.airport.co.kr)

- **제2여객터미널**

출처 : 인천국제공항(https://www.airport.co.kr)

(3) 도심공항터미널

공항구역 외에는 항공여객 및 항공화물의 수송 및 출입국 수속에 관한 편의를 제공하기 위하여 이에 필요한 시설을 설치하여 운영하는 것을 말한다.

도심공항터미널 현황

명칭	한국도심공항	코레일 공항철도 서울역 터미널
소재지	강남구 삼성동 159-6	용산구 동자동 43-227
영업 개시일	1990.04.10	2010.12.29
탑승수속 시간	05:20~18:30	05:20~19:00
서비스 항공사	대한항공, 아시아나항공, 콴타스항공, 싱가포르항공, 카타르항공, 에어캐나다	대한항공, 아시아나항공, 제주항공
탑승수속 마감시간	국제선 : 출발 3시간 10분 전 국내선 : 출발 2시간 10분 전	국제선 : 출발 3시간 전

출처 : 한국도심공항(www.calt.co.kr)

도심공항터미널에서 탑승수속 및 출국심사를 완료한 고객은 인천국제공항 3층 전용출국통로를 이용하여 출국할 수 있다.

- **전용출국통로**

출처: 인천국제공항(https://www.airport.co.kr)

(4) 공항 자동화 시스템

가) 셀프백드랍서비스(자동 수하물 위탁서비스)

셀프백드랍서비스를 이용하면 유인 체크인카운터에서 줄을 설 필요 없이 여객 스스로 수하물을 맡길 수 있어 시간이 단축된다. 셀프백드랍서비스 이용을 원하는 여객은 웹이나 모바일 체크인을 이용하거나 인천공항에 있는 셀프체크인 키오스크를 이용해 체크인을 마친 후 셀프백드랍 키오스크를 찾아 스스로 수하물을 맡기면 된다. 위탁불가수하물은 골프백 등 크기 초과수하물, 항공사별 허용중량초과수하물, 보조배터리/전자담배 등이다.

- **셀프백드랍서비스 절차**

출처 : 인천국제공항(https://www.airport.co.kr)

나) 셀프체크인 서비스(Self Check-in Service)

. **셀프체크인 키오스크**

출처: https://www.airport.kr

Step 01
항공사 선택
국제선 셀프체크인 키오스크에서 항공사를
선택하세요.

Step 02
예약 조회
여권을 스캔하면 예약 조회가 가능합니다.

Step 03
좌석 선택 및 탑승권 발권
앉고 싶은 좌석을 선택한 뒤에 출력된 탑승권
들고 고고!

Step 04
수화물 위탁
수하물은 전용 카운터로 가시면 빠르게
셀프체크인 완료!

출처 : 인천국제공항(https://www.airport.co.kr)

다) 스마트패스(Smart Pass)

여권, 안면정보, 탑승권 등을 사전 등록한 후 공항에서 출국장, 탑승게이트 등 출국 프로세스를 얼굴 인증만으로 통과할 수 있다.

모바일앱 또는 공항 내 셀프체크인 키오스크도 등록이 가능하다.

● 등록절차

| 1. 여권 스캔 | 2. 여권 전자칩 스캔 | 3. 얼굴등록 | 4. 탑승권 등록단계(출국 시) |

출처 : 인천국제공항(https://www.airport.co.kr)

라) 자동출입국심사(SES, Smart Entry Service)

SES는 대한민국 자동출입국심사시스템의 약칭으로 사전에 여권정보와 바이오정보(지문, 안면)를 등록한 후 SES게이트에서 이를 활용하여 출입국심사를 진행하는 첨단 출입국심사시스템이다. 심사관의 대면심사를 대신하여 자동출입국심사대를 이용해 약 12초 이내에 출입국심사를 마치는 편리한 제도이다. 홍콩의 e-Gate, 네덜란드의 Privium, 미국의 Global Entry, 호주의 Smart Gate 등 약 40여 개국에서 자동출입국심사대를 이용한 출입국심사를 실시하고 있다.

만 19세 이상의 국민과 만 17세 이상의 등록외국인은 사전등록절차 없이 자동출입국심사대를 바로 이용할 수 있다. 다만, 출입국 규제, 형사범, 체류만료일이 1개월 이내인 외국인 등 출입국관리공무원의 대면심사가 필요한 외국인은 이용이 제한된다.

사전등록 여부

사전등록 없이 이용 가능한 자	사전등록 후 이용 가능자
• 주민등록증을 발급받은 만 19세 이상 국민 • 외국인 등록 또는 거소신고를 한 만 17세 이상 등록외국인	• 사전등록대상 : 만 7세 이상 19세 미만 국민, 인적사항(성명, 주민등록번호)이 변경된 경우 등 • 사전등록장소 : 제1여객터미널 3층 G카운터 자동출입국심사 등록센터/제2여객터미널 2층 출입국서비스센터

출처 : 인천국제공항(https://www.airport.kr)

(5) 세관, 출입국, 검역(C.I.Q: Customs, Immigration, Quarantine)

공항이나 항만을 통해 출입국하는 모든 여행객들은 출입국절차(C.I.Q)를 거쳐야 한다. 출입국절차란 세관(Customs), 출입국관리(Immigration), 검역(Quarantine)부분이며 출입국 시 필요한 검사와 수속 및 그와 관련된 업무를 말한다.

가) 세관(Customs)

세관은 국경을 통과하는 사람, 화물, 선박, 항공기 등에 대한 출입의 허가 및 단속, 관세의 부과 및 징수업무를 관장하는 관청이다. 출입국 시에 모든 세관신고를 해야 하며, 우리나라를 포함한 대부분의 나라들이 자진신고제도를 실시하고 있다. 출국 시에는 자진신고만으로 출국이 가능하지만, 입국 시에는 세관신고서를 작성해야 한다.

(가) 세관신고

외화반출 요건

구분	허가요건	
비거주자	• 외국환은행장 또는 한국은행 총재 또는 세관장의 허가 필요(출국 전 미리 허가받아야 함) • 최근 입국 시 신고한 외국환 등은 휴대 수입한 범위 내에서 최초 출국 시 휴대반출 가능	
해외이주자, 체재자, 유학생, 여행업자 외국인거주자가 국내근로소득을 휴대	• 여행경비 1만 불 이상일 때 • 지정거래 외국환 은행장의 확인	• 물품거래 대금, 자본거래 대가 지불 시 • 각 거래에서 정하는 신고나 허가 필요
국민거주자	미화 1만 불 초과하는 일반 해외여행경비 휴대반출 시 세관 외환신고대에 신고	

출처 : 인천국제공항(https://www.airport.kr)

귀중품 · 고가품 반출/재반출

출국 후 재반입	입국 후 재반출
• 여행 시 사용하고 다시 가져올 귀중품 또는 고가품은 출국하기 전 세관에 신고한 후 "휴대물품 반출 신고(확인)서"를 받아야 입국 시에 면세를 받을 수 있습니다. • 문화재 반출 시는 문화재 감정관의 "비문화재확인서"를 발급받아야만 반출이 가능합니다.	• 일시 입국하는 여객 중 고가귀중품 등 휴대 반입물품을 재반출하는 경우 입국 시 세관에서 발급한 "재반출 조건일시 반입 물품확인서"와 반입물품을 세관에 제시하여야 합니다. • 신고한 물품을 가지고 출국하지 않는 경우, 출국수속이 지연될 수 있으니 반드시 휴대하여야 하며 물품을 분실하였거나 휴대하여 출국하지 않으면 해당 세금을 납부하거나 세액의 120/100에 해당하는 담보금을 예치해야 출국할 수 있습니다.

출처 : 인천국제공항(https://www.airport.kr)

(나) 세관검사

◦ **세관검사 절차**

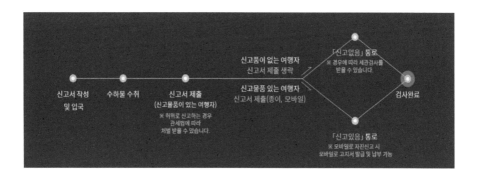

출처 : 인천국제공항(https://www.airport.kr)

● 여행자 휴대품 신고서

출처 : 인천국제공항(https://www.airport.kr)

나) 출입국관리(Immigration)

입국 또는 출국하려는 사람에 대하여 여권 등의 유효여부를 확인하여 국민의 무사한 여행을 지원하는 한편, 위·변조여권 소지자 등 불법 출입국 기도자와 출입국 금지자의 출입국을 관리하는 것을 말한다.

(가) 보안검색

항공기의 안전한 운행을 위하여 여행객의 소지품에 위험물품이 있는지를 검색하는 과정이다. 여행객들은 출국과정에서 소지품을 분리하여 소지품 검색대로 통과시키고 본인도 검색대를 통과하여 보안검색을 받게 된다.

(나) 출국심사

여행객이 법적으로 출국에 문제가 없는지를 확인하고 승인하는 절차이다. 여행객은 출국심사대에 여권과 탑승권을 제시한다. 대부분의 국가에서 출입국신고서 작성 및 제출을 요구하고 있으나 우리나라의 경우 행정 간소화 차원에서 2006년 8월 1일부터 자국민의 출입국신고서를 생략하고 있다. 출국신고를 마치면 면세구역에 이르게 되는데, 탑승구를 확인하고 면세점 등 편의시설을 이용하며 탑승시간을 기다린다.

• 자동출입국심사 절차

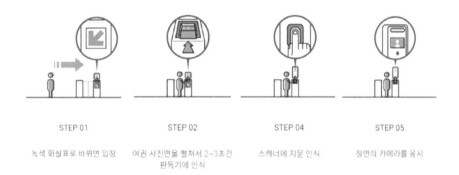

STEP 01	STEP 02	STEP 04	STEP 05
녹색 화살표로 바뀌면 입장	여권 사진면을 펼쳐서 2~3초간 판독기에 인식	스캐너에 지문 인식	정면의 카메라를 응시

출처 : 인천국제공항(https://www.airport.kr)

• 유인출입국심사 절차

STEP 01

대기선에서 기다리세요 출국심사대 앞 순서 대기
※ 대기 중 모자(선글라스)는 벗으시고
휴대폰 통화는 자제해 주세요

STEP 02

심사관에게 여권 제시
※ 필요 시 심사관이 탑승권 확인 진행

STEP 03

심사 완료 후 출국심사대 통과

출처 : 인천국제공항(https://www.airport.kr)

다) 검역(Quarantine)

전염병의 확산을 막기 위해 차량, 선박, 비행기, 승객, 승무원, 짐 등에 대해 전염병의 유무를 진단 검사하고 소독하는 일이다. 출국수속 중 최종절차는 검역이며, 일반적으로 특별한 법정 전염병 선포지역으로의 여행을 제외하고는 출국 시 검역절차는 생략되고 있다.

전염병 감염지역으로의 여행 시에는 반드시 해당 질병에 대한 주사를 맞아야 한다. 예방접종은 가급적 여행 개시 2주 전에 해야 효과적이다. 또한 동식물, 과일을 가지고 나갈 경우에는 반드시 검역확인을 해야 한다.

수출검역

반려동물	• 반려동물을 외국으로 데리고 나가기 위해서는 입국하시려는 국가의 검역조건을 충족해야 하므로, 사전에 여행목적국의 대사관 또는 동물검역기관에 확인하시기 바랍니다. • 출국 이전(출국 당일 포함), 반려동물과 함께 필요서류(예방접종증명서 및 건강증명서 등)를 준비하여 공항 내 동물식물수출검역실로 방문하셔서 검역신청하시면 서류검사와 임상검사를 거쳐 검역증명서를 발급해 드립니다. • 검역증명서를 발급받은 후 체크인카운터로 가서 탑승수속을 받고 출국하시면 됩니다. ※ 단기간에 다시 데리고 입국하실 경우에는 우리나라 검역규정에 따라 필요한 사항(광견병항체가결과증명서, 마이크로칩이식 등)을 미리 확인해 두시는 것이 편리합니다.

식물	• 여행목적국의 대사관 또는 식물검역기관에 수입가능여부와 식물검역증명서 요구 등에 대해 미리 확인하시기 바랍니다. • 출국 당일, 공항 내에 있는 동물식물수출검역실로 방문하셔서 검역신청하시면 검사를 거쳐 검역증명서를 발급해 드립니다

출처 : 인천국제공항(https://www.airport.kr)

(6) 인천국제공항 맞춤형 서비스

가) 임산부 및 유아 · 어린이 동반(Family Travel(Infants & Children))

임산부와 유아 · 어린이동반 여객을 위해 공항 내 편의 서비스를 제공하고 있다.

임신부 및 유아 기내 탑승 가능범위

구분		안내
임신부	임신 32주 미만 (8개월 미만)	의사로부터 항공여행 금지를 권고받은 경우를 제외하고는 여행이 가능합니다.
	임신 32주 이상 36주 미만	탑승일 기준 7일 이내에 산부인과 전문의 진료 후 작성된 진단서나 소견서(Medical Certificate)와 서약서를 작성하여 제출하여야 합니다.
	임신 36주 이상(9개월 이상, 다태 임신 시 32주 이상)	만삭인 경우 승객의 안전과 항공기 안전운항을 위해 기본적으로 여행이 불가능합니다.
유아	유아는 보통 생후 7일 이후 여행 가능합니다.	
	대한항공은 생후 7일 이후 국내선, 국제선 여행이 가능하고, 아시아나항공은 국내선은 생후 7일 이내, 국제선은 생후 14일 이내는 비행기를 탈 수 없습니다. (단, 부득이한 경우에는 승인절차를 거쳐 탑승이 가능할 수 있습니다.)	

출처: 인천국제공항(https://www.airport.kr)

공항 내 모든 안내데스크에서 유모차를 필요로 하는 분께 무료로 대여하고 있다.

나) 교통약자(장애인 및 노약자)동반(Accessibility Assistance(For Disabled and Elderly))

(가) 헬프폰 서비스

수화기를 들면 터미널 내부 가장 가까운 안내데스크로 직통전화(Hot Line)가 연결되어 편의를 제공한다.

출처: 인천국제공항(https://www.airport.kr)

(나) 휠체어 리프트 서비스

인천공항 장기주차장에서 여객터미널까지의 이동이 불편한 휠체어 이용객의 이동 편의 증진을 위하여 무료 이동서비스를 제공하고 있다.

출처: 인천국제공항(https://www.airport.kr)

(다) 전동차 픽업 서비스

인천공항에서는 이동에 불편을 겪고 있는 교통약자 출국객을 위하여 전동차 이동
서비스를 제공하고 있다.

출처: 인천국제공항(https://www.airport.kr)

(라) 교통약자우대 서비스

인천공항에서 교통약자우대출구를 이용하려면 교통약자(보행상 장애인, 7세 미만
유소아, 70세 이상 고령자, 임산부, 동반여객 3인 포함)는 본인이 이용하는 항공사의
체크인 카운터에서 이용대상자임을 확인받고 '교통약자우대 카드'를 받아 교통약자
우대 전용출국장을 이용하면 된다.

출처: 인천국제공항(https://www.airport.kr)

(마) 이지픽업(배기지프리 서비스)

해외출발지 공항에서 위탁수하물로 부친 짐을 인천공항에서 굿럭 스탭이 대신 픽업하여 국내의 집/호텔로 배송하는 유료서비스를 제공하고 있다.

• 이용대상 : 장애인 및 교통약자(6세 미만 영유아 동반자, 임산부, 65세 이상 고령자, 13세 미만 아동)

출처: 인천국제공항(https://www.airport.kr)

(바) 시각장애인 음성안내유도기

시각장애인 음성안내유도기는 제1여객터미널에 총 3대, 제2여객터미널에 총 3대가 위치해 있으며, 시각장애인이 전용 리모콘을 사용해 작동 시 출입구에서 현재 위치를 안내하는 음성이 표출된다.

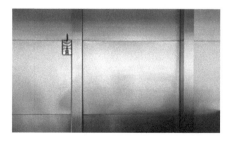

출처: 인천국제공항(https://www.airport.kr)

다) 반려동물 동반(Traveling with pets)

(가) 적용 대상

동물보호법 및 동법 시행규칙상 반려동물(동물보호법상 맹견을 제외한 개, 고양이, 토끼, 페럿, 기니피그 및 햄스터)이 해당된다. 그 외 생동물(동물보호법상 맹견 포함)은 출입국 목적으로만 동반이 가능하며, 전용 이동장치(케이지)는 필수이다. 보조견 표지가 부착된 장애인 보조견은 제외(목줄 가능)한다.

(나) 이용기준

구분	실내	실외
세부 지역	여객터미널, 교통센터, 지하 단기 주차장, 자기부상철도 역사/차내 등 건물·운송수단 등의 내부	커브사이드, 장기 주차장 등 건물 밖
이용 기준	보호자 이름, 연락처, 동물등록번호가 표시된 인식표를 착용하여 주시기 바랍니다.	
	전용 이동장치(케이지) 사용 시 동반이 허용됩니다. - 부득이한 경우 목줄(50cm 내외) 또는 유모차가 허용되나, 타 이용객의 안전과 쾌적한 공항 환경 조성을 위해 전용 이동장치(케이지) 사용을 권장합니다.(맹견 제외) - 엘리베이터 이용은 가급적 자제하고, 이용 시 케이지를 사용하거나 보호자가 안고 탑승하여 주시기 바랍니다. * 월령 3개월 미만인 등록대상 동물을 직접 안아서 출입하는 경우는 예외 허용	50cm 내외 목줄 착용 또는 유모차 이용 시 동반이 허용됩니다. * 월령 3개월 미만인 등록대상 동물을 직접 안아서 출입하는 경우는 예외 허용
기타	• 반려동물의 배설물이 생겼을 때에는 즉시 수거 및 처리하여 주시기 바랍니다. • 반려동물이 심하게 짖는 등 타인에게 불편함이나 불쾌감을 주지 않도록 유의하여 주시기 바랍니다.	

(다) 출국 관련 절차

입국하고자 하는 국가의 동물검역기관 또는 한국주재 대사관 등을 통해 반려동물(개, 고양이 등)에 대한 여행국의 동물검역조건을 확인하고, 상대국에서 요구하는 조건을 갖추어야 한다.

(라) 입국 관련 절차

구분	안내
입국 시 준비사항	외국에서 반려동물(개·고양이)을 데리고 우리나라로 들어올 경우는 수출국 정부기관이 증명한 검역증명서를 준비해야 합니다. ※ 호주, 말레이시아는 추가 증명사항이 필요하오니 출국 전에 미리 구비서류를 준비하여야 합니다.
항공기 내에서	기내에서 항공사 직원이 나눠주는 세관신고서(휴대품 신고서)의 검역대상물품을 기록합니다.
동물 검역	• 기내에서 항공사 직원이 나눠주는 세관신고서(휴대품 신고서)의 검역대상물품을 기록 후 세관 검사대를 통과하기 전에 동물검역관에게 반려동물(개·고양이)의 수출국 정부기관 증명 검역증명서를 제출합니다. • 검역증명서를 구비하지 않을 시에는 반송조치 대상이 됩니다. 검역증명서가 없을 시에는 반송 조치되며, 검역증명서 기재요건이 충족되지 않을 경우 계류검역을 받아야 합니다. ※ 동물검역과 관련된 자세한 내용은 홈페이지 내 안내/신고의 동물검역을 참고하시기 바랍니다.

라) 이지드랍(Easy Drop)

공항 외 수하물수속 서비스로, 탑승수속(체크인) 및 수하물 위탁 과정을 공항 외부 거점으로 옮겨 여객들의 빈손여행을 실현하는 서비스이다.

운영장소	명동 Luggage Less 매장	홀리데이인 익스프레스 서울 홍대호텔 1층 로비	인천 인스파이어 엔터테인먼트 리조트 카지노 로비(1층)	인천 파라다이스시티 호텔 지하1층 로비
이용안내	운영시간 : 주중/주말 09시~16시(매주 수요일 및 공휴일만 휴무) 이지드랍 외 기타 서비스 21시 마감 이용마감시간 (T1) 항공기 출발 3시간 30분 전 수속마감 (T2) 항공기 출발 4시간 전 수속마감	운영시간 : 주중/주말 07시 30분~16시 30분(매주 수요일 및 공휴일만 휴무) 이용마감시간 (T1) 항공기 출발 3시간 전 수속마감 (T2) 항공기 출발 3시간 30분 전 수속마감 * 1차 차량출발(12시) 이후 15:00~	운영시간 : 주중/주말 09시~18시(매주 수요일 및 공휴일만 휴무) 이용마감시간 (T1) 항공기 출발 2시간 전 수속마감 (T2) 항공기 출발 2시간 30분 전 수속마감	운영시간 : 주중/주말 09시~18시(매주 수요일 및 공휴일만 휴무) 이용마감시간 (T1) 항공기 출발 2시간 전 수속마감 (T2) 항공기 출발 2시간 30분 전 수속마감

	* 1차 차량출발(11시 30분) 이후 15:30 ~20:00 항공편 수속불가	19:30 항공편 수속불가		
	• 이용금액 : 수하물 1개당 35,000원 • 이용대상 : 대한항공, 아시아나항공, 제주항공, 티웨이항공을 이용하고 인천공항을 통해 당일 출국하는 승객 　* 대한항공, 아시아나항공은 셀프체크인(웹/모바일체크인) 승객에 한하여 운영하며, 자세한 내용은 각 항공사 홈페이지 확인 • 대상노선 : 미주노선(괌/사이판)을 제외한 국제선 　* 제주항공의 경우, 중국노선 추가제외			
수송방법	1일 2회(11시 30분/16시) 명동에서 운반차량 출발	1일 2회(12시/16시 30분) 홍대	1일 8회(10~18시 1시간 간격으로 매시간 정각 호텔에서 운반차량 출발, 단, 13시는 미운행)	1일 8회(10~18시 1시간 간격으로 매 15분 호텔에서 운반차량 출발, 단, 13시는 미운행

출처: 인천국제공항(https://www.airport.kr)

(가) 이용방법

• 모바일앱 또는 현장 등록을 통해 이용 가능(모바일앱 운영 준비 중)

• 서비스 제공업체 : 롯데글로벌로지스(주)

• 참여항공사 : 대한항공, 아시아나항공, 제주항공, 티웨이항공 총 4개 항공사

(나) 서비스 절차

출처: 인천국제공항(https://www.airport.kr)

8) 호텔(Hotel)

(1) 호텔의 종류

숙박시설은 관광 목적지의 기본 요소로서 이용 시설 등은 가격의 적정성, 품질의 우수성 등이 확보되어야 한다.

출처: 하얏트호텔(https://www.hyatt.com/)

가) 등급에 따른 분류

호텔의 등급은 호텔의 객실 수와 제공되는 서비스 수준에 의해서 분류된다. 일반적으로 5성(Five Star), 4성(Four Star), 3성(Three Star), 2성(Two Star), 1성(One Star)으로 분류한다. 호텔 등급의 표시 형식과 등급 결정은 나라마다 차이가 있으나, 서구나 국내의 호텔등급은 별(Star)로 표시된다. 등급과 호텔의 위치에 따라 가격이 다르다. 시내 중심에 있는 호텔과 시 외곽에 위치한 호텔의 가격은 상품 가격에 차이를 줄 수 있다. 일정이 같은 여행상품이라도 호텔의 등급, 위치에 따라 가격이 달라질 수 있다. 예를 들어 같은 항공사와 같은 관광지, 호텔의 등급이 5성급이더라도 시내에서 먼 곳에 위치한 호텔인 경우, 리조트인데 전용 비치(beach)를 갖고 있지 않은 경우에는 가격을 좀 더 저렴하게 구성할 수 있다.

나) 입지에 따른 분류

공항 시설 인근 지역에 위치한 공항 호텔, 고속도로의 자동차를 이용한 고객을 위한 하이웨이(highway) 호텔, 도시의 중심부에 위치한 다운타운 호텔, 관광지 근처, 산업 시설 지역 등 도시 지역이 아닌 곳에 입지한 서버번(suburban)호텔, 컨벤션 센터 근처에 있는 컨벤션 호텔, 레저(leisure) 중심으로서 여가 활동을 할 수 있는 시설을 제공하는 리조트, 소매점, 장기적인 거주와 같이 호텔에는 없는 요소를 포함한 다목적 호텔 등이 있다.

다) 숙박형태에 따른 분류

비즈니스 여행자를 위한 커머셜호텔(commercial hotel), 대형 회의를 위한 컨벤션호텔(convention hotel), 해변이나 산과 같이 외곽 지역에 위치하고 있으며 수영, 골프, 보트, 스키, 스케이트, 하이킹 등과 같은 시설을 구비하고 있는 리조트호텔(resort hotel)이 있다. 스위트 호텔(Suite hotel)은 침실과 거실을 갖춘 형태의 호텔을 말하며, 카지노 호텔, 회의 및 전시를 위한 컨퍼런스 센터가 있다. B&B(Bed & Breakfast)와 인(inn)은 일반적으로 아침 식사와 고풍적인 숙박 시설을 제공하며 레저 여행자에게 적합하다. 그 밖에 온천 호텔, 보텔(boatel), 캐러밴(Touring Caravan), 캠핑장, 마리나(Marinas) 등이 있다.

(2) 객실 유형에 따른 분류

가) 위치에 따른 분류

- 아웃사이드 객실(Outside Room)
  호텔 건물의 바깥쪽에 위치한 객실로 호텔의 외곽 경치를 볼 수 있는 객실을 말한다. 전망에 따라 오션뷰(Ocean View), 비치사이드(Beach Side), 마운틴 사이드(Mountain Side) 등으로 불리고 전망에 따라 가격도 약간 높게 책정된다.

- 씨티 뷰 객실(City View Room)

  도시 전망이 보이는 객실로 서울 시내 중심에 위치해 있거나 한 지역의 건물이 보이는 객실이다. 일반적으로 슈페리어 타입(Superior type)의 객실이 씨티 뷰인 경우가 많다.

- 오션 뷰 객실(Ocean View Room)

  호텔의 지리적인 위치에 따라 바다가 보이는 곳에 위치한 곳으로 전면 바다 객실, 부분 바다 객실로 나뉠 수 있다. 일반적으로 디럭스 타입(Deluxe type)의 객실이며, 객실 층에 따라 가격 차이가 날 수 있다.

- 마운틴 뷰 객실(Mountain View Room)

  산이 보이는 객실로 주변 자연경관이 잘 보이는 객실이다. 호텔의 위치에 따라 객실 가격이 높게 책정될 수 있다.

- 인사이드 객실(Inside Room)

  호텔 건물의 내부 또는 뒤쪽에 위치하는 객실로 외부의 아름다운 경관을 볼 수 없는 객실을 말하며 아웃사이드 객실(Outside Room)의 반대 개념이다.

- 커넥팅 객실(Connecting Room)

  객실이 2개 이상으로 연결된 방이다. 방 사이에 서로 통하는 문이 있어 복도를 통하지 않고도 자유로이 왕래할 수 있는 방으로 매번 열쇠를 사용하거나 초인종을 눌러야 하는 번거로움이 없도록 객실 내의 통로를 이용할 수 있게 해두었다. 이 객실 통로는 양쪽 객실에서 잠금장치를 다 풀어야 사용할 수 있게 되어 있으며 일반적으로 객실을 따로 사용하고자 하는 가족 여행 및 단체여행객, 혹은 장애인실과 연결하여 보호자가 사용하는 경우도 있다.

- 어드조이닝 객실(Adjoining Room)

  바로 인접한 객실로 Side by Side Room이라고도 한다. 객실과 객실 사이에 커넥팅 객실(Connecting Room)과는 달리 내부적으로 연결된 통로는 없으나, 객실이 나란히 배열되어 있는 것을 뜻한다. 일반적으로 단체 고객에게 제공된다.

나) 객실 타입(Type)에 따른 분류

출처: 하얏트호텔(https://www.hyatt.com/)

- **싱글 룸**(Single Room)
  1인용 침대(Single Bed) 1개를 설치한 1인용 객실을 말한다.

- **더블룸**(Double Room)
  2인용 침대(Double Bed) 또는 킹사이즈 침대 1개를 설치한 2인용 객실을 말한다.

- **트윈룸**(Twin Room)
  한 객실에 1인용 침대(Single Bed)를 2개 설치하여 2인이 투숙할 수 있는 객실이다. 주로 단체여행객이나 국제행사 등 단체 행사 참석자용으로 사용된다.

- **패밀리 트윈룸**(Family Twin Room)
  2인용 침대(Double Bed) 1개에 1인용 침대(Single Bed) 1개를 설치한 객실을 말한다. 객실 판매 시 다양한 활용이 가능해서 많이 생겨나고 있으며 가족이나 단체여행객이 사용한다.

- 트리플 룸(Triple Room)

한 객실에 1인용 침대(Single Bed) 3개를 설치한 3인용 객실을 말한다. 일반적으로는 트윈(Twin Room)에 추가 침대(Extra Bed)를 하나 더 넣어 사용하게 된다. 가족용이나 관광객의 비용 절감을 위해 사용하며 추가 침대(Extra Bed)는 주로 롤어웨이 베드(Rollaway Bed)를 사용한다. 추가 침대(Extra Bed)를 요청할 시 요금이 별도로 부가되며, 보조 침대에 대한 불평 해소와 동반 여행고객을 위해 미리 트리플 룸을 만들어 운영하는 호텔도 있다.

- 스위트 룸(Suite Room)

침실과 별도의 응접실이 갖춰진 객실로 특실을 의미한다. 스위트 룸(Suite Room)이란 응접실과 1개 이상의 침실로 구성된 객실이라는 뜻으로, 거실과 응접실이 따로 분리되어 있다. 한 호텔에 다양한 급의 스위트 룸(Suite Room)이 있고 급에 따라 평수와 시설이 다르게 구성되어 있다. 최고급 스위트 룸에는 수행원 객실, 응접실, 집무실, 식당, 주방, 바, 사우나 등이 갖추어져 있으며 호텔의 상징적인 객실로 여겨진다.

- 이그제큐티브 룸(Executive Floor Room)

'호텔 속의 호텔'이라 불리는 귀빈층 객실이다. 이그제큐티브 플로어(Executive Floor)에 위치한 객실로 비즈니스맨을 위한 다양한 서비스를 포함하고 있다. 대부분 호텔의 높은 상위층에 위치하고 있으며, 객실층에 EFL(Executive Lounge)이 있어 익스프레스 체크인/아웃(Express Check-In/Out), 무료 음료 및 스낵, 아침 식사 등이 제공되며 해피아워(Happy Hour) 시간에는 알코올음료 및 각종 다과 등이 제공된다. 전담 직원이 운영 시간 동안 상주하며 다양한 편의를 제공하고 필요한 비서 업무를 제공하게 된다. 신문과 잡지 등이 배치되어 있고 노트북 대여, 프린터, 팩스 등 통신장치 이용이 가능하며 소규모 회의실이 마련되어 있어 일정 시간 무료로 사용할 수 있어 비즈니스를 위한 최적의 장소로 활용되고 있다.

• 이그제큐티브 라운지

출처: 하얏트호텔(https://www.hyatt.com/)

(3) 호텔이용 관련 사항

가) 미니바(Mini bar)

미니바는 객실 내 냉장고에 각종 음료와 주류, 초콜릿, 안주류 등이 비치되어 있는 물품을 의미한다. 일반적으로 미니바 가격은 시중에 비해 많이 비싸며, 이를 이용할 때에는 냉장고 위에 비치되어 있는 영수증에 표시된 금액을 확인하고 수량을 기입해서 체크아웃 시 프런트에 제출하고 정산하면 된다.

나) 모닝콜(Morning Call)

사전에 호텔 측에 모닝콜을 신청하여 고객들이 아침 정해진 시간에 기상할 수 있도록 할 수 있다.

다) 유료 TV(Pay-TV)

객실 내에서 유료 TV는 추가로 금액을 지불하는 유료방송이며, 대개 최신영화나 성인영화를 방송한다.

라) 호텔 내 부대시설 이용

다양한 부대시설로 수영장, 헬스클럽, 사우나, 온천 등이 있다. 무료로 운영하는 곳이 있으므로 국외여행인솔자는 사전에 숙지한 다음 고객들이 편리하게 시설들을 이용할 수 있도록 해야 한다.

마) 룸서비스(Room Service)

객실 내에서 식사를 하거나 차를 마시는 경우 룸서비스를 이용하게 되는데, 대개 늦은 밤까지 이용할 수 있다. 룸서비스를 이용한 금액은 체크아웃할 때 개별적으로 계산하도록 한다.

바) 하우스키핑(Housekeeping)

칫솔, 치약, 드라이기가 필요한 경우나 객실관련 문제, 베개, 수건이 더 필요한 경우 하우스키핑을 이용하면 된다.

사) 개인 비용 정산

개인이 정산해야 하는 지불내용을 미리 알려준다. 회계처리가 늦어지는 경우가 많은데 이러한 경우 국외여행인솔자임을 밝히고 특별한 절차에 의해 회계를 처리해 달라고 요구한다. 혼잡하지 않은 시간에 각자 프런트 창구에서 지불하도록 하고, 객실별 요금을 미리 확인 후 해당사항이 있는 객실만 호명하여 체크아웃 시간을 절약할 수 있다.

김병헌, 국외여행인솔자업무론, 백산출판사, 2021
(사)한국여행서비스교육협회, 국외여행인솔자 자격증 공통 교재, 한올, 2022
대한항공(www.koreanair.com)
아시아나세이버(https://www.asianasabre.co.kr)
외교부 해외안전여행(https://www.0404.go.kr)
인천국제공항(https://www.airport.kr)
질병관리청 국립검역소(nqs.kdca.go.kr)
카타르항공(https://www.qatarairways.com)
하얏트호텔(https://www.hyatt.com)
하이코리아(https://www.hikorea.go.kr), 법무부
한국도심공항(www.calt.co.kr)
한국산업인력공단, 국가직무능력표준(https://www.ncs.go.kr)
헨리앤파트너스(https://www.henleyglobal.com)

국외여행인솔자 업무

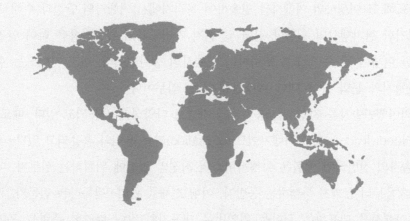

국외여행인솔자 업무

1. 국외여행인솔자

1) 국회여행인솔자(Tour Conductor) 개념

여행사가 주최하는 해외여행에 동반하여 출발부터 도착까지 해외여행 전반을 기획·총괄하며 여행자의 안전과 편의를 도모하는 중요한 역할을 담당한다. 여행자 인솔과 여행지 설명, 국가 간의 문화적 차이로 인한 이해부족을 해소시키는 안내원의 역할과 함께 최근에는 자연재해, 사회재난, 질병 등의 빈발로 여행자들의 안전확보와 생명보호가 최우선시됨에 따라 안전여행 관리자로서의 역할이 더욱 요구되고 있다.

보통 국외여행인솔자와 현지 가이드를 혼동하고 있다. 국외여행인솔자는 여행사를 대표해 그 여행사의 여행자를 인솔하여 목적지에서 여행자의 안전과 수배 확정서에 의거한 현지행사의 원활한 진행 및 현지 가이드와의 완충작용을 하여 안전하고 편안한 여행이 될 수 있도록 조력하는 여행사의 종사원이다. 현지 가이드는 현지에서 관광지와 문화 등에 대한 여행안내가 주 업무이다.

국외여행인솔자를 지칭하는 용어는 국가별로 다양하게 사용되고 있다. 때로는 여행리더(tour leader) 혹은 여행가이드(tour guide)라는 용어와 혼용되고 있다. 국외여행인솔자의 전반적인 역할은 여행서비스의 최전방 일선에 위치하는 실무자, 여행객들과 처음부터 끝까지 동행하는 동반자, 여행 전체를 관리·감독하는 전문가, 관광지에서 여행사를 대표하는 권한을 위임받은 대표자와 같이 다양한 측면을 포함하고 있다. 이는 각국의 여행문화에 따른 업무의 범위 및 내용의 차이일 뿐 여정을 진행하고 관리하는 기본 성격은 같다.

국외여행인솔자의 용어

구분	정의
Tour Conductor	가장 일반적인 용어로서 유럽, 미주지역 등에서 광범위하게 사용되고 있다. 'Conductor'란 의미는 교통기관의 안내원이란 뜻도 있지만 관광을 진행하는 지휘자로서의 의미와 유사하다.
Tour Escort	미주지역에서 많이 쓰이는 용어로서 'Escort'의 의미는 호위자란 뜻도 있지만 관광객을 보호하는 보호자로서의 의미와 유사하다.
Tour Leader	유럽이나 동남아에서 많이 쓰이는 용어로서 'Leader'란 지도자, 인도자 등의 의미를 갖고 있다. 관광객에 대한 인도자의 역할을 강조하고 있다.
Tour Master	일부 유럽지역에서 사용되는 용어로서 'Master'란 거장, 숙련자 등의 의미를 갖고 있다. 관광객에 대한 인솔자로서의 역할을 강조하고 있다.
Tour Director	일부 미주지역에서 쓰이는 용어로 'Director'란 지시자, 감독자 등의 의미를 갖고 있다. 여행 전반에 대한 감시자로서의 역할을 강조하고 있다.
Tour Manager	유럽지역에서 쓰이는 용어로서 'Manager'란 경영자, 관리자 등의 의미를 갖고 있다. 여행 전반에 대한 책임자로서의 역할을 강조하고 있다.
첨승원(添乘員)	일본에서 사용하고 있는 일반적인 용어이다. 단순히 교통기관 등을 같이 타고 가는 사람의 의미로서 국외여행인솔자의 품위와 가치를 인정하는 데 있어 좁은 의미로 해석하고 있다.
국외여행인솔자	이 용어는 관광진흥법 13조에 나오며, 과거 '국외여행안내원'을 대신하여 사용하고 있다.

출처 : 김병현(2021), 국외여행인솔자업무론

2) 국외여행인솔자 유형

국외여행인솔자의 유형은 일반적으로 여행사전속 국외여행인솔자, 전문 국외여행인솔자, 프리랜서 국외여행인솔자로 구분될 수 있다.

(1) 여행사 전속 국외여행인솔자(agency employee tour conductor)

여행업자와 고용계약을 체결하고 여행사에 근무하는 자이다. 여행사에서 사내업무인 상품기획, 수배업무 등을 담당하면서 회사의 출장명령에 의해서 인솔업무를 수행하는 유형이다. 여행자에게 책임감 있는 근무가 가능하다는 장점이 있지만 잦은 출장으로 인하여 사내업무와 병행할 경우 업무지속성이 낮고 인솔업무에서도 전문성 확보가 어렵다는 단점이 있다.

(2) 전문 국외여행인솔자(contracted tour conductor)

여행업자와 고용계약을 체결하고 여행사에서 근무하며, 여행객단체의 인솔업무를 전문으로 하는 인솔자이다. 주로 패키지 투어(package tour)를 전문으로 하는 홀세일(wholesale)여행사에 주로 소속되어 있지만 여행사 소속 국외여행인솔자와 달리 인솔업무에 의해 급여가 책정되는 점이 차이가 있다. 인솔업무를 전담하고 있기 때문에 지역 전문성이 높다는 장점이 있지만 불안정한 고용형태로 인한 장기근속이 어렵다는 단점이 있다.

(3) 프리랜서 국외여행인솔자(freelancer tour conductor)

소속된 회사가 없이 여행객단체가 있는 여행업자와 계약을 통해 인솔업무를 전담하는 인솔자다. 여행인솔 중 발생하는 사안에 대해 책임권한 등의 문제가 많으며, 보수가 제대로 주어지지 않기 때문에 여행서비스 품질이 낮아지기도 한다.

3) 국외여행인솔자의 자격요건

관광진흥법 제13조에서는 여행업자가 내국인의 국외여행을 실시할 경우 관광객의 안전 및 편의제공을 위하여 그 여행을 인솔하는 자를 배정할 때에는 문화체육관광부령으로 정하는 요건에 맞는 자를 두어야 한다고 규정하고 있다.

제1항에 따른 국외여행인솔자의 자격요건을 갖춘 자가 내국인의 국외여행을 인솔하려면 문화체육관광부장관에게 등록하여야 한다. 문화체육관광부장관은 제2항에

따라 등록한 자에게 국외여행인솔자 자격증을 발급하여야 한다. 제3항에 따라 발급 받은 자격증은 다른 사람에게 빌려주거나 빌려서는 아니 되며, 이를 알선해서도 아니 된다. 제2항 및 제3항에 따른 등록의 절차 및 방법, 자격증의 발급 등에 필요한 사항은 문화체육관광부령으로 정한다.

국외여행인솔자의 자격요건(관광진흥법 시행규칙 제22조)은 다음과 같다.

법 제13조 제1항에 따라 국외여행을 인솔하는 자는 다음 각호의 어느 하나에 해당하는 자격요건을 갖추어야 한다.

자격요건

- 관광통역안내사 자격을 취득할 것
- 여행업체에서 6개월 이상 근무하고 국외여행 경험이 있는 자로서 문화체육관광부장관이 정하는 소양교육을 이수할 것
- 문화체육관광부장관이 지정하는 교육기관에서 국외여행 인솔에 필요한 양성교육을 이수할 것

출처 : 국외여행인솔자인력관리시스템(https://tchrm.or.kr)

국외여행인솔자 자격제도는 다음과 같이 발전되어 왔다.

자격제도 연혁

- 1982.04 관광사업법에 '국외여행안내원' 자격제도 도입
- 1987.07 관광진흥법 시행령 전문 개정 시 '국외여행안내원' 제도가 폐지 ('관광통역안내원'이 국외여행인솔자 역할을 수행하도록 변경)
- 1993.12 관광진흥법 개정 시 '국외여행인솔자' 제도가 재도입 (관광진흥법 시행규칙 개정 시 국외여행인솔자 자격요건을 '관광통역안내원자격증 취득한 자' 또는 '여행업체에서 2년 이상 근무하고 국외여행경험이 있는 자로서 외국어를 구사할 수 있는 자'로 규정)
- 1997. 1998년부터는 '관광진흥법 시행규칙(1997.12.1)' 및 '문화체육부고시 제1998-1호 (1998.1.14)'에 의거, 국외여행인솔자로서 일정 자격 요건이 있는 자일지라도 소양교육을 이수하여야만 국외여행인솔자 자격 요건이 성립하고, 자격 인정증을 교부받을 수 있도록 규정
- 2011.10 관광진흥법 제13조 제2항 및 제3항, 관광진흥법 시행령 제65조 제1항 제1호의2, 관광진흥법 시행규칙 22조의2, 22조의3에 따라 국외여행인솔자의 등록 및 자격증 발급기관을 한국여행업협회로 지정
- 2011.10 국외여행인솔자 자격 인정증에서 자격증으로 변경

출처 : 국외여행인솔자인력관리시스템(https://tchrm.or.kr)

4) 국외여행인솔자의 역할과 자세

(1) 국외여행인솔자의 역할

국외여행인솔자는 해외여행, 학교 견학 및 방문, 비즈니스 및 공무국외 출장 인솔 등 다양하고 넓은 분야에서 활동한다. 국외여행인솔자의 기본적인 업무는 단순 관광 뿐만 아니라 여행 인솔과 여행지 설명, 국가 간의 문화적 차이로 인한 이해부족을 해소시키는 역할을 담당한다.

주로 여행사가 주최하는 해외여행에 동반하여 출발부터 도착까지 해외여행 전반을 기획총괄하며, 여행객의 안전과 편의를 도모하는 중요한 관광안내원으로서 활동한다. 여행 전 중요한 사항을 확인하고 고객 개인의 특성을 파악하여 여행 중 여행객의 불편을 해소하고 도착 시까지 여행객을 안전하게 인도한다. 최근에는 자연재해, 사회재난, 질병 등의 빈발로 여행객들의 안전확보와 생명보호가 최우선시됨에 따라 여행인솔 또는 안내뿐만 아니라 안전여행 관리자로서의 역할이 더욱 요구되고 있다.

국외여행인솔자의 주요 역할

역할	내용
일정관리	계약조건에 따라 작성된 여행 일정표와 현지 행사 간의 차이를 비교하며 현지행사진행이 원만히 이루어질 수 있도록 수시로 관리, 감독해야 한다.
관광객의 행동통제	관광객의 안전과 편익을 위하여 관광객 개인 및 집단 이탈행동을 통제하고 책임을 진다.
여행분위기 관리	관광객들 사이의 긴장감을 없애고 생기와 활기를 가지고 여행할 수 있도록 여행분위기를 조성한다.
중재자 역할	관광객과 여행지의 현지 주민과의 만남에서 일어날 수 있는 여러 가지 문제를 중재해 주는 역할을 수행한다.
관광지 정보제공	여행지에 관한 전문적인 지식을 가지고 여행지의 문화적 전통과 관습, 예절, 매너 등에 관한 다양한 정보를 제공해 주어야 한다.
여행사 이미지 제고	국외여행인솔자의 역할을 충실히 수행함으로써 관광객으로 하여금 해당 여행사에 대한 긍정적인 이미지를 창출할 수 있다. 국외여행인솔자는 언행과 자세에 신중을 기하며, 서비스정신에 입각한 성의있는 행사진행이 될 수 있도록 노력해야 한다.
여행 연출자역할	여행의 전 일정을 관장하며, 행사를 연출함으로써 여행의 효과를 극대화시킬 수 있도록 각별히 신경을 써야 한다.

출처 : (사)한국여행서비스교육협회(2022), 국외여행인솔자자격증 공통교재

(2) 국외여행인솔자의 자세

가) 대인관계

국외여행인솔자 업무의 가장 매력있는 부분은 새로운 사람을 만나서 인간관계를 형성할 수 있다는 점이다. 신규 고객과의 만남, 기존 고객의 유지 등 고객과의 인간관계는 국외여행인솔자의 입장에서 가장 중요한 점으로 신뢰형성과 관계유지는 개인과 여행사의 영업에 지대한 영향을 미치게 된다.

여행사직원과의 관계도 상당히 중요하다. 여행업은 네트워크산업으로 자신이 어느 여행사, 어떤 분야의 담당자로 종사하든지 연결되어 있다. 내부적으로 연계성이 강한 여행업에서 정보교환, 업무협조, 공동판매 요청, 판매확대를 위한 홍보협조 등 협력을 요구할 수 있는 영역이 무한정이다. 따라서 여행업계 종사자와의 인간관계는 자신의 발전과 함께 동반되어야 할 중요한 부분이다. 현재 여행업계에서 프리랜서 국외여행인솔자의 경우 폭넓은 인간관계를 통해 많은 여행사로부터 업무의뢰를 받아 국외여행인솔 업무를 수행하고 있기 때문에 인간관계의 폭넓은 관계형성이 요구된다.

나) 서비스 정신

여행과 관련된 제반 서비스 중 인적 서비스가 가장 큰 비중을 차지하고 있다. 대표적인 인적 서비스는 국외여행인솔자의 업무로 관광객들의 출발부터 귀국까지 가장 많은 시간을 차지하고 있다. 전반적으로 여행상품의 질이 높다 하더라도 국외여행인솔자가 제공하는 서비스의 질이 좋지 않으면 그 여행은 관광객들로부터 만족한지 평가를 받게 될 것이다.

다) 상품지식

유능한 국외여행인솔자가 되기 위해서는 평상시 외국의 역사와 문화, 현지상황, 여행상식 등 많은 정보를 숙지하여 관광객들과의 여행 도중 어떤 질문을 받더라도 정확하게 대답할 수 있도록 다방면에 해박한 지식을 쌓는 데 많은 노력을 기울여야 한다.

라) 판단력 및 위기 대처능력

여행 도중에 여러 가지 예상하지 못한 상황에 직면하게 된다. 일정의 변경이나 돌발사고, 응급상황, 각종 사고 등 예상하지 못한 상황에 대처할 수 있는 책임감과 신속성 그리고 침착성이 국외여행인솔자의 중요한 능력 중 하나이다.

예상하지 못한 상황은 여행사의 지시와 판단을 받아 수행하는 것이 바람직하나 신속한 대응이 필요한 돌발상황은 국외여행인솔자의 판단하에 신속하게 처리되어야 하는 경우가 많다. 이에 대처하기 위해서 국외여행인솔자는 항상 올바른 판단을 내릴 수 있도록 업무지식은 물론 경험담 및 조언 등을 받아들여 본인의 판단에 도움이 되도록 노력해야 한다.

자신의 능력을 초과하는 중요하고 큰 사고로 판단되면 회사의 지시를 받고 처리해야 한다. 간혹 상황판단을 잘못하여 문제가 확대될 수 있기 때문에 아무리 작은 문제가 발생한 경우라도 대응하고 적절하게 처리할 수 있는 처리능력이 절대적으로 요구된다.

2. 국외여행인솔자 여행준비 업무

1) 여행관련 서류

국외여행인솔자는 여행출발 전에 배정받은 여행상품의 진행과정과 여행조건 및 내용을 확인해야 한다. 행사진행에 필요한 서류를 여행사로부터 수령할 때 필요한 서류를 제대로 수령하였는지 세심하게 확인하는 자세가 필요하다.

(1) 여행 일정표(Tour itinerary)

가) 여행 일정표 개념

여행 일정표(itinerary)는 무형의 여행 현상을 유형의 상품으로 구체화시킨 것으로서 여행기간 동안의 구체적인 여행 일정이다. 여행 일정표와 행사 확정서의 내용은 유사할 수 있다. 여행 일정표는 여행사가 여행객에게 제공하는 여행객용 여행 일정이고, 행사 확정서는 현지 여행사가 행사를 주최하고 여행객을 모집한 여행사에게 제공하는 최종적으로 확정된 여행 일정이라고 할 수 있다. 여행 일정표는 여행상품의 주체가 여행사인지 여행객의 주문에 의한 것인지에 따라 그 내용이 다르다. 여행상품의 주체가 여행사일 경우 일반 여행객을 기준으로 하므로 여행사는 일반적인 여행상품을 개발하며, 여행객의 주문에 의한 것일 경우에 주체 여행객(회사/단체)의 희망과 조건에 적합한 여정으로 작성한다.

나) 여행 일정표의 구성

여행 일정표에는 여행 날짜별 여행지와 관광 내용, 교통수단, 쇼핑 횟수, 숙박 장소, 식사 등 여행 실시 일정 및 여행사 제공 서비스 내용과 여행객 유의사항이 포함되어야 한다(공정거래위원회, 국외여행 표준약관 제4조 - 계약의 구성).

여행 일정표의 구성요소

기본 구성요소	• 상품명(행사명) • 여행기간(여행출발일과 도착일)과 일시 • 공항 미팅시간 및 공지사항 • 항공이용편명, 현지 교통편 • 숙박정보(호텔명, 주소, 전화번호) • 식사정보(식사의 포함 유무, 식사 종류 등) • 현지 여행 날짜별 지역명 및 관광 세부일정 • 선택관광, 쇼핑관광 정보 일정

출처 : 국가직무능력표준(https://www.ncs.go.kr)

(2) 항공권 및 예약기록(PNR : Passenger Name Record)

가) 전자 항공권(E-ticket : Electronic Ticket)

사전 승객정보시스템(APIS : Advance Passenger Information System)의 적용으로 전자 항공권 발권 시 영문이름(성/이름), 성(남/여), 생년월일, 국적, 거주국가, 여권번호, 여권만료일 등 여권상의 정보를 모두 입력해야 발권이 가능하므로 항공권 확인에 관한 업무는 다소 줄었다. 전자 항공권의 다음 사항에 대해 반드시 확인하여야 한다.

- 여권과 항공권의 영문이름 일치
- 일정에 따른 구간과 예약구간, 예약날짜의 일치
- 전 구간의 예약사항 확인
- 예약기록의 확보. 현지에서 일정 변경의 경우에 대비하여 다음 사항에 대해서도 사전에 확인이 필요
- 구간, 운임, 날짜변경 가능 유무, 개별 귀국(return) 가능 유무, 환불에 관한 사항 확인
- 개별 귀국의 경우 추가 요금에 대한 사항 확인

출처 : 국가직무능력표준(https://www.ncs.go.kr)

나) 예약기록

예약기록상의 전체 예약인원에 대한 영문이름 확인, 예약구간의 도시와 날짜, 항공편, 예약상태 등을 철저히 확인하여야 한다.

(3) 행사 확정서(Confirmation sheet)

최종적으로 확정된 현지 수배 내용(숙박, 식사, 교통, 관광 등) 및 행사 조건 등이 기재된 서류로 국외여행인솔자가 여행사의 수배 담당자(상품 담당자)로부터 인수받아야 할 가장 기본적인 서류이다. 행사 확정서는 현지에서 행사를 진행할 예정인 현지 여행사(land operator)가 여행사의 상품 담당자에게 여행 출발 전에 송부한다. 국외여행인솔자는 항상 행사 확정서를 확인하고 실제 진행되는 일정과 비교해야 한다.

행사 확정서는 상품(행사)명, 여행 기간과 일시, 여행 인원, 객실 유형과 개수, 여행 지역, 현지 가이드 정보 등 행사 조건과 교통편, 숙박, 식사, 관광 등 현지 수배 내용으로 구성된다. 행사 확정서 양식은 현지 여행사에 따라 다르며, 내용도 대략적인 여행일정만 기재된 행사 확정서부터 식당 주소와 메뉴까지 기재된 행사 확정서에 이르기까지 다양하다. 행사 확정서는 아시아 지역의 경우 여행상품이 많고 한국에 연락 사무소가 있는 경우도 많아 한국어로 명시된 행사 확정서가 대부분이지만 그 밖의 지역에서는 대체로 영어로 기재되어 있다.

행사 확정서의 구성요소

구성요소	• 상품명(행사명) • 여행기간과 일시 • 여행인원 • 객실유형(type)과 개수 • 여행국가와 지역 • 현지 가이드 정보(현지 가이드명, 전화번호) • 현지 관광지 및 관광정보 • 공항 미팅시간 및 공지사항 • 교통편(항공/선박/철도/버스 등)과 시간 • 숙박지 정보(호텔명, 주소, 전화번호) • 식사정보(식당명, 주소, 전화번호, 메뉴 등)

출처: 국가직무능력표준(https://www.ncs.go.kr)

(4) 여행객 명단표(Name list)

고객 관련 기본 정보는 판매 담당자 혹은 상품 담당자가 작성한 고객 명단(name list/passenger list)으로 연령, 성별, 동반 가족 수 등을 미리 파악할 수 있다. 또 출발 전 전화 통화 등 사전 접촉을 통해 여행객들의 정보를 미리 알 수 있다.

(5) 객실배정표

객실배정표의 사전 준비는 단체여행객이 호텔투숙 시 원활한 업무를 위하여 필수적이다. 이용하게 될 호텔의 수에 따라 넉넉히 준비하는 것이 좋다.

(6) 수하물표(Baggage tag)

여행사에서 제작하여 사용하는 형태와 공항에서 수하물 탁송 시 항공사에서 발행하는 수하물표의 두 가지 형태로 구분된다. 여행사 수하물표는 여행단체의 표시와 여행사 홍보용으로 활용되므로 출장준비 시 여행사의 수하물표를 작성하여 출발 당일 공항에서 여행객들 수하물에 부착하여 준다.

공항에서 수하물을 탁송하고 받는 수하물표는 목적지 공항에 도착하여 수하물을 찾을 때 표식이 된다. 또한 짐을 분실하였을 경우 수하물로 탁송하였다는 사실을 밝히고 찾을 수 있는 증빙자료가 되기 때문에 탁송 수하물을 찾을 때까지 잘 보관하여 야 한다.

(7) 단체행사 일지

단체행사 일지는 여행상품의 문제점 및 장점을 파악하고 분석하는 데 귀중한 자료로 상품의 내용을 보완하거나 신상품 개발의 자료로 활용된다. 추후 국외여행인솔자들에게 귀중한 학습자료로 활용되고 있다.

(8) 행사진행 비용의 수령 및 확인

여행일정 진행에 소요되는 비용은 한국의 지상수배업자가 회사로부터 수령하여 현지의 수배업자에게 전달하는 것이 일반적이나 간혹 국외여행인솔자가 현지 행사 비용을 현지에 직접 전달하는 경우가 있다. 이 경우 국외여행인솔자는 수령한 금액을 정확하게 확인해야 하며, 담당자로부터 전달지역과 방법을 확인해야 한다.

2) 여행객 관련 업무

(1) 고객 성향 파악의 필요성 및 행사진행

국외여행인솔자가 단체여행을 진행할 때 고객들의 성향을 알고 있다면 현장에서 원활하게 행사를 진행할 수 있다. 하지만 현실적으로 고객 성향을 정확히 파악하기는 쉽지 않다. 이는 개인정보 보호 강화 추세에 따라 고객 명단에 연락처, 생년월일, 여권번호 및 유효 기간 그리고 사증 유무 정도만 표기되기 때문이다. 단체 성격과 구성원에 따라 행사진행 방식을 달리해야 한다. 일정 변경이나 고객들의 의사를 확인할 때 단순한 기획 여행은 동반 가족 대표들과 특정 단체가 여행하는 경우 모임 대표나 총무와 수시로 협의하여 행사를 진행해야 한다.

(2) 고객의 성향 파악 방법

가) 개별 접촉을 통한 파악

여행 출발 전 설명회가 개최되기 어려운 경우 고객 명단에 있는 연락처로 고객과 개별 접촉을 통해 국외여행인솔자의 본인 소개, 여행에 필요한 방문지의 기후 및 날씨, 준비물, 복장, 고객의 요구 사항, 객실 배정표를 통한 동반자 또는 일행 유무, 여행 일정에 따른 주의사항 등을 안내한다. 이때 지병 등 여행객의 특이사항 등을 확인하여 사전에 대책 등을 세워두면 원활한 행사진행에 큰 도움이 된다.

나) 단체 접촉을 통한 파악

• **출발 전 설명회**

인센티브 여행은 사전 설명회를 진행하는 경우가 많으나, 기획 여행의 경우 고객의 여행 경험이 증가함에 따라 별도의 설명회를 개최하지 않는 추세이다. 출국 전 설명회는 출발 약 1주에서 3일 전에 개최한다. 이때 국외여행인솔자는 반드시 설명회에 참석하여 여행사가 제공하는 정보와 자료에 대해 사전 숙지하고, 고객 문의 시 어려움 없이 답변함으로써 고객에게 신뢰감과 안정감을 주어야 한다. 또한, 여행객에게 자기소개를 한 후, 고객들의 이름과 얼굴을 익히고 고객 성향을 파악한다. 고객들의 대표를 정하여 인사를 나누면서 대표를 통해 고객 성향을 미리 파악하여 대책을 세워야 한다.

• **출국장 설명회**

출발 전에 설명회를 개최하지 않는 경우 출발 당일 출국장 미팅 장소에서 간단히 설명회를 진행한다. 집결 시간에 차이가 있고, 인원이 많은 경우 국외여행인솔자는 출국 준비를 위한 전달 사항을 설명한다. 또 일정과 호텔 등에 대해서 고객에게 미처 알리지 못한 사항이나 변경 사항이 있을 때는 현지에 도착하기 전 설명회에서 보고하고 양해를 구한다. 이같이 설명회 업무를 진행하면서 고객의 성향을 계속 파악한다.

- 여행사 판매 직원을 통한 파악

    여행사 직원을 통해 고객별 성향에 대한 정보를 확인할 수 있다. 단체여행
    객에 대해서 잘 알고 있는 사람은 여행사의 여행상품 판매 직원이다. 여행
    상품 판매부는 여행상품 판매를 위해서 고객과 가장 많은 접촉을 하는 부서
    이므로 사전에 여행객 명단을 판매 직원으로부터 받아서 고객의 개인별 성
    향에 대해 논의해야 한다.

(3) 고객의 성향 파악 요소

고객 서비스 제공 범위 및 수준을 설정하기 위해 고객의 연령, 여행 목적, 가족
구성 및 동행인 여부, 지병이나 몸이 불편한 경우 등을 파악해야 한다. 또한 여행사
판매 직원을 통해 고객의 특이사항을 파악하고 그에 맞는 서비스를 제공할 수 있도
록 준비한다.

고객 특이사항

특이사항	• 일반사항 및 특이사항, 여행 목적 • 가족 구성 및 인원, 연령 • 신체상의 불편, 지병 유무(고혈압, 당뇨 등) • 기타 사항 여행사와의 관계 • 특별한 요구사항 • VIP 및 여행객과 판매 담당자와의 특별한 약속 유무

출처 : 국가직무능력표준(https://www.ncs.go.kr)

3) 국외여행인솔자 개인 준비사항

(1) 현지 관련 정보

국외여행 행사 출국 전 해당 국가나 지역에 대한 일반적인 정보를 인터넷, 서적
등 다양한 매체를 통해 수집한다.

여행지역 정보

구성요소	• 전반적인 국가와 지역의 역사 • 정치·경제·사회·문화 • 기후·지리 • 치안 및 위생 • 시차 • 출입국 수속 및 세관 • 환율

출처 : 국가직무능력표준(https://www.ncs.go.kr)

(2) 여행상품 관련 정보

국외여행 행사 출국 전 여행상품과 관련된 정보를 본사 담당자, 현지 여행사 등을 통해 수집한다.

여행상품 관련 정보

구성요소	• 관광지 정보 및 일정 • 숙박시설 • 식당, 메뉴 등 식사 관련 • 선택관광 • 쇼핑관광 • 교통 관련 사항

출처 : 국가직무능력표준(https://www.ncs.go.kr)

3. 출·입국업무

1) 출국업무

(1) 사전 준비업무

가) 해당 항공사의 탑승 수속 카운터(단체 카운터) 위치 파악

인천국제공항 제1터미널을 기준으로 출국장은 3층에 있다. 1층은 입국장, 2층은 항공사 사무실, 3층이 출국장이다. 인천국제공항은 제1터미널과 제2터미널로 구분되어 있어 탑승하는 항공사에 따라 터미널을 명확히 알려주어야 한다. 최근에는 항공사가 단체 탑승 수속 카운터의 운영을 줄이는 추세이다. 따라서 사전에 이용 항공사의 단체 카운터 운영 여부와 운영 시간을 확인하고, 고객을 맞이할 장소를 구체적으로 표시하여 고객에게 알려주어야 한다.

나) 여행사 카운터 이용

인천공항 여행사 카운터는 기획 여행상품 판매업체들이 입찰을 통해 사용료를 납부하며 사용하고 있어 해당 여행사가 아니면 사용하기 어렵다. 일부 공용 카운터는 사전 예약제로 운영되고 있으며 고객이 찾기 쉽지 않으므로, 고객 동선을 고려해서 해당 항공사 카운터 인근에서 고객을 맞이하는 것이 바람직하다.

다) 고객맞이 장소의 선정 안내 및 주변 확인

출국장에서 설명회를 하는 경우 여행사가 고객에게 연락하였더라도 국외여행인솔자가 출발 1~2일 전에 전화 통화를 통해 각종 안내 사항과 더불어 미팅 장소와 시간을 다시 확인하여야 한다. 고객맞이 장소는 근처 시설물을 활용하여 고객이 찾기 쉬운 장소로 정하도록 한다. 특히, 성수기와 이용 시간에 따라 여행객이 집중되는 시간에 집결할 때는 사전 혼잡도를 알 수 없으므로 미팅 1시간 전에 주변 상황 등을 고려하여 장소를 선정한다. 고객들에게 전화와 SNS 등을 통해 안내하며, 국외여행인솔자의 복장이나 표식 등을 알려 고객이 찾기 쉽도록 한다.

(2) 고객 미팅

국외여행인솔자는 업무에 필요한 체크리스트를 휴대하고, 고객에게 전달할 물품들은 고객 명단의 순서대로 진열하여 고객 맞이 업무를 진행한다.

가) 고객 명단 확인 및 인원 파악

국외여행인솔자는 고객 명단의 성명(영문 포함)과 여권 성명, 항공권의 영문 성명이 일치하는지 확인한다. 또한, 다른 일행과의 동행 여부를 확인하면서 단체 구성원과의 관계 등을 파악한다.

나) 여행객 간의 인사

고객 맞이 장소에 고객이 집결하면 국외여행인솔자가 이번 여행에 동행함을 안내하고 구성원 간에 간단히 인사하도록 유도하여 여행 분위기를 부드럽게 하는 것이 좋다.

다) 일정의 개요 및 안내

국외여행인솔자는 단체 구성원의 소개와 여행 일정, 현지 기후 및 날씨, 시차, 물가 등에 관해 간략하게 설명을 한다.

라) 서류 확인 및 물품 전달

- **고객 여권(사증) 확인 및 확정 일정표 전달**

  고객 여권의 성명, 유효 기간(단수 여권은 사용 여부 포함)을 확인하고(사증이 필요한 경우 사증 발급 내용 확인), 확정 일정표와 여행사가 제공하는 물품을 전달한다. 여행사 표식이 있는 경우 부착하도록 안내한다.

- **고객 항공권과 승객 예약 기록**(PNR : Passenger Name Record)

  항공권은 여행 출발 전 고객에게 전자우편을 통해 전송된다. 항공권을 출력해서 가지고 오지 않는 고객도 있으므로 미리 출력해서 전달한다. 승객 예약기록은 탑승권 발권 시 문제 발생에 대비해서 국외여행인솔자가 가지고 있어야 한다.

- **예방접종확인서 지참 확인**

  아프리카와 같이 예방접종확인서(yellow card)가 있어야 입국이 가능한 경우, 사전에 안내하여 확인서(영문 발급)를 꼭 지참하도록 한다.

- **각종 신고 안내**

  아프리카돼지열병(ASF), 구제역과 같은 동물 전염병이 국내에 유행하거나 유행 지역으로 출국하는 경우 축산관계자 출·입국신고서를 제출하여야 한다.

또한, 25세 이상 병역 미필자는 병무민원센터에 신고해야 함을 안내한다.

- **수배 확인서**

  국외여행인솔자는 수배 담당자로부터 최종 행사 확정서를 받아 내용을 확인한다.

- **호텔 객실 배정표**

  객실 배정표(rooming list)는 객실마다 투숙하는 고객을 배정한 표이다. 출발 전에 작성하며, 보통 2인 1실로 배정한다. 객실 배정표는 일행끼리 배정하므로, 항공 좌석 배정이나 단체 구성원 파악에 도움이 된다.

- **호텔 바우처**(호텔 예약 확인서)

  호텔 바우처(voucher)는 호텔 예약 사항을 정리한 서류로서 예약번호, 인원, 기간, 객실 수, 객실 타입, 지불 방법 등이 표기된다. 현지 가이드가 있는 경우 국외여행인솔자가 별도로 확인하지 않는 경우가 많다. 호텔 체크인 시 바우처를 제출하면 원활하게 투숙할 수 있다.

- **여행자보험 증권**

  여행자보험은 해외여행 기간 중 발생할 수 있는 각종 사건·사고에 대비해 가입하는 보험이다. 보험 가입자와 고객명이 맞는지 확인하고 항목별 보상 한도를 안내하며, 사건 및 사고 발생 시 대처할 수 있도록 항상 휴대한다.

- **비상 연락처**

  비상 연락처는 외국 현지에서 예기치 못한 긴급 상황 발생에 대비한 것으로 현지 의료기관 및 경찰서, 현지 한국 영사관, 대사관의 주소와 긴급 연락처를 가지고 있어야 한다.

(3) 탑승 수속

탑승 수속(check-in)은 항공기에 타기 위한 수속 절차이다. 국외여행인솔자는 고객들과 해당 항공사의 탑승 수속 카운터로 이동한다. 단체 탑승 수속 카운터가 있는 경우 단체 카운터로, 없는 경우 항공사 카운터로 여권과 전자 항공권을 가지고 탑승

수속 카운터에서 대기한다.

해당 항공사의 체크인 카운터에 여권과 항공권을 제시하여 탑승권을 발급받고 위탁 수하물을 탁송한다.

가) 체크인 수속

- **여권(사증이 필요한 경우 사증도 포함) 및 항공권 제시**

  최근에는 시스템의 발달로 여권만 제시하여도 탑승권을 받을 수 있다. 개인 정보 보호와 보안 강화에 따라 탑승객 본인이 직접 수하물을 위탁하여야 한다. 사증이 필요한 국가나 지역으로 여행하는 경우 항공사 직원이 확인한다. 또한, 출발 48시간 전부터 웹(web) 또는 앱(app)으로 체크인한 경우와 현장에서 셀프 체크인 키오스크를 통해서도 탑승권과 위탁 수하물표를 발급받을 수 있다.

- **좌석 배정(seat reassignment)**

  최근에는 단체 항공권의 경우 좌석 배정을 항공사가 하지 않는 추세에 있다. 국적 항공사의 경우 대부분 출발 48시간 전부터 웹 또는 앱 체크인이 가능해지면서 좌석 지정도 고객이 직접 할 수 있게 되었다. 좌석 배정이 꼭 필요한 경우에만 항공사에 배정을 요청하는 것이 바람직하다.

- **수하물 위탁(baggage check-in)**

  수하물 위탁은 여행객 각자가 직접 하는 것이 원칙이며, 수하물표를 탑승권에 붙여준다.

  여행자의 수하물 내용 중 신고 물품이 있으면 세관에 신고하도록 안내한다. 수하물은 여행객이 휴대하는 물품으로 휴대 수하물(hand carry baggage)과 위탁 수하물(checked baggage), 그리고 동반 수하물과 비동반 수하물로 구분한다. 여행자 수하물의 경우 대체로 문제가 되는 것은 휴대 수하물과 위탁 수하물이다. 세부 기준은 항공사, 노선별, 좌석 등급별로 무료 수하물 기준에 차이가 있으므로, 이용하는 항공사의 기준을 사전 확인하여 안내한다.

수하물 위탁 후 보안검색 시간을 감안하여 5분 정도 근처에서 대기한 후 이동한다. 위탁 수하물 규격이 초과하는 수하물은 별도의 대형 수하물 카운터에서 위탁한다.

- 위탁 수하물

위탁 수하물은 해당 항공사에 수하물로 등록하여 항공사의 관리 책임하에 운송하는 수하물로서 항공기 짐칸에 탁송시키는 수하물을 말한다. 위탁 수하물은 본인이 직접 위탁하고 수하물 상환증을 받도록 안내한다. 필요한 경우 수하물에 "취급주의(fragile)" 표식 부착을 항공사 직원에게 요청한다.

- 휴대 수하물

휴대 수하물은 여행객이 기내에 반입하는 수하물을 말하며, 휴대 수하물도 크기와 무게 제한이 있음을 고객에게 안내한다.

- 대형 수하물

위탁 수하물의 크기가 초과하는 수하물을 말하며, 대형 수하물은 별도의 전용 카운터가 있고 세관 신고가 요구된다.

• 수하물 연결 수속(through check-in)

여행 일정에서 환승하는 경우 수하물을 출발지에서 최종 목적지까지 수하물을 탁송하는 것이 편리하다. 환승 시에는 항공사 카운터에 위탁 수하물이 연결 위탁되었는지를 확인한다.

• 위탁 금지 물품

위탁 반입금지 물품은 배터리, 패드, 노트북, 뇌관, 기폭장치류, 군사 폭발용품, 폭죽·조명탄, 연막탄류, 화약 및 플라스틱 폭발물, 토치(torch), 토치 라이터, 인화성 가스 및 액체, 위험물질 및 독성물질이다.

나) 불참자(no-show)

출발 당일 약속 시각에 나타나지 않은 고객은 휴대폰으로 연락을 취한다. 일반적으로 출발 1시간 전에 탑승권 발권이 마감됨을 기준으로 판단하여 불참자를 판단한

다. 불참자 발생 시 국외여행인솔자는 여행사 관리자에게 상황을 안내하고 관리자의
지시에 따라 처리한다.

(4) 출국 수속

출국 수속은 탑승 수속 이후 전개되는 절차로 세관(customs), 출입국(immigration),
검역(quarantine)절차를 말한다. 출국 절차를 밟기 위해서는 출국장 주 출입문을 통
과해야 하며, 보안검색요원에게 여권과 탑승권을 확인받은 후 통과한다. 휴대품 반출
신고가 필요한 경우 신고서를 작성하여 세관에 제출한다. 세관에 신고 내역이 없는
여행객과 세관 신고를 마친 여행객은 보안검색대에서 개인 신체 검색과 휴대품 검색
을 받게 된다. 마지막으로 출입국심사관이 여권과 탑승권을 확인하는 절차를 받으면
출국 수속이 종료된다.

가) 세관 절차

세관은 국경을 통과하는 사람이나 화물 또는 선박, 항공기에 대한 수출입의 승인,
단속과 관세의 부과·징수 업무를 담당하는 관청이며, 관세청에서 관리, 감독하고
있다. 출입국할 때 모든 여행객은 세관 신고를 해야 하며, 일반적으로 우리나라를
포함하여 대부분의 국가는 자진 신고 제도를 시행하고 있다. 출국할 때는 자진 신고
로 출국이 가능하나 입국할 때는 세관신고서를 작성해야 통과할 수 있다. 2023년
5월부터 신고 내용이 없는 경우 작성 의무도 없다.

출국할 때 세관 신고는 출국장 안쪽에 위치한 세관 신고소에 휴대물품 반출 신고
대상이 있는 경우 여행자 휴대물품 반출 신고(확인)서를 작성하여 신고필증을 받아
야 귀국 시 과세 등의 불이익을 받지 않는다. 신고 대상은 다음과 같다. 반출 승인이
필요한 물품은 심사 기간을 고려하여 사전에 신청하여야 한다.

- 국외여행을 할 때 사용하고 입국할 때 재반입할 고가품(일반적으로 미화 800달
  러를 초과하는 캠코더, 노트북, 보석류, 손목시계, 명품 등 고가품)
- 미화 1만 달러 상당액을 초과하는 국외여행 경비(대한민국 화폐 포함)
- 골프채는 대형 위탁물 전용창구에서 신고

나) 출입국 심사 절차

(가) 보안검색(security check)

보안검색은 안전 검색대의 통과를 말하며, 주 출입문을 통과하면 보안검색을 받게 된다. 보안검색은 여행객 신체와 휴대품 검색으로 나누어 진행된다. 휴대품 검색은 가지고 있는 휴대품(노트북, 탭 등), 입고 있는 겉옷과 주머니 속의 소지품도 함께 담아 검색대에 제출하면 된다. 신체 검색 시 여권과 항공권은 여행객이 들거나 검색대에 제출하고 신체 검색을 받는다. 일부의 경우 허리띠를 풀거나 신발을 벗기도 하고, 공항에 따라 전신 검색대에서 검색을 받기도 한다. 보안검색 시에는 보안요원의 지시에 따르도록 안내한다.

검색 과정에서 기내반입 금지 물품(물, 액체류, 칼 등)이 나오면 폐기하거나 몰수하도록 하고, 폐기나 몰수를 원하지 않으면 항공사 금지물품봉투(RI, envelope for Restricted Item)에 담아 전달하면 목적지 위탁 수하물 수취장에서 찾을 수 있다. 이를 위해 위탁 수하물과 마찬가지로 물품 보관증을 잘 받아 보관하여야 한다.

(나) 출국 심사

출국 심사 또는 출국 사열은 출국 심사대에서 출입국 심사관이 출국자들을 대상으로 신분 확인 및 법적으로 출국에 문제가 없는지 출국에 대한 자격을 심사하는 절차를 말한다. 이때 제출하는 서류는 여권과 탑승권 등이며, 여행객은 출국 심사대 앞에서 대기하고 있다가 차례가 되면 개인별로 심사관에게 이 서류들을 제시하고 심사를 받는다. 사전에 자동출입국 신고를 등록한 여행객은 자동출입국 심사대에서 여행객이 직접 출국 심사를 진행할 수 있음을 안내한다.

다) 검역 절차

검역은 출국 심사 구역에서 맨 마지막으로 하는 절차로 전염병의 확산을 막기 위해 차량, 선박, 항공기, 승객, 승무원, 짐 등의 전염병 유무를 진단·검사하고 소독하는 과정이다. 예방접종이 필요한 특정 지역으로 여행하거나 동식물, 과일을 반·출입할 때 반드시 검역소에 신고를 한다. 전염병 발생 또는 감염 지역으로 여행할 때는 반드시 해당 질병에 대한 예방주사를 맞은 예방접종카드(yellow card)의 소유 여부를 확인한다. 예방접종은 여행 2주 전에 접종해야 효과적이다. 일반적으로 출국 시에는 검역 절차가 생략되는 경우가 많다.

(5) 보세구역 및 출국장 면세점

CIQ 수속을 마치고 출국 심사대를 통과하면 면세점과 탑승 게이트가 있는 출국 대기 구역으로 이어진다. 이곳은 국내에 위치한 외국에 해당하는 장소로서 보세구역이라고 한다. 또 비행기를 기다리는 장소라는 의미로 출국 대합실이라고도 하지만 일반적으로 출국장이라 한다. 출국장에 여행객 일행이 들어서면 인솔자는 여행객들을 집결시키고 여행객이 모두 이상 없이 출국 심사를 마쳤는지를 확인한 후 탑승하기 위해 여권과 탑승권만 남겨 두고 수하물 상환증을 잘 보관하도록 알린다.

여행객이 면세점 이용 시 주의사항은 다음과 같다.

가) 탑승 시각 준수

탑승할 해당 항공사의 게이트 번호와 위치 및 탑승 시각을 반복하여 숙지시켜 탑승 시각 30분 전까지는 해당 탑승구 앞에 집결하도록 당부한다.

나) 여권 및 탑승권 분실

면세점에서 면세물품을 구입할 경우 계산할 때 여권과 탑승권을 제출해야 하는데, 계산 이후에 여권과 탑승권을 분실하지 않도록 안내한다.

다) 구입 물품 휴대

여행객들에게 국내와 여행 목적지의 면세 허용 범위를 안내하여 해당 국가에 입국할 때와 귀국할 때 문제가 발생하지 않도록 한다. 그리고 술 종류의 물품은 미리 사 놓으면 여행이 끝날 때까지 계속 가지고 다녀야 하는 불편함이 있으므로, 이에 대해 안내하고 설명해 준다.

◦ **출국장 면세점**

출처: https://www.shinsegaedf.com/

라) 면세 기준 초과 구입

방문국의 면세 기준을 초과하는 과도한 쇼핑은 자제하도록 권고한다. 면세품 구매 한도는 없으나 국내로 반입하는 면세 한도는 1인당 미화 800달러임을 설명한다. 2인 가족이 미화 1,500달러를 구매할 경우 면세 범위에 해당하지만 1개 품목이라면 미화 800달러가 적용되어 700달러에 대해서는 세금이 부과될 수 있음을 안내한다.

마) 출발 업무 보고

항공기에 탑승 전 국외여행인솔자는 항공편의 운항 여부와 탑승 게이트 등을 재확인한 후 여행사의 관리자에게 출발 업무 보고를 한다.

2) 탑승 및 기내업무

(1) 기내업무

가) 이륙 전 업무

탑승 후 여행객들의 착석여부를 확인한다. 여행상품에 참여하여 여행하는 단체여행객은 항공 좌석을 배정받을 때 일정한 구역을 함께 배정받는 것이 일반적이나 최근에는 사전 체크인을 통해 고객이 좌석을 지정할 수 있다. 국외여행인솔자는 항공사 카운터에서 체크인할 때 직원에게 필요한 사항을 미리 전달하여 업무에 도움을 받을 수 있다. 부부나 가족의 경우 이를 미리 배려할 수도 있다. 좌석 재배정을 못한 경우 여행객에게 항공기가 이륙하여 안전벨트 사인이 꺼진 후 좌석을 조정할 수 있음을 안내하고 각자의 지정좌석에 앉도록 한다. 여행객의 특성과 상황에 따라서 기내시설 사용법과 기내 매너 및 에티켓에 대한 설명을 한다.

나) 이륙 후 업무

비행기 이륙 후 좌석벨트 사인이 꺼지면 기내를 자유롭게 이용할 수 있다. 국외여행인솔자는 일반적으로 다음과 같은 업무를 수행한다.

- 고객 명단, 여행 일정표, 여행 확정서 등의 서류를 다시 한번 확인하고 고객별 특성을 파악하여 기내 업무에 참고한다. 서류 가방은 항상 소지하도록 하고 선반에 넣지 않도록 한다.
- 고객들의 좌석보다 앞 좌석이어야 하고 좌석 벨트를 착용한 후 이륙할 때까지 고객들의 행동 이상의 특성이 나타나지 않는지 주시하고 언제든지 고객들과 눈이 마주칠 수 있도록 한다.
- 이륙 후 정상궤도에 들어서면 이륙할 때 멀미가 난 고객이 있는지 확인한다.
- 좌석 벨트 표시등이 꺼지면 좌석 이탈이 생기기 시작하므로 좌석 이탈이 지나치게 자주 생기지 않는지 살핀다.
- 일정 시간에 한 번씩 고객 좌석에 들러 관심을 보이고 상황을 파악한다.
- 야간 장거리 비행일 때는 고객들이 수면할 수 있도록 돕고 수면 중일 때도 가끔씩 이상이 있는지를 확인한다.
- 승무원으로부터 목적지의 입국 카드, 세관신고서, 검역서 등을 받아서 고객에게 기재 방법을 안내한다.

다) 목적지 도착 전 준비사항

국외여행인솔자는 목적지 도착 전 1시간 전에 여행객들에게 필요한 사항을 안내한다. 도착 잔여시간을 알리고 필요한 출입국카드, 세관신고서 등을 나눠주며, 비행기에서 내릴 때 휴대한 물품을 잊지 않도록 주의를 준다.

비행기에서 내리면 집합하여 단체로 이동하는 것을 여행객들에게 주지시키고 국외여행인솔자는 여행객보다 먼저 비행기에서 내릴 수 있도록 준비한다. 경유(transit)와 환승(transfer)의 경우 그 순서나 수속방법에 관하여도 간단하게 설명해 둔다. 이용하는 항공기가 목적지까지 직항편이 아니고 중간지점을 경유하여 목적지까지 가는 경우가 있다. 이때 이루어지는 업무를 경유지 업무라고 하며, 경유와 환승으로 분류된다.

(가) 경유(transit)

직항편이 아닌 항공기는 최종 목적지까지 어떤 지역이나 국가의 공항을 거쳐서 이동하게 된다. 경유공항이 목적지인 승객은 비행기에서 내려 경유국으로 입국한다. 다음 목적지까지 가는 승객은 잠시 비행기에서 내려 공항의 면세구역에서 기다린 후 재탑승을 하게 되는데 이를 경유라 한다. 국외여행인솔자는 여행객들에게 재탑승시간과 게이트 번호를 숙지하도록 안내하고 경유시간에 따라 자유시간을 부여한다.

대기시간 중 면세점 이용이 가능하지만 목적 국가의 면세범위와 여권, 경유카드(Transit card)의 관리에 주의를 준다. 재탑승시간이 되면 여행객들의 탑승을 확인하고 탑승 후 기내에서 다시 한번 인원파악을 한다.

(나) 환승(transfer)

여행일정 중 환승구간이 있는 경우 해당 공항의 구조, 규모, 시설 등에 관한 사전 지식을 미리 준비해 두어야 한다. 환승수속이 필요한 여행객들을 인솔하여 환승 카운터로 이동한다. 여권과 항공권을 제시하고 탑승권을 받는 것이 일반적이다. 탁송수화물표도 재확인하여 수화물의 지연도착이나 분실에 대비하는 것이 바람직하다.

환승수속 시 다음 구간의 탑승 수속시간, 환승 터미널 이동시간, 항공기의 지연도착 등의 시간문제가 발생할 수 있으므로 최소 환승시간(MCT : Minimum Connecting Time)에 주의하여야 한다.

3) 입국업무

(1) 도착

국외여행인솔자는 여행객보다 먼저 항공기에서 내려 여행객을 신속하게 유도하여 단체여행객들을 한곳에 집결시킨 후 항공기에 두고 내린 것이 없는지 확인하고 인원 점검을 실시한다. 이때 개인적인 행동을 삼가 달라는 간단한 주의사항을 전달한 후, 휴대 또는 착용하고 있는 시계의 시각을 현지 시각으로 변경하도록 알리고 입국 심사장으로 향한다.

(2) 입국 절차

입국 절차는 여행 목적지 공항에 도착하여 입국하는 실질적인 과정이며, 출국 절차의 CIQ 순서와는 반대로 QIC의 순서로 검역(Quarantine), 입국 심사(Immigration Inspection), 위탁 수하물 수취(baggage claim), 세관 심사(Customs declaration) 순으로 진행된다.

입국 과정은 국가별로 다를 수 있으므로 국외여행인솔자는 출장 준비 시, 여행 목적지 국가의 출입국, 세관, 검역의 각 규정과 관련 서류 등 입국 수속에 필요한 사항을 사전에 숙지하여야 한다. 입국 통관 절차를 밟기 위해 기내에서 출입국 신고서, 검역 질문서, 세관 신고서를 받아 작성하여 여권 및 입국 심사에 필요한 서류와 함께 소지한다.

가) 입국 심사장 안내

공항에는 경유(transit), 환승(transfer), 도착(arrival) 또는 출구(way out)라는 표기를 사용한다. 경유나 환승은 다른 목적지로 이동하는 여행객을 안내하는 표지판이고, 도착 또는 출구는 입국 여행객을 안내하는 표지판이다. 그러나 일부 공항에서는 도시명으로 표기되어 있으며, 그 밖의 입국 심사, 수하물 수취(baggage claim) 또는 출구(way out) 등으로 표기되어 있으므로 유의하여 입국 심사장 방향으로 이동한다.

나) 입국 심사장 앞 집결

입국 심사장에 이르면 여행객들을 다시 집결시켜 수속 서류를 나누어주고 입국 수속을 위해 여행객들이 입국할 때 필요한 서류와 여권을 준비하도록 한다.

다) 입국 심사 서류 확인

일부 국가의 경우 입국 심사 시 개별 항공권을 요구하므로 귀국편 항공권과 기내에서 작성한 출입국 신고서, 세관 신고서, 검역 질문서(yellow card)를 여권과 함께 소지하도록 알린다. 특히, 세관 신고서에 대하여 여행객이 입국할 나라가 요구하는 신고 대상 물품이나 화폐 등을 소지하고 있는지를 확인하고, 소지한 여행객은 반드시 신고하게 한다. 입국 수속 과정 및 요령에 대하여 간략하게 설명하며, 세관 신고사항에 대해서는 각별히 주지시킨다. 일부 국가와 지역은 자동 출입국 심사로 별도의 입국 심사 서류를 작성할 필요가 없는 경우도 있다.

(3) 검역(Quarantine)

검역은 예방접종증명서를 제출하거나 검역 질문서를 작성하여 제출하는 간단한 절차이며, 전염병 발생지역이나 의심지역을 여행하고 돌아오는 여행객은 검역 질문서를 작성하여 제출한다. 아프리카와 같은 특수지역이나 오염지역으로부터 입국하는 경우를 제외하고는 대부분의 국가에서 실제적인 검역을 생략하는 추세이다. 그러나 아직 실시하고 있는 국가들도 있으며 전염병이 보고되는 경우 수시로 검역을 강화한다. 검역을 실시하는 국가의 경우 기내에서 작성한 검역 질문서를 검역관에게 제시하고 입국 심사를 받고, 검역 과정이 없는 국가의 경우 바로 입국 심사대로 향한다.

검역관리지역을 체류한 승객은 Q-CODE를 사전에 발급하거나, 기내에서 배부하는 건강상태질문서를 작성한다. 건강상태질문서에는 최근 3주간 있었던 모든 증상, 병원 방문력, 약 복용여부 등을 빠짐없이 작성한다. 주소는 대한민국에서 실제로 체류할 주소를 작성하여야 한다.

※ 건강상태 질문서 작성을 기피하거나 거짓으로 작성하여 제출하는 경우 「검역법」 제12조 및 제39조에 따라 1년 이하의 징역 또는 1천만 원 이하의 벌금에 처해질 수 있다.

- 건강상태 질문서

출처 : 질병관리청 국립검역소(nqs.kdca.go.kr)

(4) 입국 심사(Immigration Inspection)

검역 심사 후 입국 심사대에서 출입국 신고서와 여권을 제출하여 해당 국가로부터 입국 허가를 받는 입국 심사 과정으로 다음과 같은 절차로 진행된다.

- 여권(필요한 경우 사증) 위조 및 입국 목적 확인
- 입국자가 제출하는 서류를 통해 신분 확인 및 자격 심사를 거쳐 국제 테러리스트나 불법 체류자 등을 제외하고 입국 허가를 결정하는 과정
- 지문 채취와 안면 사진 촬영 등은 최근 대부분의 국가에서 시행하고 있으며, 전자여권 도입으로 개별적인 자동 출입국 심사 절차도 일부 국가에서 시행하고 있다.
- 여권에 심사 확인 도장 날인 후 출입국 신고서 교부
- 단체 사증을 받은 경우 사증에 기재된 여행객 순서대로 입국 심사

단체 전용 심사대를 운영하는 경우에 국외여행인솔자는 먼저 입국 심사를 받고 본인이 국외여행인솔자임을 설명한다. 아울러, 단체 인원, 목적, 기간 등을 설명하고 단체여행객들의 입국 심사 시 문제 발생이나 도움이 필요한 경우 본인에게 알릴 것을 공지한 후에 입국 심사대 근처에서 대기하며 입국 심사가 원활히 진행되도록 한다. 다만, 입국 심사대 인근에서 대기하는 것이 금지된 경우 현지 사정에 따른다.

개별 입국 심사를 진행하는 경우에는 여행객들에게 입국 목적, 체류 기간, 호텔명 등 기본적인 질문 사항을 설명하여 입국 심사 때 대답할 수 있도록 준비한다.

(5) 위탁 수하물 인수(Baggage Claim)

목적지 공항에 도착하여 항공기에서 나오면 대부분 공항의 모니터에 항공기 편명에 대한 수하물 수취대의 번호가 표시된다. 해당 항공기 수하물 수취대의 컨베이어 벨트 번호를 확인하고 수하물을 찾도록 안내한다. 수하물의 총 개수와 수하물 상태에 이상이 있는지를 확인한다.

간혹 수하물이 파손되거나 분실 및 지연 도착되는 경우가 발생한다. 국외여행인솔자는 수하물 사고를 당한 여행객과 같이 해당 항공사의 수하물 사고신고소(Lost & Found Office)로 이동하여 수하물 사고보고서 작성에 도움을 주어야 한다. 신고 시 여권과 탑승권, 항공권, 수하물표 등이 필요하다. 세관 심사대로 이동할 경우 가능하면 공항 내에 구비되어 있는 수하물 카트를 이용하여 수하물들을 이동시킨다. 모든 수하물을 확인하면, 세관 심사를 받고 입국장으로 나간다.

(6) 세관 검사(Customs Declaration)

대부분의 국가는 입국자의 판단으로 신고할 물품이 없는 비과세 대상자는 면세 출구로, 신고할 물품이 있는 과세 대상자는 과세 출구로 통과하는 이원 통관(dual channel) 자진 신고제도를 채택하고 있다. 이는 우범자 및 감시 대상자들을 철저하게 정밀 검사를 하고 일반 여행객들은 간편한 검사를 실시하는 데 목적을 두고 있다. 모든 여행객들은 세관 신고에 성실하게 임하여 불이익을 당하지 않도록 한다.

4. 국외여행인솔자의 현지행사 업무

1) 국외여행인솔자의 역할

현지에서 여행객들에게 관광을 안내하는 것은 현지 가이드(local guide)이며, 단체 여행을 총괄 운영하는 것은 국외여행인솔자의 역할이다. 현지 가이드와 국외여행인솔자는 여행객들의 전반적인 여행 만족도에 매우 중요한 역할을 하므로 상호 협조하여 여행 일정을 진행해야 한다.

전문 현지 가이드가 있을 경우에는 먼저 현지 가이드를 지원한다. 간혹 현지에서의 모든 것을 현지 가이드에게 일임하는 것은 잘못된 업무방식이다. 대부분의 행사에서 현지 가이드는 앞에서 관광을 안내하고 국외여행인솔자는 뒤에서 일행을 지원해야 한다. 또 현지에서 크고 작은 문제가 발생하면 현지 가이드는 계획된 일정을 예정대로 진행해야 하며, 국외여행인솔자는 문제를 해결하여 일정에 차질이 없도록 해야 한다.

또한 현지 가이드와 일정 진행을 협의하고 진행한다. 국외여행인솔자는 여행의 구체적인 일정 진행에 대해 현지 가이드와 협의하며, 대략적인 시간 배정과 관광 순서에 대해서도 미리 상의해야 한다. 단체의 특성을 고려하여 관광지에서의 시간 배정, 쇼핑과 옵션 등도 국외여행인솔자와 현지 가이드가 긴밀히 협의해야 하는 사항이다.

현지 가이드가 없거나 한국어 가이드가 아닐 경우에는 현지 가이드의 업무를 소화한다. 현지 가이드가 전문 가이드가 아닌 경우 국외여행인솔자는 본연의 업무뿐만 아니라 현지 가이드의 업무도 소화할 수 있어야 한다. 성수기일 경우, 전문 가이드가 아닌 가이드가 배정되는 경우도 많으므로 여행 일정을 순조롭게 진행하기 위해서는 국외여행인솔자의 역할이 매우 중요하다. 장기간의 대형 버스 관광(coach tour)의 경우 지역과 지역을 이동할 때 가이드 없이 운전기사와 국외여행인솔자가 목적지를 찾아가야 하는 경우도 많다.

또는 현지 가이드를 지원한다. 여행 지역에 따라 한국인/한국어 가이드(Korean speaking guide)가 없어 영어 가이드(English speaking guide)가 배정되는 경우에는 국외여행인솔자가 같이 마이크를 들고 현지 가이드의 영어 설명을 통역해 주어야한다. 또 영어 가이드의 경우에는 주로 구미 사람들을 대상으로 가이드를 하여 한국인의 여행 특성에 대해 잘 모르는 경우가 많으므로 여행 일정이 원활하게 이루어질수 있도록 보조해야 한다.

2) 여행관리 업무

현지에서의 관광은 여행이 목적이다. 따라서 현지 가이드와 협력하여 단체여행객의 만족도를 제고해야 한다.

(1) 여행관리의 주요 업무

주요 업무내용

업무구분	내용	유의점
여행일정관리	개시 전 예약 재확인(항공편, 교통편, 호텔, 식당, 관광지 등)	내용, 시간, 담당자
여행관계 서류 및 귀중품관리	여권, 증표류, 항공확인증, 귀중품	보관과 지참
경비관리	지상경비(숙박, 교통, 입장료, 공항세), 선택관광 비용	현금관리, 영수증과 증빙자료
수하물관리	고객의 수하물(호텔 출발/도착, 관광지)	이동 시 최종 점검
관광	일정내용 및 현장요구 반영	현지사정 고려(가이드 협의)
식사	일정내용 및 현장요구 반영	현지사정 고려(가이드 협의)
기타	자유시간 등	고객의견 수렴

출처 : 김병현(2021), 국외여행인솔자업무론

(2) 현지 가이드 진행관리

가) 인원을 확인한다.

인원 확인은 국외여행인솔자의 기본 업무이다. 관광지에 도착하면 현지 가이드를 앞장서게 하고 국외여행인솔자는 맨 뒤에서 일행이 두고 내린 물건이 없는지, 혼잡한 관광지에서 뒤처지는 일행은 없는지 등을 점검한다.

나) 일정과 시간을 관리한다.

관광지에서의 승차 및 하차, 다음 관광지로의 이동, 교통 혼잡 등으로 예기치 못하게 시간이 소요되는 경우가 많으므로 국외여행인솔자는 항상 가이드와 협의하여 단체의 일정과 시간을 관리해야 한다.

다) 호텔의 체크인(check-in)/체크아웃(check-out)을 지원한다.

호텔 체크인과 체크아웃은 기본적으로 국외여행인솔자의 업무이다. 동남아시아나 중국의 경우 언어 등의 문제로 현지 가이드가 호텔 체크인과 체크아웃 업무까지 수행하지만 그 밖의 대부분 지역에서 현지 가이드의 업무는 관광 안내에 국한된다.

라) 현지 가이드 업무를 보조한다.

관광지를 안내할 때 현지 가이드가 안내하고 국외여행인솔자는 여행객을 보조하는 역할을 한다. 현지 가이드는 앞장서고 국외여행인솔자는 뒤처지는 일행이 없는지 항상 확인하고 마지막으로 따라가는 것이 바람직하다. 식당 등에서도 국외여행인솔자는 현지 가이드를 도와 여행객을 보조해야 한다.

마) 가이드 업무를 대신한다.

출국 및 입국, 기내, 공항에서의 여행객 인솔, 호텔 체크인 이후 여행객 관리, 현지 가이드가 없는 지역에서의 여행 안내 등 현지 가이드가 없는 모든 상황에서 국외여행인솔자는 가이드의 업무를 수행해야 한다.

3) 일정 변경 업무

현지의 상황 변동으로 일정이 변경된다. 지진, 홍수, 화산 폭발 등 천재지변으로 인한 일정 변경과 항공기, 선박, 기차 등 교통수단의 상황 변동, 기상 변화 등으로 인해 발생하는 일정 변경을 말한다. 기차의 연착, 항공기의 취소, 관광지의 극심한 교통 혼잡 등으로 이후의 일정을 진행할 수 없거나 변경해야 할 경우의 일정 변경이다.

예정된 일정을 변경하는 것은 가급적 지양해야 한다. 국외여행인솔자는 일정표에 기재된 일정대로 진행하도록 최선을 다해야 하며, 피치 못할 사정으로 일정을 변경할 경우에는 여행객들에게 사정을 충분히 설명하여 이해시킨다. 현지의 불가항력적인 상황 변동으로 인한 일정 변경은 여행객들에게 설명하고 양해를 얻어야 한다. 다만, 선택의 여지가 있을 경우 반드시 여행객들의 의견을 수렴한다.

다음은 본사와 현지 여행사의 상황으로 인한 일정의 변경이다. 일정 변경은 본사와 현지 여행사의 수배 미스(miss), 부정확한 정보 등으로 인해 발생한다. 관광지 입장 시간의 착오, 부정확한 소요 시간 예측, 호텔과 교통편의 오류, 차량 및 현지 가이드 미팅 미스(meeting miss) 등 다양한 상황에 발생한다. 일정 변경의 원인이 본사 혹은 현지 여행사의 실수라면 귀국 후 손해 배상의 대상이 되기도 한다. 여행객들 앞에서 공식적으로 명확하게 잘못을 사과하고 일정에 최소의 영향을 미치도록 한다. 본사 혹은 현지 여행사의 상황으로 인한 일정 변경의 경우에는 그에 합당한 보상을 해야 한다. 보상에는 금전적 보상뿐만 아니라 대체 관광지, 대체 일정, 식사 업그레이드 등 다양한 보상이 포함된다.

또한 여행객으로 인해 일정이 변경될 수 있다. 일부 여행객의 문제로 인한 교통편 미스와 지연 등으로 일정이 변경되는 경우이다. 인센티브 여행의 경우에는 여행객들의 합의에 의한 일정 변경도 가능하다. 일부 여행객의 실수 혹은 사고로 인한 일정 변경의 경우에도 일정에 최소의 영향을 미치도록 국외여행인솔자는 최선을 다해야 한다. 시간이 많지 않더라도 중요한 관광지의 경우에는 잠깐이라도 반드시 다녀올 수 있도록 한다. 시간상 불가능할 경우에는 현지 여행사, 현지 가이드와 의논하여 대체 관광지를 섭외한다.

4) 쇼핑 관광

쇼핑은 여행의 중요한 요소인 동시에 그 자체가 목적이 되기도 한다. 여행객들은 여행의 기념으로 현지에서 그 지역을 대표하는 기념품 및 토산품, 특산물 등을 구매하고 싶어 하며, 쇼핑은 여행에서 또 하나의 즐거움이라 할 수 있다.

쇼핑은 여행사뿐만 아니라 국외여행인솔자나 현지 가이드에게도 선택 관광과 함께 주요한 수입원이 된다. 간혹 현지 여행사는 적자를 보상하는 수단으로 쇼핑 관광을 진행하며, 현지 가이드와 국외여행인솔자의 경우 실질적인 수입은 쇼핑과 선택관광에서 발생한다. 이러한 이유로 여행사 패키지 상품에 포함되는 쇼핑을 부정적인 시각으로 보는 여행객들이 많으며, 지나친 쇼핑 일정과 구매 권유는 여행객들이 국외여행인솔자나 현지 가이드를 불신하는 가장 큰 이유가 되기도 한다.

(1) 쇼핑의 형태

상품의 소개는 단순하게 품질과 가격적인 비교에 한정하지 않고, 해당 국가나 지역의 역사와 문화, 사회와 경제 속에서 상품의 유래와 발달 이유 및 과정 등을 설명하여 상품구매의 의미를 가질 수 있도록 하는 것이 바람직하다. 중국의 차, 남아프리카공화국의 다이아몬드 원석, 말레이시아의 주석 제품, 영국의 레인코트, 이집트의 파피루스와 같이 각 국가나 지역마다 다른 곳에서는 볼 수 없는 특산품이 있다.

(2) 세금환급(Tax Refund)

유럽연합 회원국을 비롯한 한국, 싱가포르, 캐나다 등 세계 30여 개국은 외국인 여행객들이 일정금액 이상 구입한 물품에 한하여 내국간접세(부가가치세, 특별소비세)를 환급해 준다.

유럽지역의 경우 TAX-Free, Global Refund, Premier Tax Free, Cash Back 등에 가입된 상점에서 일정 금액 이상의 상품을 구입하고, 일정 기간 이내에 출국하는 경우에 한해 부가가치세 환급을 받게 된다. 국가마다 환불에 대한 세율에는 차이가 있으며 여권을 제시하고 소정양식을 기입해야 한다.

국외여행인솔자는 세금환급서류를 받은 여행객이 있다면 양식 기입이 잘되어 있는지 확인을 해야 한다. 일반적으로 부가가치세의 환급은 유럽을 떠나는 마지막 나라의 공항에서 받게 되므로 서류와 물품을 잘 보관해야 함을 안내한다.

세금환급 절차는 국가별로 차이가 있으나 일반적으로 출국 시 세관직원에게 환급증명서와 해당 물품을 제시하고 확인스탬프를 받은 후 공항 내 세금환급창구로 가져가면 환급금을 받을 수 있다. 주의할 점은 환급절차를 받을 물품은 절대 뜯거나 사용해서는 안 되며, 원상태로 유지하여 세관원에게 확인시켜야 세금환급을 받을 수 있다.

5) 선택 관광(Optional Tour)

선택 관광은 예정된 일정에는 포함되지 않지만 개인적으로 비용을 지불하고 자발적인 의사에 의해 참여하는 관광을 말한다. 선택 관광으로 인한 수익은 쇼핑 관광과 함께 국외여행인솔자와 현지 가이드, 여행사의 주요 수입원이 된다. 따라서 출발 전 준비 시 일정 중 진행되는 선택관광의 내용, 소요시간, 유의사항, 특이사항 등에 대한 정확한 정보를 숙지한다. 출발 전 여행객 미팅이나 전화통화 시 선택관광의 종류와 내용, 비용준비, 이점 등을 안내하도록 한다.

선택 관광에는 여행사가 주도하는 현지에서의 선택 관광과 여행객들이 주도하는 선택 관광으로 구분할 수 있다. 후자는 여행객들이 원하여 국외여행인솔자가 인솔해 주기를 요청하는 관광이다. 여행사가 주도하는 선택 관광은 이미 현지에서 상품화되어 있으므로 현지 가이드의 도움을 받아 별다른 어려움 없이 수행할 수 있으나 여행객이 주도하는 선택 관광은 참가자의 유형에 따라 원하는 관광이 다르므로 현지 가이드도 수용하기 곤란할 수 있다. 참가자가 주도하는 선택 관광은 다양한 여행객이 참가하는 일반 패키지 투어에서는 수용할 필요가 없으나, 회사나 단체가 주도하는 인센티브 투어에서는 무리한 요구가 아니라면 현지 가이드와 협의하여 가능하면 진행하는 것이 좋다.

6) 자유시간

기후, 주변 환경과 상황, 여행객들의 특성을 고려해 시간을 부여해야 한다. 또한 지역의 특성상 자유시간 중에 개인적으로 경험할 수 있는 부분이 있다면 설명하고 안내하는 것이 바람직하며 그에 따르는 충분한 시간을 고려해야 한다.

자유시간 중에는 다음 일정에 대한 준비시간으로 활용한다. 또한 자유시간 활용에 대한 적절한 정보를 제공한다. 인솔자는 자유시간에도 가능하면 여행객들의 동정을 살피면서, 그들이 원하는 정보나 필요한 사항이 있을 때는 신속하게 서비스를 제공해야 한다. 약속시간을 어기는 여행객은 기분이 상하지 않도록 주의를 주어 다른 여행객에게 피해가 가지 않도록 해야 한다. 특히 호텔 밖 외출 시에는 호텔의 연락처가 적힌 호텔명함을 항상 소지하여 유사시에 대비할 필요가 있다.

7) 교통수단

(1) 버스

단체여행객들이 가장 많이 이용하게 되는 교통수단이 바로 버스여행으로 일명 버스투어(bus tour), 코치투어(coach tour)라고 한다. 버스관광에서도 한정된 지역만 안내하는 현지 가이드와 모든 일정을 여행객들과 동행하면서 안내하는 전일정가이드(through guide)가 있다. 또한 운전기사가 가이드를 겸하는 형태도 있다.

(2) 철도

철도여행(train tour)은 유럽지역이 가장 발달되어 있다. 철도여행은 항공여행에 비해 탑승수속이 간단하고 하차지점이 도심지역이기 때문에 목적지까지의 소요시간이 절약된다.

(3) 선박

선박여행(ship tour)은 근래 대형 유람선 형태의 여행으로 크루즈 여행(cruise tour)이라 한다. 크루즈는 선박 내에 선박과 식사, 각종 엔터테인먼트 및 부대시설을 갖추고 고품격 서비스를 제공하면서 관광지를 운항하는 여행패턴으로 운송의 개념과 리조트의 개념을 합친 것이다. 크루즈 관광은 유럽, 지중해, 북미 알래스카 등에서 다양하게 이루어지고 있다.

8) 귀국 후 업무

국외여행인솔자는 단체여행객들과 여행을 마치고 귀국하여 공항에 도착하는 즉시 소속 여행사에 보고해야 한다. 현지 여행 중 사고나 시급히 해결해야 할 중대한 사건이 발생했을 때 회사에 알려 회사의 지휘를 받아야 한다.

(1) 귀국 직후 보고업무

국외여행인솔자는 여행을 마친 후 본인의 소속 여행사에 도착했음을 알리는 전화 보고를 한다. 보고 내용에는 해외여행 중 여행객들을 인솔하며 생긴 문제 사항이나 현지에서의 위급사항 등과 같이 여행 중 일어난 전반적인 일들을 여행사에 전화로 보고한다. 필요한 내용을 스마트폰 메시나, e-메일 등을 활용하여 간단하고 중요한 사항은 신속하게 보고해야 한다.

(2) 보고서 작성업무

행사 결과 보고서는 여행사의 출장 명령을 받은 국외여행인솔자가 출국 당일부터 귀국하는 날까지의 전체 일정에 대한 진행사항과 결과를 상세하게 기록하고 보고하는 양식이다. 이렇게 작성된 행사 결과 보고서를 통해 진행된 행사의 좋은 결과와 좋지 않은 결과를 도출하여 다른 직원들의 교육자료로 이용할 수 있다. 또한 추후 국외여행인솔자의 출장 시에 참고자료로 활용하여 더욱 발전된 고객 서비스를 제공할 수 있는 원천이 되기 때문에 매우 중요한 자료이다. 행사 결과 보고서의 주요 작성 내용은 다음과 같다.

- 항공사의 정시 출발·도착 및 기내식 등에 대한 평가 및 특이사항
- 숙소의 등급, 위치, 공항에서 호텔까지의 이동 거리, 호텔의 부대 서비스 등에 대한 평가 및 특이사항
- 식당의 위치, 식사 종류, 음식의 맛, 가격, 식당 종업원의 친절도, 고객의 반응 등에 대한 평가 및 특이사항
- 관광지 방문 시 고객의 반응, 입장료 유무, 관람 시간, 관광지 방문 시 주의사항

등에 대한 평가 및 특이사항
- 차량은 몇 인승인지, 청결 상태, 마이크 상태, 차량 정비 상태 등에 대한 평가 및 특이사항
- 가이드의 행사 운영, 안내, 친절도 등에 대한 평가 및 특이사항
- 상기 외에 특이사항 발생 상황 및 대처 내용 등
- 전체 행사의 문제점과 개선 건의사항
- 국외여행인솔자의 의견과 평가

(3) 정산서

정산서는 국외여행인솔자가 여행 중 발생한 제반 수입 및 지출에 대한 수익과 지출의 내역서이다. 고객들로부터 입금된 여행경비 총액에서 항공료, 지상비(land fee), 여행자보험료, 무료(FOC : Free of Charge) 경비, 인솔자 경비, 예비비 등 지출을 빼고 순수하게 얼마가 남았는지를 소정 양식에 작성해서 보고하는 것이다. 현지에서 발생한 쇼핑 수수료와 선택 관광 수수료도 포함한다. 정산처리를 할 때는 회사의 정해진 양식에 따라 항목별로 관련 자료와 영수증을 첨부하여 처리한다. 정산서는 행사 종료 후 귀국해서 작성하므로 출국 전에 작성한 예상서와 함께 비교하면서 작성한다.

(4) 업무일지

여행의 시작부터 종료까지의 여행일정에 관해 상세한 내용을 기록하는 일종의 행사일지이다. 업무일지는 국외여행인솔자가 현지 여행 시 여행일정을 기록하는 형태인데 여행일정마다 작성할 필요가 있다. 귀국보고서 작성 등 업무일지를 참고해야 하는 상황이 발생하기 때문이다. 국외여행인솔자는 여행의 형식에 의한 업무출장의 형태이므로 현지에서의 여행지, 숙박, 식사, 교통, 선택관광 등의 내용과 그 밖에 특이사항들을 일지형태로 기록한다. 이는 차후 상품개발과 기획에 참고가 될 수 있도록 충실한 기록이 되어야 한다.

참고문헌

김병헌, 국외여행인솔자업무론, 백산출판사, 2021
(사)한국여행서비스교육협회, 국외여행인솔자 자격증 공통교재, 한올, 2022
국외여행인솔자인력관리시스템(https://tchrm.or.kr)
법무부, 하이코리아(https://www.hikorea.go.kr)
신세계면세점(https://www.shinsegaedf.com)
아시아나세이버(https://www.asianasabre.co.kr)
외교부 해외안전여행(https://www.0404.go.kr)
인천국제공항(https://www.airport.kr)
질병관리청 국립검역소(nqs.kdca.go.kr)
한국산업인력공단, 국가직무능력표준(https://www.ncs.go.kr)

개별여행

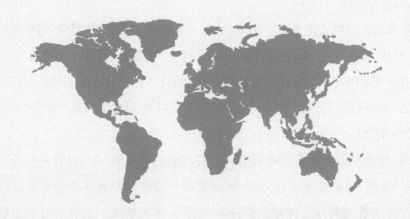

Chapter

5

개별여행

1. 개별여행의 이해

1) 개별여행의 정의

개별여행(FIT: Foreign Independent Travel)은 사전적 의미로 여행자가 항공권과 숙박장소 등을 사전에 결정한 뒤 나머지 여정까지 스스로 세우고 꾸며나가는 해외여행형태를 의미한다. 한마디로 여행객 스스로 모든 여행일정을 계획하고, 숙박, 항공권, 교통수단 등의 예약을 직접 처리하며, 여행에서 필요한 모든 활동들을 독립적으로 수행하는 여행 형태이다. 개별여행은 여행사가 제공하는 고정된 일정 및 서비스에 얽매이지 않고 여행객이 자신의 여행성향에 따라 관광일정을 자유롭게 정할수 있다는 특징을 가진다.

세부적으로 살펴보면 첫째, 여행 일정을 자유롭게 선택할 수 있다. 여행객은 출발, 도착 시간, 체류 기간 등을 원하는 대로 조정할 수 있고, 본인의 선택에 따라 특정 여행지를 방문하거나 다양한 관광활동이 가능하다. 즉, 관심사와 취향을 최대한 반영한 오로지 자신을 위한 나만의 여행일정을 만든다는 것이다. 이는 여행에 몰입하도록 만들어준다.

둘째, 개별여행은 여행 준비 과정부터 자유롭다. 항공권, 숙박뿐만 아니라 교통수단, 레스토랑, 관광지 입장권 구매 등 여행에 필요한 세부적인 부분까지 모든 것을 여행객이 직접 계획하고 예약하게 된다. 이를 통해 여행객은 여행 준비 과정부터 여행을 종료하는 순간까지 자신의 선호에 맞는 선택을 할 수 있다. 반면, 모든 선택은 여행객 자신에게 있기 때문에 여행 중에 발생하는 예상치 못한 상황이 발생하면 여행객에게 모든 책임이 부여된다.

셋째, 개별여행은 현지 문화와 생활을 보다 깊이 체험할 수 있는 기회를 제공한다. 여행객은 관광지를 비롯하여, 현지인들이 많이 찾는 명소를 방문하거나, 현지의 대중교통을 이용하는 등 관광객이 아닌 현지인의 생활을 직접 경험하기 용이하다. 이를 통해 여행객은 단순한 관광을 넘어 현지 문화와 생활을 깊이 이해하고 체험하는 기회를 얻을 수 있다.

마지막으로, 개별여행은 비용적인 측면에서도 장점을 가진다. 여행객은 자신의 예산에 맞춰 여행비용을 조절할 수 있고, 불필요한 비용을 최소화할 수 있다. 또한, 여행사가 제공하는 패키지 여행에 비해 중간 수수료가 발생하지 않으므로, 비용 면에서 효율적인 여행을 계획할 수 있다.

반면, 패키지 여행은 미리 정해진 관광 여정에 따라 각종 교통편과 숙박시설 그리고 기타 편의시설 이용 및 부대비용을 모두 여행사가 관장하는 방식으로 떠나는 여행이다. 개별여행과 달리 여행의 모든 일정을 여행사가 주관하고 인솔하기 때문에 여행객 개인이 준비해야 하는 것이 대폭 감소한다.

패키지 여행의 특징은 먼저, 일정이 정해져 있기에 어디를 어떻게 이동할지 고민하지 않아도 되고, 시간을 효율적으로 사용할 수 있다는 점이다. 이에 따라 여행 시 맞닥뜨리는 시행착오나 위험성을 줄일 수 있다. 다음으로 여행 가이드의 존재이다. 가이드를 통해 의사소통 측면에서 부담을 줄일 수 있고, 잘 모르는 여행지에 대한 역사 혹은 현지 문화에 대해 안내를 받을 수 있다. 마지막으로 이동의 용이성을 가진다. 공항에서 숙소까지의 이동은 물론이고, 여행지를 이동할 때도 대중교통이 아닌 차량을 통해 이동하기 때문에 시간 절약 및 휴식을 취할 수 있다.

이렇듯 패키지 여행과 개별여행이 가지는 장·단점을 잘 파악하여 각자의 환경과 상황에 맞춰 여행 형태를 결정하는 것이 바람직하다고 볼 수 있다.

패키지 여행과 개별여행의 장·단점

구분	패키지 여행	개별여행
장점	- 여행 계획 수립의 편리성 - 현지에서 발생할 수 있는 문제에 대한 안전성 보장 - 숙소, 공항, 관광지 등 편리한 이동	- 개별적 일정 수립 및 자유로운 시간 조절과 같은 유연성 보장 - 개인적인 공간과 시간을 가질 수 있는 독립성
단점	- 프로그램이 정해져 있는 만큼 일정에 대한 유연성 부족 - 가이드에 따라 달라지는 여행 퀄리티 - 많은 사람들과 함께 이동하는 것에 대한 혼잡도	- 스케줄에 맞는 개별적 예약 및 준비에 대한 번거로움 - 개별 예약에 대한 비용적 부담 증가 - 현지에서 겪을 수 있는 갑작스러운 돌발 문제에 대한 어려움

출처: 트립스토어

2) 관광트렌드 속 개별여행

관광환경이 급격하게 변화하고 있고 관광의 범위와 영향력이 확대되며, 참여하는 주체들이 다양화되면서 관광트렌드는 급격히 변화하고 있다. 코로나19 이후 보상여행이 증가하면서 해외여행과 거주지 주변의 근거리 여행으로 여행 형태가 양극화되고 있으며 럭셔리 여행과 가성비가 뛰어난 상품 선호 등 소비에서도 다변화 현상이 더욱 확대되고 있다.

한국문화관광연구원은 '관광 트렌드 분석 및 전망 2023-2025'를 통해 새로운 시대에 맞는 트렌드를 전망했는데 뉴노멀 시대, 워케이션 확산/위기 회복 시대, 웰니스 치유 여행 가속화/모두가 즐기는 여행/실현 방한 여행의 스펙트럼 확대/지역 관광의 진화/신융합 관광 확대/탄소중립 여행의 부상이 일상에 스며든 관광/스스로 성장하는 지역관광으로 구성하였다.

이 중 '초개인화 시대, 여행경험의 나노(nano)화'를 가장 주목해야 할 트렌드로 제시하였다. 소그룹 여행과 혼자 하는 여행이 정착하면서 개인별 맞춤 여행을 선호하게 되었고 본인이 선호하는 테마와 관광 활동을 추구하면서 관광시장이 더욱 세분화됨에 따라 미식관광, 야간관광, 아웃도어 액티비티 등 본인이 선호하는 테마를 중심으로 한 개별여행이 더욱 활발해지고 있다.

2023-2025 관광 트렌드

출처: 한국문화관광연구원

개별여행 미식관광 사례[1]

- 미식관광은 여행 경험의 일부로 음식과 관련된 모든 행위를 포함하는 개념으로 문화관광의 일부인 관광 목적지에서 독특하고 기억할 만한 음식경험으로 정의
- (태국 '쿠킹 클래스') 태국은 개별여행 관광객들이 OTA와 같은 여행 플랫폼에서 단일 상품을 구매할 수 있도록 방콕, 치앙마이, 푸켓 등에서 쿠킹 클래스를 운영하고 있음
  - 왕실 요리부터 가정식, 길거리 음식 등 다양한 요리를 배울 수 잇는 콘텐츠를 구축하여 개별여행객들은 이를 통해 다양한 태국문화를 직접적으로 체험할 수 있음
- (일본 '우동 택시 & 버스') 사누끼 우동으로 유명한 일본 카가와현에서는 우동을 먹으러 찾아오는 관광객들을 위한 우동택시와 버스를 운영하고 있음
  - 사전에 카가와 지역과 우동에 대한 교육 및 시험에 통과한 택시기사들만 운영할 수 있음. 관광객들에게 맞춤형 우동 가게 추천 서비스를 시행하고 있으며, 이는 개별여행객들에게 많은 인기를 얻고 있음
  - 이 지역 명물로 발돋움한 우동 택시와 버스는 전통 음식에 인적자원과 독특함을 마케팅하여 지역을 대표하는 관광 목적지, 자원으로 발전시킨 사례로 볼 수 있음

---

[1] 한국문화관광연구원(2022), 미식관광의 개념과 전망

• 미식관광

태국 쿠킹 클래스

출처 : Klook

일본 우동 택시

출처 : 카가와현 공식 관광 웹사이트

개별여행 야간관광 사례

- 야간관광은 일몰 이후 야간시간대에 관광명소나 축제, 관광 편의시설 등 다양한 관광 매력물을 대상으로 이루어지는 관광행위나 관광현상을 말함
  - 야간관광은 지역의 새롭고 다채로운 콘텐츠를 발굴하는 등 밤에만 경험할 수 있는 특별한 장면이나 프로그램 등으로 구성하여 관광객들의 체류시간이 늘어나는 관광 콘텐츠 역할을 함
- (체코 '프라하 뱀파이어 투어') 가이드와 함께 중세 수녀원, 구시가지 골목, 궁전, 저택, 오래된 묘지를 배회하는 야간 프라하의 유령투어
  - 중세시대 의상을 착용한 전문 스토리텔러가 안내
- (미국 '뉴욕 나이트 투어') 뉴욕시는 세계 금융과 공연문화의 중심지 월스트리트와 브로드웨이를 중심으로 뉴욕시 관광 야간 버스 투어를 운영하고 있음
  - 매디슨 스퀘어 가든, 타임스퀘어, 엠파이어 스테이트 빌딩 등 뉴욕의 상징적인 건물이 주 코스
  - 뉴욕의 역사와 명소에 대해 투어가이드 및 내레이션을 11개국 언어로 제공

◦ 야간관광

프라하 뱀파이어 투어

출처 : 트립어드바이저

뉴욕 야간관광 버스투어

출처 : Klook

관광트렌드는 현재 MZ가 먼저 경험하고 다른 세대가 SNS를 보고 따라하는 형태로 변화하고 있다. MZ세대의 관광 소비력이 급격히 증가하여, MZ세대가 관광시장을 주도하고 영향력을 주도하고 있다. 특히, 개별여행은 여행객의 자율성과 창의성을 최대한 발휘할 수 있게 하고, 개인적인 니즈를 반영하여 맞춤형 여행을 가능하게 하는 장점이 부각되어 여행 트렌드에서 자유롭고 독립적인 여행을 선호하는 MZ세대에서 많은 인기를 끌고 있다. 방송 매체뿐만 아니라 유튜브를 비롯한 SNS 등을 통해서 다양한 콘셉트의 여행 프로그램이 제작되고, 이를 통해 여행사를 통하지 않고 스스로 해외여행을 떠나는 방법에 대한 관심과 선호가 급증하기 시작하였다.

이에 한국관광공사는 국내외 예약 및 결제 데이터를 분석해 MZ세대 여행 트렌드를 크게 'F.O.C.U.S' 다섯 가지로 정리하였다.

• Finally, It's time to leave '마침내, 떠날 때가 되었다'
• Open mind to overseas 해외여행은 좀 더 열린 마음으로!
• Cut down the Cost 할인은 놓치지 않아!
• Unusual Destination 낯설고 익숙하지 않은 비일상적인 곳
• Our Small trip 단체여행보다는 소규모 개별여행 선호

이 중 여행 형태는 대체로 2인 이하의 비중이 약 75%로 압도적인 경향을 나타낼 정도로 개별여행을 선호하였고, 다른 세대에 비해 혼자 여행 및 숙박 비중이 높은 편으로 나타났다. 또한, 동반자 수가 적을수록 1인당 평균 결제 금액도 높게 나타났다.

- MZ세대 여행 트렌드

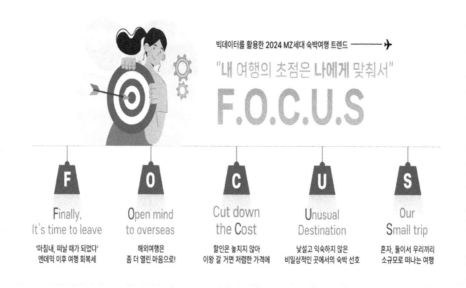

출처 : 트립비토즈

이처럼 앞으로의 여행은 개인화된 경험을 그 무엇보다 중시하는 방향으로 흘러갈 것이다. 여행객은 예전과 달리 자신만의 독특한 경험을 추구하기 때문에 개인의 선호도와 요구에 맞춘 패키지 및 개별여행상품들이 시장을 지배할 것으로 보인다. 이에 음식, 문화, 엔터테인먼트 등 특정 테마에 맞춘 개별여행상품들이 더욱 보편화될 것이다.

2. 개별여행 준비 단계

1) 여행지 선정

(1) 여행자 스타일

여행을 계획하기에 앞서, 여행자 본인의 특징을 파악해야 한다. 평소 본인이 생활하는 패턴이나 여행의 스타일을 찾으면 여행의 즐거움을 만끽할 수 있을 것이다. 여행 시 고려해야 하는 여러 가지 요소는 다음과 같다.

• 아침형 vs 저녁형 인간

여행자 본인이 활동하는 시간을 고려해 보는 것은 여행을 계획할 때 중요한 요소라고 볼 수 있다. 기상하여 활동하는 평소의 패턴을 고려하여 여행을 계획해야만 여행에 있어 체력적인 부분을 조절할 수 있을 것이다. 많은 관광지를 들려야 하는 압박감에 무리해서 여행을 계획한다면 체력 부진으로 인하여 여행을 중도 포기해야 할 수도 있는 상황이 따를 수 있기 때문이다.

• 체질 및 적응력

여행은 본인이 머물던 곳에서 벗어나 새로운 경험과 체험을 하는 것이기 때문에 여행지 환경에 따라 여행자의 컨디션이 달라지게 된다. 단거리 여행의 경우 비행시간이 길지 않지만, 장거리 여행의 경우 기내에서 보내는 시간과 도착 이후의 시차 적응에 대해서도 고려해야 한다. 또한, 여행자 본인이 생활하던 환경에서 벗어나면 기후 차이도 있을 것이기 때문에 더위나 추위에 대한 반응도 어떠한지 파악할 필요가 있다. 예를 들어, 더위에 취약한 여행자가 동남아 여행이나 한여름 날씨가 지속되는 여행지에 간다면 여행지에서의 적응이 더디고 쉽게 지칠 수 있을 것이다.

• 식습관

마지막으로, 여행자 본인의 식습관에 대해서도 꼼꼼히 살펴볼 필요가 있다. 현지 음식이 적응하기 힘들다면, 식사를 대체하는 방안을 마련하여 소지하는 것이 좋다.

이와 더불어 평소 새로운 음식을 취식하는 것이 어렵거나 알레르기 등이 있는 여행자라면 더욱이 현지 음식은 조심해야 할 것이다.

(2) 여행목적과 동기

개별여행 준비 단계에서 가장 먼저 파악되어야 하는 부분은 여행의 목적과 동기에 대한 분석이다. 개별여행에서 가장 중요한 것이 바로 '선택(choice)'이기 때문에 여행지를 방문하는 동안 관광활동에 참여하지만, 여행자 자신이 계획한 대로 선택하고 행동한다(Poynter, 1989). 여행목적과 동기가 명확하다는 것은 여행자의 관심사를 파악함으로써 여행 계획의 첫 단계를 세우는 토대가 될 것이다.

비즈니스 여행과 달리 개별여행은 주로 즐거움을 추구할 목적으로 진행되며, 휴가여행 혹은 여가목적 여행으로 볼 수 있다. 여행의 목적은 크게 6가지로 볼 수 있다.

① 새롭고 다른 환경체험(experience new and different surroundings)

② 이문화 체험(experience other cultures)

③ 휴식과 안정(rest and relax)

④ 친·인척 방문(visit friends and relatives)

⑤ 스포츠 관람·참가(view or participate in sports)

⑥ 레크리에이션활동 참가(participate in recreational activities)

McIntosh & Goeldner(1986)를 비롯한 많은 학자는 인간의 여행·관광 동기를 다음과 같이 범주화하여 제시하였다.

여행동기의 범주화

학자	구분	
McIntosh & Goeldner (1986)	신체적 동기	몸과 마음 재충전
		건강 목적
		스포츠활동 참여
		즐거움, 로맨스, 엔터테인먼트
	문화적 동기	외국 문화·외국인에 대한 호기심

		예술 · 음악 · 건축 · 민속에 관한 관심
		역사유적지에 관한 관심
		이벤트 체험
	대인적 동기	친 · 인척 방문
		새로운 사람을 만남
		색다른 환경에서 체험
		일상생활로부터 탈출
		종교적 목적의 방문
		여행을 위한 여행
	사회적 지위 및 명성 동기	취미활동
		자아향상
		학습의 연장선
		쾌락적 탐닉
Hanefors & Mossberg (1995)	탈출동기	관광객 개인의 특성
		관광객의 문화적 배경
	보상동기	관광목적지 조건과 특성
		관광목적지의 제반 활동

출처 : 박시사(2009), 여행업경영론, 대왕사.

위의 표내용과 같이 나에게 적합한 여행 스타일을 찾기 위해서는 여행의 목적과 동기를 확실하게 결정해야 한다. 여행자 본인에게 적합한 여행 스타일을 찾는 것이 여행을 즐길 수 있는 첫 번째 단계라고 할 수 있다.

(3) 여행 국가 및 도시 선택

대부분의 여행은 생활하던 환경에서 벗어나 휴양을 목적으로 관광지에서 휴식을 취하는 것과 전혀 다른 문화와 환경을 경험하고자 관광하는 것으로 크게 나눌 수 있다.

● 관광으로 유명한 여행지

일본   베트남

미국   프랑스

출처 : https://pixabay.com

● 휴양지로 유명한 여행지

몰디브   발리

태국   필리핀

출처 : https://pixabay.com/

여행의 목적과 동기, 여행자의 스타일을 파악한 후에는 본격적으로 여행하고자 하는 국가와 도시를 선택해야 한다. 더 구체적인 여행지를 선택하는 단계에서 다음과 같은 고려사항을 체크하는 것이 계획 수립에 도움을 줄 것으로 예상된다.

① 여행 가능 기간

여행자의 총 여행 기간에 따라, 여행하고자 하는 목적지가 달라짐

② 날씨

여행지가 여행하고자 하는 시기에 어떤 기후인지를 파악해야 함. 여행자가 가고자 하는 시기가 건/우기인지 파악해야 그에 따른 교통편 예산도 감안할 수 있음. 여행 시기의 3년치 연평균 기록을 참고하는 것이 좋음

③ 여행경보 확인

해외여행을 계획할 때는 외교부 홈페이지에서 여행경보를 확인해야 함. 교통편 및 숙소 등 여러 가지를 결정하기 전에 5가지 여행경보를 확인하여 여행계획 수립에 차질이 없도록 해야 함

여행경보를 확인함과 동시에 동남아 및 아프리카의 경우 예방주사 접종 확인여부도 사전에 확인해야 함(https://www.kdca.go.kr/)

④ 공휴일 및 축제

여행하고자 하는 시기에 공휴일이나 축제 기간이 겹쳐 있다면, 휴점하는 상점이나 식당이 많을 수도 있고 축제 진행을 위하여 도로 통제나 교통을 제한할 수 있음. 무엇보다 관광객 다수가 몰릴 수 있어 가격대가 높아지고 다소 복잡한 여행지일 가능성이 높음

⑤ 예산

항공권 및 교통수단(렌터카, 기차, 교통패스, 시내버스 등), 숙소, 공연 및 투어, 현지 사용 비용(쇼핑, 식사 등)을 고려하여 전체적인 지출 계획을 세워야 함

⑥ 우선순위

비교적 단기간에 많은 것을 보고 즐겨야 하기 때문에 사전에 계획하지 않으면 놓치는 부분이 있을 수 있음. 자연 및 풍경 감상, 음식관광, 휴식 및 휴양, 쇼핑,

역사유적지 방문 등의 활동을 여정에 알맞게 배분하여야 전반적인 여행 만족
도를 높일 수 있음

- **여행경보**

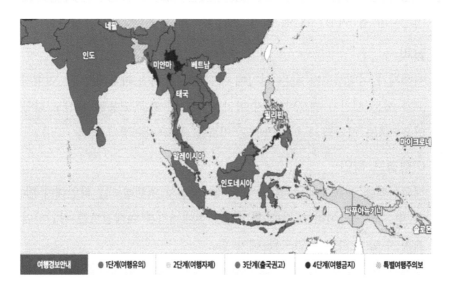

| 여행경보안내 | ● 1단계(여행유의) | ● 2단계(여행자제) | ● 3단계(출국권고) | ● 4단계(여행금지) | ⊛ 특별여행주의보 |

- 1단계(남색경보) 여행유의 : 국내 대도시보다 상당히 높은 수준의 위험
- 2단계(황색경보) 여행자제 : 국내 대도시보다 매우 높은 수준의 위험
- 3단계(적색경보) 출국권고 : 국민의 생명과 안전을 위협하는 심각한 수준의 위험
- 4단계(흑색경보) 여행금지 : 국민의 생명과 안전을 위협하는 매우 심각한 수준의 위험
- 특별여행주의보 : 단기적으로 긴급한 위험이 있는 국가(지역)에 대하여 발령

출처: https://www.0404.go.kr/dev/main.mofa

2) 여행 계획 수립

(1) 여행 일정 작성

본격적인 여행 준비는 2~3개월 전부터 시작하는 것을 추천한다. 그 이유는 여행을
출발하기 2~3개월 전에 시작하면 여행 경비의 측면에서도 비교적 이익을 얻을 수
있기 때문이다. 항공편의 경우, 여행 시기에 따라 가격의 편차가 높은 편이기 때문에

항공사 특가나 조기 예약할인의 혜택을 받으면 저렴한 항공권 선택이 가능하다.

- 1단계 : 나만의 여행지도 그리기

구글 맵스(Google My Maps)를 통해 여행지도를 제작하는 것은 여행계획 수립에 도움이 된다. 여행자가 방문할 도시를 이어 그려 하나의 경로를 완성하는데, 이동 시 교통수단도 함께 고려할 수 있기 때문에 합리적인 동선으로 여행을 계획할 수 있다.

여행지도를 그리면서 가장 고려해야 할 것은 숙소의 인/아웃 시간과 교통편의 이동 소요 시간이다. 구글 맵의 지도 그리기 기능을 이용하지 않아도 관광명소를 표기해 둔 지도를 찾아 동선을 계획한다면, 여행에서 무엇보다 중요한 시간을 효율적으로 활용할 수 있다.

또한, 동행자가 있다면 계획한 지도를 공유하여 더욱 정확하게 정보를 주고받아 앞으로의 여정에 대해 논의할 수 있는 자료가 되므로 사전에 틀을 만들어 놓고 변경 사항을 지속적으로 업데이트하는 것이 좋다.

아래는 여행지도의 예시이다.

。 **여행지도 예시**

출처 : https://50plus.or.kr/detail.do?id=29499744

• 2단계 : 항공 및 숙박 예약

개별여행의 큰 장점은 여행자 본인이 일정을 자유롭게 조정할 수 있다는 점이다. 이와 함께 항공권과 숙박 등을 저렴하게 선택하여 총 여행 비용을 절감할 수 있다는 것도 큰 장점으로 꼽힌다. 항공권과 숙박요금은 구입시점에 따라 요금이 업데이트되는 경향이 있는데, 항공권은 여행 출발일이 임박할수록 가격이 내려가지만 원하는 시간과 항공편을 선택할 수 없는 위험 부담이 있으며 숙박의 경우 예약률이 떨어지면 동시에 가격도 떨어지는 것을 볼 수 있다.

1단계에서 여행의 큰 그림을 잡았다면, 다음 단계는 일정에 맞도록 최대한 합리적인 항공과 숙박을 선택해야 한다. 국내 개별여행의 경우 성수기가 아닌 이상 이동 수단의 사전 예약에 대한 부담이 없지만, 항공기를 이용하여 장거리 여행을 떠나는 경우에는 사전 예약 중 가장 우선순위를 두고 검색해야 한다.

대형항공사(FSC)와 저비용항공사(LCC) 비교

	대형항공사	저비용항공사
장점	✓ 수준 높은 서비스 ✓ 좌석 간 넓은 여유 공간 ✓ 마일리지 적립	✓ 낮은 가격
단점	✓ 높은 가격	✓ 잦은 연착 ✓ 좌석 간 좁은 여유 공간 ✓ 유료 기내서비스 　(담요 및 기내식 등) ✓수화물 무게 제한

출처: 내 손으로 자유여행 계획하기(2018)

각 항공권의 장단점을 파악하여 구매하되, 성수기에는 저비용항공사의 항공권도 저렴한 편이 아님을 염두에 두어야 한다.

대형항공사와 저비용항공사 외에도 국내항공사와 국외항공사의 특징을 비교하여 선택할 수도 있다. 국외항공사의 경우 의사소통의 어려움을 겪을 수 있으나, 항공권의 가격은 국내항공사에 비해 비교적 저렴한 편이다. 또한, 직항과 경유 두 가지로 비행경로를 나눌 수 있다.

경유가 직항에 비해 저렴한 가격으로 제시되지만 오히려 가까운 목적지를 경유할 경우는 가격이 비싸질 수도 있기 때문에 경유 항공권이 파격적으로 저렴하지 않은 이상 경유지에서의 대기 시간을 고려하여 직항편을 선택하는 것이 효율적일 수도 있다.

이처럼 여러 유형의 항공사 또는 항공편이 있기 때문에 다양한 사이트에서 원하는 비행구간과 여행 일정에 맞춰 항공권을 검색하는 것이 중요하다. 카드사 마일리지나 쿠폰 등 할인 혜택을 받을 수 있는 방법을 미리 확인해 보고 항공권 가격을 비교해 주는 사이트, 앱 등의 도움을 받을 것을 추천한다.

항공 발권 주요 사이트

사이트명	사이트 주소
투어캐빈	www.tourcabin.com
와이페이모어	www.whypaymore.co.kr
투어익스프레스	www.tourexpress.com
넥스투어	www.nextour.co.kr
온라인투어	www.onlinetour.co.kr
땡처리닷컴	www.072.com
G마켓	www.gmarket.co.kr
스카이스캐너	www.skyscanner.co.kr
카약	www.kayak.co.kr

위 표와 같이 항공권을 구매할 수 있는 사이트는 다양하다. 특히, 할인 항공권 사이트에서 구매할 경우에는 유류할증료 및 세금이 상이하기 때문에 결제 마지막 단계에서 항공권 최종 결제 금액을 확인해야 할 것이다. 또한, 발권 이후 취소 시 위약금에 대해서도 사전에 숙지하는 것이 중요하다.

숙박 예약 또한 항공권과 마찬가지로 성수기, 비수기 또는 평수기, 달러 환율과 유가, 수요에 따라 가격의 편차가 큰 편이다. 그러므로 최대한 빠른 시일 내에 숙소를 예약하거나 각 숙박업소의 프로모션 또는 카드 할인을 고려하여 여행의 경비를 줄일 수 있는 방법을 찾아 선택하는 것이 좋다.

또한, 항공권의 경우 가격을 비교하여 가장 합리적인 항공권을 선택하는 것이 중요하지만 숙박의 경우 가격도 고려하면서 여행 인원과 체류 목적에 맞는 숙소를 선택하는 것이 가장 중요한 요소가 될 것이다.

- 호텔 : 일반적으로 가장 많이 선택하는 숙소의 유형으로 호텔의 브랜드와 등급에 따라 서비스의 질에 차이가 있음. 여행 중 프라이빗하게 휴식과 안정을 취할 수 있으며 다양한 부대시설 이용이 가능하다는 장점이 있으나 상대적으로 높은 가격이 책정됨

- 리조트 : 주로 휴양지에 분포되어 있으며, 글로벌 브랜드의 고급 리조트는 호텔보다 가격이 더 높을 수 있음. 여행지에서 크게 이동하지 않고 숙소 내에서 모든 여정을 해결하는 여행이라면 예산에 맞는 리조트를 선택하여 호캉스를 즐길 수 있음

- 호스텔/게스트하우스 : 배낭여행과 개별여행 중 장기적으로 머물 때 가격적으로 가장 합리적이라는 장점이 있음. 1인실부터 다인실에 이르기까지 다양한 객실 유형을 가지고 있고, 여러 여행자들과 여행정보를 교류할 수 있음. 단, 공용 화장실이나 소음이나 도난이 발생할 수 있는 위험부담이 있음

- 에어비앤비 : 현지의 주거 공간을 체험할 수 있으며, 요리 및 세탁이 언제든지 가능함. 상대적으로 저렴한 가격이지만 몰래카메라나 청소 서비스가 없다는 점에서 편의성이 떨어짐

숙박 예약 주요 사이트

사이트명	사이트 주소
월드호텔센터	www.hotelpass.com
GTA 옥토퍼스	www.octopustravel.co.kr
리얼타임 트래블 솔루션	RTS, www.rts.co.kr
돌핀스 트래블	www.dolphinstravel.com
호텔스닷컴	www.hotels.com
프라이스라인	www.priceline.com
익스피디아	www.expedia.com
트립닷컴	kr.trip.com
여기어때	www.yeogi.com
야놀자	www.yanolja.com

월드호텔센터는 '호텔패스'라는 이름으로 널리 알려진 호텔 예약 전문 플랫폼이다. 이 플랫폼은 동남아시아를 비롯해 전 세계 약 2만 개 이상의 호텔과 리조트를 실시간으로 예약하고, 확인 및 결제할 수 있는 시스템을 제공한다. 여행자는 호텔의 요금, 위치, 교통편, 시설, 서비스, 주변 관광지 등과 같은 정보를 상세하게 확인할 수 있어 여행 계획을 세우는 데 매우 유용하다.

또한, 회원으로 가입하면 이용 실적에 따라 포인트가 적립되며, 이러한 포인트는 이후 호텔 예약 시에 사용할 수 있어 경제적으로 이득을 볼 수 있다. 월드호텔센터는 다양한 호텔 옵션을 제공해 개인 여행객뿐만 아니라 비즈니스 여행객들에게도 편리함을 제공하는 플랫폼이다.

• 월드호텔센터

출처 : www.hotelpass.com

GTA 옥토퍼스는 영국에 본사를 둔 다국적 여행사 걸리버 트래블 어소시에이츠
(Gullivers Travel Associates, GTA)가 개발한 호텔 예약 시스템으로, 주로 유럽을
중심으로 전 세계 120개국 이상의 호텔을 실시간으로 예약할 수 있는 플랫폼이다.
이 시스템은 특히 현지 호텔들과 직접 숙박료를 협상해 최대 70%까지 할인된 요금으
로 숙박할 수 있는 장점이 있다.

GTA 옥토퍼스는 숙소 예약 외에도 지역 날씨, 환율, 축제, 전시회, 스포츠 이벤트
등 다양한 여행 정보를 제공하여 여행자들이 현지 사정을 보다 쉽게 파악하고 준비
할 수 있도록 돕는다. 특히 여행 일정에 유동성이 있거나, 출발 직전에 숙소를 확보해
야 하는 경우 '라스트 미닛 서비스(Last Minute Service)'를 통해 예약 시점부터 7일
이내에 체크인이 가능한 할인된 '땡처리' 객실을 예약할 수 있어, 비용을 크게 절감할
수 있다.

RTS(Real Time System)는 전 세계적으로 약 3만 개 이상의 호텔과 유럽 철도 예약
을 실시간으로 확정할 수 있는 예약 시스템을 운영하고 있다. 이 시스템은 여행자들
에게 다양한 지역의 호텔 중에서 가장 저렴한 객실 요금을 확인하고 예약할 수 있는
기능을 제공한다.

특히 유레일패스, 유레일 셀렉트패스, 국철패스, 고속철도 등의 유럽 철도 예약도
실시간으로 가능해, 유럽 여행을 계획하는 여행자들에게 매우 유용하다. RTS는 지역

별로 특화된 호텔 예약 사이트를 운영해 사용자가 특정 지역의 호텔을 손쉽게 검색하고 예약할 수 있도록 돕고 있다. 이러한 사이트들은 각 지역에 최적화된 정보를 제공해 사용자가 더욱 편리하게 호텔을 예약할 수 있도록 지원한다.

◦ 리얼타임 트래블 솔루션

출처 : www.rts.co.kr

트립닷컴(Trip.com)은 중국을 기반으로 한 글로벌 온라인 여행 예약 플랫폼이다. 1999년에 설립된 이 회사는 전 세계 호텔, 항공권, 기차표, 렌터카 등 다양한 여행상품을 제공하는 종합적인 예약 서비스로, 특히 아시아 지역에서 강력한 영향력을 가지고 있다.

트립닷컴은 사용자가 호텔과 항공권을 비교하고, 실시간으로 예약할 수 있는 기능을 제공하며, 이를 통해 가격 경쟁력을 높인다. 또한, 다양한 언어와 통화로 서비스를 지원해 전 세계 어디서나 쉽게 접근할 수 있다.

특히 중국 본토 외에도 아시아, 유럽, 북미 등 전 세계 200여 개국의 여행상품을 취급하며, 다국적 여행자들에게 편리한 서비스와 다양한 선택지를 제공하는 플랫폼으로 자리 잡았다. 또한 고객 지원 서비스가 뛰어나, 24시간 고객 지원을 통해 문제 발생 시 신속하게 대응하고, 사용자 후기와 평가를 기반으로 여행의 품질을 보장하는 데 힘쓰고 있다. 이를 통해 여행자들이 호텔이나 항공사, 관광지에 대해 신뢰할 수 있는 정보를 얻고, 보다 만족스러운 여행 경험을 할 수 있도록 돕고 있다.

• 트립닷컴

출처: kr.trip.com

위와 같이 대표적인 호텔 예약 사이트들의 특징을 알아보았다. 최종적으로 숙소를 예약할 때는 안전을 위하여 번화가나 이동이 편리한 곳에 있는 숙소를 선택하는 것이 좋다. 또한 여러 예약 사이트를 비교해 보며 객실 사진과 위치, 조식 포함 여부, 리뷰 등 자세한 정보를 수집한 후 예약해야 한다. 사이트마다 세금 및 봉사료가 포함되지 않은 가격으로 노출되어 최종 결제 단계에서 가격이 달라지는 경우가 있다. 특가로 나온 객실 상품의 경우 환불이 불가한 경우도 있으니 일정이 변동될 가능성이 있다면 이러한 상품을 가급적 피하는 것이 좋다.

• 3단계 : 현지 관광 및 음식점 정보 리서치

항공권과 숙박 예약을 마쳤다면, 다음으로 현지에서의 일정을 계획하는 단계이다. 시내에서 여행을 계획할 때는 고려해야 할 사항이 많지 않으나, 근교로 나갈 경우는 시내 관광에 비해 정보도 부족하고 최소 반나절 이상을 잡고 계획해야 하기 때문에 가급적 출국하는 당일에는 잡지 않는 것이 좋다. 처음 가는 도시일지라도 관광객들에게 많이 알려진 곳이라면 가이드 북이나 인터넷 정보 등을 참고하여 방문할 수 있지만, 근교 여행의 경우 현지 여행상품을 이용하는 것도 한 방법이다.

국내 관광객들의 블로그를 참고하는 것도 좋은 방법이지만, 좀 더 다양한 외국인 여행자들의 리뷰를 찾아보고 싶다면 트립어드바이저 또는 버추얼투어리스트를 참고하는 것이 좋다.

• 트립어드바이저

출처 : https://www.tripadvisor.co.kr

앞서 숙박 예약과 관련한 사이트 소개에서 언급했듯이 걸리버(GTA)를 이용하는 방법도 있다. 제휴 여행사 20여 곳의 홈페이지가 연결되어 있으며 현지의 관광상품 뿐만 아니라 이동수단까지 예약할 수 있는 시스템으로 잘 갖춰져 있다. 뮤지컬과 같은 공연 예약과 가이드가 동행하여 안내하는 관광상품까지 다양한 지역 상품으로 구성되어 있다.

• 걸리버(GTA)

출처 : https://www.gulliverstravel.com

만약, 현지 업체를 통하는 것이 여러모로 불편하다면, 한인 업체를 통해 예약하는 방법도 있다. 업체의 홈페이지나 카페를 통해 예약할 수 있다. 당일 예약이 불가한 경우도 있으니 미리 선정해 두는 것이 좋다.

여행지 선정 과정에서도 언급하였던 것처럼 가고자 하는 관광지나 식당의 휴무일이나 운영시간을 미리 알아두어야 한다. 나라마다 국가 공휴일이나 휴무일이 다르고 계절별, 요일별로 운영시간이 우리나라와 다를 수 있으니 미리 확인하는 것이 좋다. 유명한 맛집으로 알려진 곳은 항상 사람이 많기 때문에 꼭 알려진 곳에 가지 않아도 된다면, 이동 동선에 맞게 현지 음식점을 경험해 보는 것도 좋다.

- **4단계 : 여행 경비 산출하기 및 경비 준비**

1~3단계 여행 계획의 그림이 나왔다면, 여행 경비가 대략적으로 산출될 것이다. 이에 맞춰 너무 과하게 책정한 부분은 없는지 더블 체크하고 가고자 하는 관광지에서 카드와 현금 결제 중 어떠한 방법으로 결제가 이루어지는지 확인해야 한다. 해외여행일 경우 해외 겸용 신용카드가 맞는지 확인하고, 현금도 여유있게 준비하는 것이 좋다.

개별여행을 계획할 때는 예산을 세부적인 비목으로 분류하면 보다 효율적인 예산이 계산된다. 해외여행의 경우 크게 항공료 예산, 국내 여행의 경우 기차나 버스 예산, 관광지에서의 이동을 위한 교통비 예산, 식비 예산, 관광 및 쇼핑 예산, 여행보험과 와이파이, 로밍 등을 위한 기타 예산으로 분류한다. 또한, 사전 계획한 예산과 실사용한 경비를 한눈에 볼 수 있도록 정리한다면, 향후 여행 계획에도 도움이 될 것이다. 세부 비목으로 분류하였다면, 산출된 여행 경비가 전체 여행 경비에서의 비중이 적절한지 확인할 필요가 있다.

- 항공비 및 숙박비 : 전체 예산의 30~40% 할애, 여행의 품질을 결정짓는 중요한 요소
- 식비 : 전체 예산의 20~30% 할애. 현지의 물가를 고려하여 설정, 현지 음식이 맞지 않을 경우에 대비하여 국내에서 준비할 품목도 포함함
- 교통비 : 전체 예산의 10~20% 할애. 교통비는 여행지에 따라 크게 달라질 수 있음
- 관광 및 쇼핑, 기타비 : 전체 예산의 10~20% 할애

최근에는 현지에서 수수료 없이 ATM 출금이 가능한 트래블 카드가 등장하였다. 금융사별로 무료 환전상품이 상이하며, 원화를 외화로, 외화를 원화로 재환전하는 수수료가 모두 무료로 제공되는 혜택을 담은 카드를 선보이고 있다. 환전의 목적에 따라 선택해야 하며 국내에서 결제 시 혜택을 주는 카드사도 있으니 꼼꼼히 따져보고 발급받는다면 경제적인 여행 경비가 마련될 것으로 예상된다.

- 금융사별 무료 환전상품

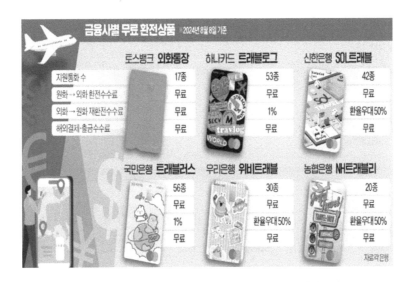

출처 : https://www.hankyung.com/article/2024080803531 기사 인용

(2) 여행 일정 작성에 도움이 되는 사이트

여행사들은 항공편과 숙박을 함께 제공할 수 있는 '에어텔(Airtel)' 상품을 제작하며 많은 개별여행객의 편의를 제공하고자 하지만 실제로 모든 것을 직접 계획하고 실행해야 하는 개별여행자들에게는 항공과 숙박부터 현지 관광 및 음식, 기타 여행에 필요한 여러 가지 사항까지 모두 고려할 수 있는 사이트가 있다면 더욱 편리할 것이다. 이러한 여행자의 심리를 반영하여 '나만의 여행'을 만드는 편리한 사이트가 등장하고 있는데, 여행객들에게 주목받고 있는 국내 사이트는 투어패스 몰(https://tourpassmall.com)이다.

◦ 투어패스몰

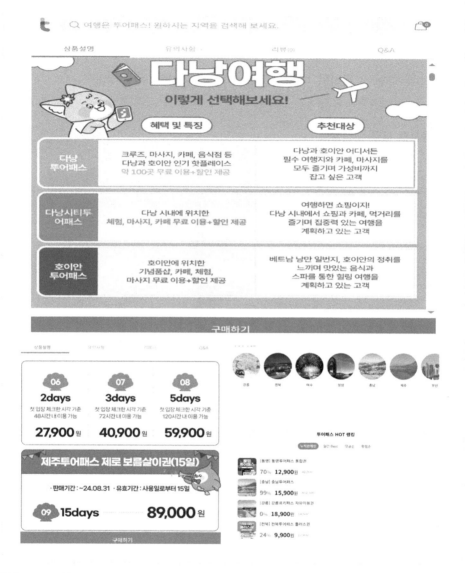

출처 : https://tourpassmall.com

투어패스몰은 현재 국내 여행을 위주로 상품이 제작되지만, 최근에는 베트남 다낭으로 확대되면서 앞으로 해외여행상품도 배치될 가능성이 크다. 다양한 관광지 입장권, 체험 상품, 교통패스 등을 온라인으로 판매하는 플랫폼이다. 이 사이트는 국내외

여러 관광지의 상품을 저렴한 가격에 제공하여, 여행자들이 더욱 경제적으로 여행을 즐길 수 있도록 돕는다. 국내외 관광지 입장권, 체험활동, 교통패스 등 다양한 여행 관련 상품을 제공하며, 2일권 또는 3일권으로 발급할 수 있고 관광지마다 시간권으로 배부되기도 한다. 투어패스몰은 여행 전 필요한 모든 티켓 또는 패스를 한곳에서 구매 가능하며 다양한 할인 혜택을 통해 경제적인 여행이 가능하므로 여행을 보다 편리하고 경제적으로 만들어준다.

트립잇

필요할 때 바로 손끝에서 여행 정보를 얻을 수 있습니다.

출장이든, 가족 휴가이든, 짧은 주말 여행이든, TripIt은 몇 초 안에 정보를 정리해줍니다. 확인 이 메일을 plans@tripit.com 에 전달하기만 하면 TripIt 이 거기에서 가져갑니다.

- 모바일 여행 일정
  요금제는 여러 장치에서 액세스할 수 있습니다.
- 받은 편지함 동기화
  받은 편지함에서 계획을 추가합니다.
- 탄소 발자국
  항공편의 탄소 배출량에 대한 상쇄 옵션을 추적하고 표시합니다.
- 여행 통계
  여행 통계를 집계하고 표시합니다.
- 문서
  여행 계획에 사진, QR 코드 또는 PDF와 같은 항목을 추가하세요.

자신 있게 필요한 곳에 도달

TripIt은 언제 어디에 있어야 하는지 보여주는 일정을 만듭니다. 여행 중에는 길을 찾는 데 도움을 드릴 수 있습니다.

- 탐색기
  한 지점에서 다른 지점으로 이동할 수 있는 옵션을 표시합니다.
- 공항 지도
  주변을 돌아 다니는 데 도움이되는 공항 및 터미널의지도를 제공합니다.
- 인근 장소
  머무는 곳에서 가까운 장소를 쉽게 찾을 수 있습니다.
- 주민 안전
  방문하는 지역의 안전 점수를 표시합니다.

출처 : https://www.tripit.com/web

이외에 미국의 트립잇(TripIt, www.tripit.com)은 여행자들이 다양한 예약 정보를 하나의 마스터 일정표로 통합해 주는 서비스다. 사용자는 항공권, 호텔, 렌터카 등의 예약 확인 메일을 트립잇에 전달하면, 자동으로 여행 일정이 생성된다. 마스터 일정표에는 여행과 관련된 지도, 목적지까지의 도로 안내, 현지 날씨 등의 정보도 포함되어 있어 편리하지만 회원 가입 후 30일 동안 무료로 이용할 수 있으며, 이후에는 유료로 전환된다. 트립잇은 특히 많은 여행 계획을 관리해야 하는 여행자들에게 유용하며, 모든 일정을 한곳에서 간편하게 확인하고 조정할 수 있게 해준다는 점에서 여행자들에게 많은 도움을 준다.

3) 여행 체크리스트

여행 가기 전에 많은 것을 준비해야 해서 자칫하면 놓칠 수 있는 게 많다. 준비물과 사전에 확인해야 하는 것들은 점검표를 작성하여 대비함으로써 불상사가 없도록 한다.

❏ **사전에 여행지 정보를 충분히 확인하기**
여행하려는 국가의 문화나 관습, 치안 상황 등의 기본적인 정보를 미리 알고 있어야 한다. 해외안전여행 홈페이지(https://www.0404.go.kr) 또는 주한대사관 홈페이지를 통해 확인할 수 있다.

❏ 영사콜센터나 방문국(지역) 소재의 우리나라 대사관 연락처 알아두기

❏ 방문국에서 유행하는 주요 감염병 체크 및 사전 예방접종

❏ 해외안전여행 앱을 다운로드 받기

● 해외안전여행 앱

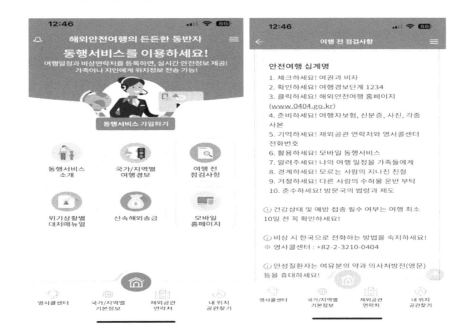

출처 : 해외안전여행 애플리케이션

☐ 여권, 비자, 여행자보험, 사진 등을 준비하여 비상 상황에 대비하기

여권은 6개월 이상 남는 기한인지 확인한다. 비자 준비가 필요하다면 2~3개월 체류를 허용하는 것으로 준비한다.

• 셍겐협약이란?

유럽지역 26개국이 여행과 통행의 편의를 위해 체결한 협약으로, 셍겐협약 가입국을 여행할 때는 국경 없이 한 국가를 여행하는 것처럼 한다.

• 셍겐협약국(총 29개국)

그리스, 네덜란드, 노르웨이, 덴마크, 독일, 라트비아, 루마니아, 룩셈부르크, 리투아니아, 리히텐슈타인, 몰타, 벨기에, 불가리아, 스위스, 스웨덴, 스페인, 슬로바키아, 슬로베니아, 아이슬란드, 에스토니아, 오스트리아, 이탈리아, 체코, 포르투갈, 폴란드, 프랑스, 핀란드, 크로아티아, 헝가리

- 셍겐협약 가입국에서 비셍겐국가 국민이 체류할 수 있는 기간
  - 셍겐국가 최종 출국일(단속일) 기준으로 이전 180일 이내 90일간 셍겐국 내에서 무비자 여행 가능
  - 최장 체류 가능 일수인 90일은 셍겐국 내에서 여행하였던 모든 기간(이전 출국일과 입국일 포함)을 합산하며, 출국 시마다 이전 180일 기간 중 체류일을 출국심사관이 계산

❑ 각종 티켓과 예약 다시 한번 확인하기

항공편을 확인한 후, 탑승권 인쇄 또는 모바일에 저장해야 두어야 한다. 탑승수속은 보통 탑승 2~3시간 전부터 오픈되니 사전에 마감되지 않도록 시간을 잘 확인하여 체크인을 진행해야 한다. 또한, 해외에서 인터넷이 연결되지 않을 것에 대비하여 호텔 및 현지 활동 예약 내역의 PDF와 스크린샷을 저장하는 것이 좋다.

❑ 와이파이, 유심카드, 통신사 로밍 서비스 신청

공항에서는 대부분 무료 와이파이가 제공되지만, 현지의 경우 무료 와이파이가 제공되지 않는 지역이 있다. 출발 전 공항이나 도착한 현지 공항에서 유심카드를 구매할 수 있다. 최근에는 E-SIM 카드도 주목받고 있으니 여행자에게 편리한 것으로 준비한다.

U-SIM의 경우 물리적 SIM 카드가 존재하고 SIM 카드를 핸드폰에 삽입하면 활성화되며 한 개의 휴대전화에 한 개의 USIM이 지원되지만, E-SIM의 경우 물리적 SIM 카드가 필요 없다. QR코드를 통해 원격으로 활성화되며, 한 개의 휴대전화에 여러 SIM을 지원한다. 그러나 모든 휴대전화 기종에 부합하지 않는다는 단점이 있다.

SIM 카드를 통해 통신상태를 활성화시키는 것이 불편하다면 통신사에서 제공되는 저렴한 로밍 부가서비스를 이용하며 급한 경우에만 데이터를 이용하고, 포켓 와이파이를 함께 지참하는 방법도 있다.

❏ 여행 시 유용한 각종 앱을 다운로드하기

구글 맵을 통해 이동 경로 및 주변 관광지 정보를 실시간 확인할 수 있으며, 파파고나 구글 번역기도 현지에서 유용하게 쓰인다. 현지에서 택시를 타고 이동할 때는 우버와 같은 앱이 편리하기 때문에 미리 다운로드받아 가입하는 것이 좋다.

❏ 항공기 반입금지물품 확인하기

항공보안법 제21조 및 관련 국토교통부 고시(항공기 내 반입금지 위해물품)에 따라 반입금지물품을 확인하여 휴대 및 위탁하지 않도록 주의해야 한다. 항공보안검색을 받기 전에 반입금지 위해물품 또는 액체류 물질을 소지하고 있는 경우 보안검색요원에게 알리거나 국제선 이용 시 보안검색을 받기 전에 신고대상 물품이 있다면 미리 신고해야 한다.

. **검색절차**

출처 : https://www.avsec365.or.kr

• 객실 내 반입 금지물품

객실 내 반입 금지물품은 휴대할 수 없고, 위탁할 수 있음

(총기류 및 구성부품, 전자충격기 및 퇴치스프레이, 뾰족하거나 날카로운 물체, 공구류, 둔기 및 스포츠용품, 인화성 물질, 액체 · 분무 · 겔류)

- 휴대 및 위탁 반입 금지물품

  항공기의 안전을 위협하거나 심각한 상해를 입히는 데 사용될 수 있는 물질 및 장치는 반입할 수 없음

  (뇌관, 기폭장치류, 군사 폭발용품, 폭죽, 조명탄, 연막탄류, 화약 및 플라스틱 폭발물, 토치, 토치라이터, 인화성 가스 및 액체, 위험물질 및 독성물질)

항공기 반입 금지물품

폭발성·인화성·유독성 물질 [X] 기내 [X] 위탁 수하물

폭발물류
수류탄, 다이너마이트, 화약류, 연막탄, 조명탄, 폭죽, 지뢰, 폭발 장치(뇌관, 신관, 도화선, 발파캡 등) 등

방사성·전염성·독성 물질
염소, 표백제, 산화제, 수은, 하수구 청소제제, 독극물, 의료용·상업용 방사성 동위원소, 전염성·생물학적 위험물질 등

인화성 물질
성냥, 라이터, 인화성 가스(부탄가스 등), 인화성 액체(휘발유·페인트 등), 70% 이상의 알코올성 음료 등 (단, 소형안전성냥 및 휴대용 라이터는 각 1개에 한해 객실 반입 가능)

기타 위험물질
소화기, 드라이아이스, 최루가스 등 (단, 드라이아이스는 1인당 2.5kg에 한해 이산화탄소 배출이 용이하도록 안전하게 포장된 경우 항공사 승인하에 반입 가능)

무기로 사용될 수 있는 물품 [X] [△] [O]

창·도검류
과도, 커터칼, 접이식 칼, 면도칼, 작살, 표창, 다트 등
(안전면도날, 일반 휴대용 면도기, 전기면도기 등은 객실 반입 가능)

스포츠용품류
야구배트, 하키스틱, 골프채, 당구큐, 빙상용 스케이트, 아령, 볼링공, 활, 화살, 양궁 등 (테니스라켓 등 라켓류, 인라인스케이트, 스케이트 보드, 등산용 스틱, 야구공 등 공기가 주입되지 않은 공류는 객실 반입 가능)

총기류
모든 총기 및 총기 부품, 총알, 전자충격기, 장난감총 등
(총기류는 항공사에 소지허가서 등을 확인시키고 총알과 분리 후 위탁가능)

공구류
도끼, 망치, 못총, 톱, 송곳, 드릴/날길이 6㎝를 초과하는 가위·스크루드라이버·드릴 심류/총길이 10㎝를 초과하는 렌치·스패너·펜치류/가축몰이 봉 등

무술호신용품
쌍절곤, 공격용 격투무기, 경찰봉, 수갑, 호신용 스프레이 등 (호신용 스프레이는 1인당 1개(100㎖ 이하)만 위탁가능)

항공기 반입 금지물품 안내

일반생활용품 및 의료용품

생활도구류
수저, 포크, 손톱깎이, 긴 우산, 감자칼, 병따개, 와인따개, 족집게, 손톱정리가위, 바늘류, 제도용 콤파스 등

액체류·위생용품·욕실용품·의약품류
화장품, 염색약, 파마약, 목욕용품, 치약, 콘택트렌즈용품, 소염제, 의료용 소독 알코올, 내복약, 외용연고 등 (단, 국제선 객실 반입시 100㎖ 이하만 가능, 위탁수하물인 경우 개별용기 500㎖ 이하로 1인당 2kg(2ℓ)까지 반입 가능)

건전지 및 개인용 휴대 전자장비
휴대용 건전지, 시계, 계산기, 카메라, 캠코더, 휴대폰, 노트북컴퓨터, MP3 등

의료장비 및 보행 보조도구
주사바늘, 체온계, 자동제세동기 등 휴대용 전자의료장비, 인공심박기 등 인체이식장치, 지팡이, 목발, 휠체어, 유모차 등 (수은체온계는 보호케이스에 안전하게 보관된 경우 객실 반입 가능하며 전동휠체어는 배터리 위험성 등으로 위탁만 가능)

구조용품
소형 산소통(5kg 이하), 구명조끼에 포함된 실린더 1쌍 (여분 실린더 1쌍도 가능), 눈사태용 구조배낭(1인당 1개) (단, 안전기준에 맞게 포장되고 해당 항공사 승인 필요)

국제선 기내 액체류 반입 기준
국제선 항공기를 이용하려는 승객은 아래와 같이 액체·분무·겔류용품의 기내 반입이 엄격히 금지되므로 소지하신 물품이 허용기준에 적합한지 미리 확인하시기 바랍니다.

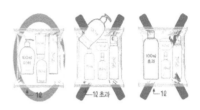

물·음료·식품·화장품 등 액체·분무(스프레이)·겔류(젤 또는 크림)로 된 물품은 100㎖ 이하의 개별용기에 담아, 1인당 1ℓ 투명 비닐지퍼백 1개에 한해 반입이 가능

유아식 및 의약품 등은 항공여정에 필요한 용량에 한하여 반입 허용. 단, 의약품 등은 처방전 등 증빙서류를 검색요원에게 제시

출처 : 2019 해외안전여행 길라잡이, 외교부

3. 개별여행 후 처리[2]

　　지금까지 개별여행의 개념과 준비 프로세스를 알아보았다. 모든 여행 일정이 종료된 후 정리하는 과정이 필요하기에 정산·보고는 필수라고 볼 수 있다. 일반 패키지 여행의 경우 해당 내용이 충분히 이루어지고 있지만 개별여행의 경우 일반관광객이 개인적으로 진행하기 때문에 체계적인 정산·보고 프로세스를 거치지 않는다. 최근 여행사에서는 개별여행을 원하는 고객을 위해 관련상품을 판매하고 있다. 패키지 여행상품과 달리 숙박이나 항공 혹은 체험 프로그램 등을 고객이 개별적으로 선택할

[2] 교육부(2023), NCS학습모듈 국외여행 정산·보고

수 있도록 제공하고 있다. 이렇듯 여행사의 운영 측면에서도 개별여행의 정산과 결과보고를 살펴볼 필요가 있다.

1) 개별여행 정산

정산은 여행 경비 총액에서 항공료, 체재비, 여행자보험료, 예비비 등의 지출을 제외하고, 순수하게 얼마가 남았는지를 소정 양식에 작성해서 보고하는 것을 의미한다. 정산 처리 시 개인여행객은 자신의 양식으로 여행사의 경우 정해져 있는 양식에 따라 정산 항목별로 관련된 영수증 및 자료 등을 반드시 첨부하여야 한다. 또한, 정산은 여행 종료 후에 작성하므로 여행 전 작성한 예상정산서와 비교하면서 작성하면 예산의 세부지출항목부터 흐름까지 한눈에 파악할 수 있다.

나의 여행일정에 맞는 항목을 적용하기 위해서는 정산처리에 필요한 항목을 먼저 파악하는 것이 중요하기 때문에 일반적인 국외 여행에서 사용하는 정산처리 항목을 알아보고 개별여행에 적용하도록 한다.

〈개별여행 정산처리 항목〉

• 항공료
  - 항공권을 포함하여 항공권 발행에 소요된 모든 비용을 말하는데 유류 할증료도 포함된 가격이다. 유류 할증료란 예측할 수 없이 증가하는 항공 유가에 대한 부담을 항공사에서 운임을 인상하는 대신에 세금처럼 추가요금으로 지급받는 것을 말한다. 2004년부터 불안정한 유가로 인하여 항공료 가격을 안정화하고 항공사들의 손실을 줄이고자 건설교통부 승인하에 도입되었다. 국제 유가의 가격이 변동할 때마다 항공요금을 변경할 수 없기 때문에 '유류 할증료'를 신설하여 1개월 단위로 인상 또는 인하된 추가 유류금을 받는 것이다. 유류 할증료는 각 항공사마다 할증료가 상이하고, 달러로 책정된 것을 입금 당시 환율에 따른 원화로 환산하기 때문에 환율에 영향을 받는다.

- 지상비
  - 여행지의 체재비로 숙박, 식사, 교통, 관광지 입장료 등 현지에서 여행 목적으로 발생하여 지불하는 모든 비용을 의미한다.
  - 여행사에서 판매하는 개별여행상품은 항목이 세부적으로 나누어져 있으니 정산 시 이를 반드시 구별하도록 한다.

- 여행자보험료
  - 모든 기획 여행상품은 「관광진흥법 시행규칙」 제18조(보험의 가입 등)에 따라 의무적으로 국외여행자보험에 가입해야 한다. 「관광진흥법」 제2조3항에는 "기획여행이란 여행업을 경영하는 자가 국외여행을 하려는 여행자를 위하여 여행의 목적지·일정, 여행자가 제공받을 운송 또는 숙박 등의 서비스 내용과 그 요금 등에 관한 사항을 미리 정하고 이에 참가하는 여행자를 모집하여 실시하는 여행을 말한다."라고 명시하고 있다.
  - 개별여행의 경우 여행객이 주로 보험사의 상품을 비교해서 가입하기 때문에 여행사에서는 패키지 여행과 달리 의무적으로 진행하지 않는다. 따라서 여행자보험의 가입 유/무에 따라 해당 항목을 선택하여 정산하도록 한다.

- 예비비
  - 현지에서 부득이하게 지출해야 하는 경우에 대비하여 예비비를 준비하도록 한다. 여행사의 경우 정해준 한도 내에서 지출하도록 한다. 이때 지출 사유 및 영수증 첨부는 반드시 필요하다. 예비비 지출은 대부분 고객의 만족도를 높이고, 재방문 고객을 유치하기 위한 방법으로 사용된다.
    * 예를 들어, 여행사에서 가이드를 포함한 관광지 상품을 개별로 판매하는 경우 예비비 항목을 넣어야 한다.
  - 개인의 경우 현지에서 예상치 못한 상황에 대비하는 비용으로 사전에 계획한 예산과 별도로 정산하도록 한다.

- 비자 수속 비용
  - 비자 수속이 필요 없는 방문 국가는 생략하고, 비자가 필요한 국가에 방문 시 비자 발급신청에 따른 기본 수수료를 항목에 넣도록 한다.

비자 발급 기본 수수료

비자 구분	금액
체류기간 90일 이하의 단수비자	40달러
체류기간 91일 이상의 단수비자	60달러
2회까지 입국할 수 있는 더블비자	70달러
입국횟수에 제한이 없는 복수비자	90달러

주: 1) 법무부령이 정하는 사유에 의하여 필요하다고 인정할 때에는 수수료를 면제하거나 다르게 정할 수 있음
   2) 국가 간 협정에 따라 비자 수수료에 관한 규정이 별도로 있는 경우에는 협정내용에 따라 수수료 부과
   3) 비자 발급 결과와 관계없이 비자 신청 시 수수료 징수

출처 : 대한민국 비자포털

- 가이드, 운전기사 팁
  - 국가 혹은 관광 프로그램마다 팁의 유/무가 존재하므로 이를 정확하게 파악하여 작성하도록 한다. 팁에 의한 분쟁을 최소화하기 위해 사전에 조정하여 분쟁이 발생하지 않도록 주의한다.
  - 개인의 경우 팁을 항상 염두에 두고 예산을 계획하여야 한다.

- 예약 취소
  - 「국외여행 표준약관」 제16조 1항 '소비자 분쟁 해결 기준(공정거래위원회 고시)'에 따라 정산 처리를 실시한다.
  - 이와 관련하여 여행출발 전 계약해제 조항은 다음과 같다.

- **제16조(여행출발 전 계약해제)**

① 여행사 또는 여행자는 여행출발 전 이 여행계약을 해제할 수 있습니다. 이 경우 발생하는 손해액은 '소비자분쟁해결기준'(공정거래위원회 고시)에 따라 배상합니다.
② 여행사 또는 여행자는 여행출발 전에 다음 각 호의 1에 해당하는 사유가 있는 경우 상대방에게 제1항의 손해배상액을 지급하지 아니하고 이 여행계약을 해제할 수 있습니다.
  1. 여행사가 해제할 수 있는 경우
    가. 제12조제1항제1호 및 제2호 사유의 경우
    나. 여행자가 다른 여행자에게 폐를 끼치거나 여행의 원활한 실시에 현저한 지장이 있다고 인정될 때
    다. 질병 등 여행자의 신체에 이상이 발생하여 여행에의 참가가 불가능한 경우
    라. 여행자가 계약서에 기재된 기일까지 여행요금을 납입하지 아니한 경우
  2. 여행자가 해제할 수 있는 경우
    가. 제12조제1항제1호 및 제2호의 사유가 있는 경우
    나. 여행사가 제21조에 따른 공제 또는 보증보험에 가입하지 아니하였거나 영업보증금을 예치하지 않은 경우
    다. 여행자의 3촌 이내 친족이 사망한 경우
    라. 질병 등 여행자의 신체에 이상이 발생하여 여행에의 참가가 불가능한 경우
    마. 배우자 또는 직계존비속이 신체이상으로 3일 이상 병원(의원)에 임원하여 여행출발 전까지 퇴원이 곤란한 경우 그 배우자 또는 보호자 1인
    바. 여행사의 귀책사유로 계약서 또는 여행 일정표(여행설명서)에 기재된 여행일정대로의 여행실시가 불가능해진 경우
    사. 제10조제1항의 규정에 의한 여행요금의 증액으로 인하여 여행 계속이 어렵다고 인정될 경우

출처 : 여행정보센터, 국외여행 표준약관

  개별여행에 필요한 정산 항목은 환경과 상황에 따라 수정가능하지만 여행에서 사용한 비용에 대한 부분은 명확하게 파악하고 있어야 한다. 위에서 설명한 정산항목을 바탕으로 정산서를 작성할 수 있으며, 여행사는 회사 내에 정해진 양식에 따라 개인은 자유 양식으로 작성하면 된다.
  기본적인 항목으로 구성한 정산서 양식은 다음과 같다.

개별여행 정산서 예시(여행사)

결재	담당	팀장	부서장	사장

단체 번호: 945256	상품구성 및 가격	'베트남 유적지 투어' ₩120,000
단체 이름: TOUR		
국가: 베트남	기간: 2024.08.01. 09:00~18:00	
행사인원: 10	환율: 1,110	
랜드사(가이드): VietTour(FAGH)	날짜 및 작성자: 2024.08.05. 홍길동	

입금 내역	1인 ₩120,000 × 10	₩1,200,000
	소계	₩1,200,000
지출 내역	지상비	₩80,000 × 10 = 800,000
	여행자보험료	₩3,000 × 10 = 30,000
	비자수속비	₩0
	예비비	$50(55,000원)
	기타 경비	₩0
	소계	₩885,000
예상 수익	₩315,000(1인 31,500원)	

출처 : 교육부(2023), NCS학습모듈 국외여행 정산 · 보고를 바탕으로 재구성

개별여행 정산서 예시(개인)

여행이름: 태국 여행		
국가: 태국(방콕, 파타야)	기간: 2024.08.01~2024.08.08	

예산 내역	₩3,000,000		
지출 내역	항공비	₩400,000	
	지상비	₩2,000,000	
		- 숙박 - 관광지 - 식·음료 - 세부내역 작성	
	여행자보험료	₩20,000	
	비자수속비	₩0	
	예비비	$200(270,000원)	
	기타 경비	₩0	
	소계	₩2,690,000	
잔액	₩310,000		

출처 : 교육부(2023), NCS학습모듈 국외여행 정산·보고를 바탕으로 재구성

정산서 작성을 완료하면 회사에 제출해야 한다. 이때 회사 규정에 알맞게 작성해야 하고, 관련 영수증을 반드시 첨부해야 하며, 회사의 보고 체계에 따라 제출해야 함을 인지하고 있어야 한다.

수행순서는 다음과 같으며 개인여행객은 해당사항이 없다.

① 정산서 내용을 파악한 후 제출한다.

② 정산서의 정산 항목에 대해 누락사항 없이 점검한 후 제출한다.

③ 정산서에 관련 영수증을 첨부하여 제출한다.

④ 누락된 항목을 검토한 후 제출한다.

⑤ 정산서 내용을 검토하여 보고 체계에 따라 제출한다.

. **정산서 영수증 첨부 예시**

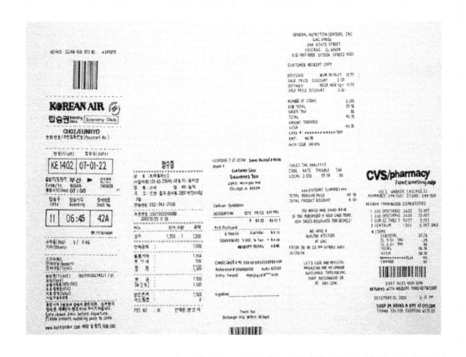

출처 : 국제신문

참고
문헌
REFERENCE

박시사, 여행업경영론, 대왕사, 2009

서울시50플러스포털, 자유여행, 이렇게 준비하면 됩니다

외교부, 2019 해외안전여행 길라잡이, 2019.7

유구름, 내 손으로 자유여행 계획하기, 카멜팩토리, 2018

한국관광공사 · 트립비토즈, 빅데이터를 활용한 2024 MZ 숙박여행 트렌드, 2024

한국문화관광연구원, 관광 트렌드 분석 및 전망 2023-2025, 2024

한국문화관광연구원, 미식관광의 개념과 전망, 2022

교육부, NCS학습모듈 국외여행 정산 · 보고, 2023

문화체육관광부, 2022년 기준 관광동향에 관한 연차보고서, 2023.8

국제신문(https://www.kookje.co.kr/news2011/asp/newsbody.asp?code=0900&key
        =20090512.22026202524)

대한민국 비자포털(https://www.visa.go.kr/openPage.do?MENU_ID=10103)

여행신문(https://www.traveltimes.co.kr/news/articleView.html?idxno=407364)

여행정보센터(http://www.tourinfo.or.kr/v2/info/agreement_02.asp)

연합뉴스, 더 자유롭고 여유롭게 개별여행(FIT) 가이드, 2009.10

카가와현 공식 관광 웹사이트(https://www.my-kagawa.jp/ko/tour/tour04)

트립스토어(https://www.tripstore.kr/blog)

트립어드바이저(https://www.tripadvisor.co.kr/Attraction_Review-g274707-d1868267-Re
        views-McGee_s_Ghost_Tours_Of_Prague-Prague_Bohemia.html)

Klook(https://www.klook.com/ko/activity/10239-thai-akha-kitchen-cooking-class-local-m
        arket-tour-chiang-mai/)

Klook(https://www.klook.com/ko/activity/10777-the-ride-nyc-bus-tour-new-york/)

https://blog.naver.com/ryupare985/223537610432

https://pixabay.com

https://tourpassmall.com

https://www.avsec365.or.kr

https://www.gulliverstravel.com

https://www.hankyung.com/article/2024080803531
https://www.tripadvisor.co.kr
https://www.tripit.com/web
kr.trip.com
www.hotelpass.com
www.rts.co.kr

CHAPTER

06

신혼·단체여행: 국외여행 현장 사례를 중심으로

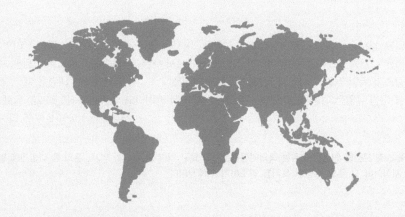

Chapter 6

신혼 · 단체여행: 국외여행 현장 사례를 중심으로

제4장에서 국외여행인솔자의 역할과 임무 등을 현지 행사를 진행하는 과정과 절차 측면에서 규범적으로 고찰했다면 이번 장에서는 다양한 여행패키지가 실제 운용된 사례를 중심으로 국가별 매력적인 관광 정보를 중심으로 신혼여행과 단체여행으로 구분하여 살펴보겠다. 제4장이 국외여행인솔자에게 가이드나 현장 매뉴얼을 제공하는 것이 목적이었다면 이번 장에서는 실제 여행패키지에 참여한 사례와 경험을 근거로 여행기획과 설계에 참여하는 여행사 직원, 국외여행인솔자 또는 개인 여행자에게 도움이 될 만한 정보를 간추려보았다.

1. 신혼여행

> 그들은 1942년 봄에 코트다쥐르에 도착했다. 여자는 열여섯 살, 남자는 스물한 살이었다. 그들은 나처럼 생라파엘 역이 아니라 쥐앙레팽 역에서 내렸다. 파리에서 출발한 그들은 자유 프랑스와 독일 점령지 사이의 경계선을 몰래 넘어왔다. ……쥐앙레팽에 내렸을 때 그들은 그날 아침 유일한 여행자들이었다. "우리는 신혼여행 중이라고 설명해야 해" 리고가 말했다.
> – 신혼여행 by 파트릭 모디아노

☞ 굳이 소설 문장을 인용한 이유는 국외여행인솔자의 요구 역량 중 하나가 역사, 문화 등 다방면에 걸친 화려한 지식이며 그 주요 수단인 독서를 강조하기 위해서이다.

코로나 엔데믹(endemic)으로 해외여행 심리가 점차 회복된 가운데 신혼여행 수요가 최근 17배 이상 오른 것으로 나타났다. 이런 분위기에 편승해 2022년 한 해 동안 가장 사랑받은 신혼여행지 1위는 어디일까? 국내인들에게 가장 인기를 끈 여행지는 인도네시아의 화산섬 발리로 22%를 차지했다. 그 다음 전통적으로 인기 신혼여행지인 몰디브(20%)와 태국의 푸껫·코사무이(16%), 하와이(14%), 유럽(11%) 등이 있다.

세상의 그 모든 여행 중에서도 신혼여행처럼 중요한 여행은 없을 것이라는 생각을 해본다. 일생에 단 한번이라는 로맨틱한 기회와 결혼이라는 삶의 변화를 고려할 때 여행객들은 그 어느 때보다 예민하고 흥분되어 있을 것이다. 여행에 대한 기대심리가 고조되면 고조될수록 그 여행을 총괄하고 관리하는 인솔 가이드의 중요성은 배가될 것이 분명하다. 이때 여행의 인솔 가이드는 그 무엇보다도 냉정하고 예민한 관심과 배려 그리고 공감을 통해 가이드 역할을 충실히 수행해야 할 것이다. 현지 가이드에게 여행패키지를 맡기고 마치 여행객처럼 행동하는 인솔 가이드를 본 적도 있는데 이는 최소한의 직업정신조차 갖추지 못한 행동으로 지양해야 한다.

1) 신혼여행 인솔 가이드의 역할

(1) 로맨틱하고 럭셔리한 이미지 유지

신혼여행은 일생 단 한번이라는 특징으로 인해 그 기획과 설계에 있어서 고급스러운 서비스로 대접받고 있다는 느낌이 잘 전달되도록 해야 한다. 신혼여행은 가격보다는 분위기와 특별한 배려를 고려한 옵션이 있다는 점에서 일반 단체여행과는 그 비용과 성격에 차이가 있다. 여행 인솔 가이드도 대상 국가에 대한 전문성과 활동 능력을 갖춘 사람을 선정해야 하며 매끄러운 어학 능력과 현지 활동에서의 고도의 순발력 등이 필요하다. 무엇보다도 고객에 대한 높은 공감 능력을 지닌 가이드를 선별하여 설계할 필요가 있다. 신혼여행 투어의 진행 과정에서 문제가 발생하여 고객의 항의나 건의 사항이 접수되었을 때는 여행사의 대표라는 상황인식을 갖고 적극적이고 신속하게 직접 처리할 수 있는 마인드를 함양하는 것이 중요하다. 현지에서 발생한 상황에 대하여 본사에 연락해서 알려주겠다거나 인솔 가이드로서는 처리에 한계가 있다는 등의 해명은 오히려 회사에 부정적 이미지를 가중시키며 투어에 참여한 전체 구성원들의 호감도에도 지대한 영향을 미친다. 따라서 신혼여행의 이미지에 결이 맞는 고급스럽고 로맨틱한 태도와 소양을 유지하는 데 노력하는 것이 좋다.

(2) 스마트하고 풍부한 경험자로서의 역량

공항에서의 출입국절차와 통관, 현지에서의 원활한 업무진행, 고객에 대해 섬기는 자세와 늘 밝고 긍정적인 표정 관리 등 다양한 소양도 중요하지만 무엇보다도 현지 국가에 대한 사회경제적 이해와 역사적 지식 등 현지 사정에 능통한 스마트한 인솔 가이드의 이미지를 부각하는 것도 중요하다. 인솔 가이드를 진행하기 전에는 반드시 해당 투어 일정에 맞추어 현지의 역사나 경제적 분야에 대한 이해도와 브리핑 능력을 갖추는 노력이 필요하다. 화려한 외국어 구사 능력과 함께 현지 경제 · 사회 · 문화에 대한 체계적 지식을 갖춘 멋진 인솔 가이드에게 대접받는 느낌은 회사의 잠재적 고객을 확보하는 데 결정적 역할을 할 것이 분명하다. 아울러 이러한 국외여행 인솔 가이드의 역량 강화와 노하우 축적을 위해 여행사에서 지속적이고 다각적인 지원을 아끼지 않는 것이 중요한 성공 요인이 될 것이다. 단기적 이익환수에 몰입하는 여행사는 인력양성에 방점을 두고 꾸준히 전진하는 여행사를 이기지 못한다.

(3) 명실상부한 로드매니저

국외여행인솔자는 관광객에게 여행 일정 전반에 걸쳐서 전적으로 책임지고 관여한다는 점에서 연예인의 로드매니저 역할과 비슷하다고도 할 것이다. 고객의 불편사항이 무엇인지 수시로 체크하고 여행 과정에서 발생하는 위기상황에 대해 최종 책임자의 자세로 조정하고 관리하는 매니저 역할에 충실해야 한다. 일반적으로 현지 여행사에서 진행하는 투어라고 하더라도 식사라든지 이동 수단과 호텔 상태까지 고객의 입장에서 꼼꼼히 확인하고 진행해야 한다. 필요하다면 사전에 여행상품의 기획과 설계과정에도 적극적으로 참여해서 여행의 질을 전반적으로 높이는 데 기여하는 것이 좋다. 그저 단순히 관광객의 안전과 일정 관리만을 목적으로 하는 국외여행인솔 가이드 경험은 장기적으로 가이드의 역량 강화에 도움이 되리란 기대를 하기 어렵다.

(4) 인솔 가이드의 베스트 덕목

인솔 가이드가 갖추어야 할 덕목을 4가지로 나누어본다면 우선 화려하지는 않지만 멋지게 보일 수 있는 겉모습을 들 수 있다. 외모가 수려하거나 키가 크지 않아도 정성을 다해 겉모습을 관리하려는 노력이 필요하다. 멋지고 쿨한 이미지의 가이드와 함께하는 여행과 늘 초라하고 피곤한 표정의 가이드와 함께하는 여행은 관광 투어의 질적 측면에서 고객들의 평가가 판이하게 차이가 난다. 두 번째로는 언변이다. 화려한 수사를 곁들이지 않아도 평상시 준비해 온 지식과 역량이 자연스럽게 표출될 수 있을 정도의 언어능력은 부지런히 연습하는 것이 필요하다. 세 번째는 기록하는 습관이라고 할 수 있다. 장기적 관점에서 모든 관광 투어의 성패는 통계와 기록의 싸움이라고 볼 수 있다. 여행 과정 전반에 걸쳐 관광객의 행태, 투어사이트의 장단점, 현지 실정 등을 수시로 수첩에 기록하고 관리함으로써 다음 투어에 활용할 수 있도록 준비하는 자세가 중요하다. 유사시 인솔 가이드의 판단 근거는 가이드의 개인적 경험에 단순 의존할 게 아니라 인솔 가이드가 평상시 기록해 놓은 다이어리에 근거해서 결정해야 실수를 줄일 수 있을 것이다.

> ☞ 여행은 새로운 세상을 만나는 것이 아니라 새로운 시각으로 세상을 바라보는 것이라는 말이 있다. 한편 여행의 목적은 즐거움이라고 할 수 있다. 여행객들이 잊을 수 없는 추억을 가슴에 품고 돌아갈 수 있게 해주어야 한다. 그런 면에서 가이드에게 필요한 것은 참신한 유머 감각과 긍정적 시각일 것이다. 신혼여행이라면 한 가지 더! 섬세한 터치와 꼼꼼한 주의력이다. 맨손으로 새를 쥐는 마음으로 매사 조심하면서 고객들의 기억 속에 새로운 여행의 역사를 써나가겠다는 마음가짐이 중요한 것이다.

2) 태국 코사무이(Koh Samui)

(1) 코사무이의 매력

코사무이는 휴양을 위한 완벽한 조건을 지닌 곳으로 에메랄드빛 해변과 천혜의 자연환경 그리고 가성비가 최고인 숙소 등으로 신혼여행객들에게 어필하고 있다. 코사무이의 해변은 보라카이·몰디브와 비교해도 손색이 없을 정도로 아름답고 이 해변을 둘러싼 다양한 프라이빗 리조트가 신혼여행의 달콤함을 더욱 자극한다. 음식 역시 유럽인들의 음식문화에 오랜 시간 맞추어 온 다양한 레스토랑을 통해 풍미와 기쁨을 선사한다. 사무이(Samui)는 '깨끗하다'라는 뜻으로 사무이 군도에 있는 섬들은 아직까지 원시적인 아름다움을 간직하고 있다. 코사무이에서 즐기는 액티비티는 일반적으로 태국에서 즐기는 레저스포츠와 비슷한데 스노쿨링, 스쿠버다이빙, 카약 등을 부담없는 가격으로 즐길 수 있는 것이 장점이다.

▶ **차웽비치의 저녁 노을**

또한 코사무이에는 매년 음력 보름에 열리는 풀문 파티가 유명하다. 1990년 핫린에 있는 큰 게스트하우스 파라다이스 방갈로에서 여행자를 위해 시작했던 조촐한 파티가 이제는 세계적인 축제가 되었다. 가장 핫한 시즌은 12월과 1월 그리고 송크린 축제가 있는 4월이다. 가이드 입장에서는 관광객의 안전과 도난문제 등을 고려해서 설계해 볼 수 있다. 풀문 파티는 코사무이에 머물면서 일일 투어 형식으로 즐길 수도 있다. 이외에 코사무이에서 놓치지 말아야 할 것으로는 차웽비치에서 일광욕, 피셔맨스 빌리지에서 멍 때리기, 코사무이의 몰디브 낭유안섬에서 스노클링 즐기기 등이 있다.

▶ 코사무이 해변리조트 전경

(2) 코사무이의 여행패키지와 가이드 시 주의사항

① 코사무이 주변 일일 투어

코타오와 낭유안섬을 다녀오는 스노클링 투어는 코사무이에서 가장 인기 있는 일일 투어이다. 투어에 사용되는 선박은 스피드 보트와 페리로 나뉜다. 스피드 보트는 기동력은 있지만 파도와 날씨를 고려해야 하는 단점이 있고 페리는 시간이 많이 걸리지만 날씨와 상관없이 안정되게 운영되는 장점이 있어 인솔 가이드는 사전예약시 이용 선박에 유의해야 하며 숙소 픽업 서비스, 점심식사, 간식과 음료수, 스노클링 장비, 입장료 등을 꼼꼼히 챙기는 게 필요하다. 인솔 가이드는 일일 투어 스케줄에 맞추어 세부 일정을 꼼꼼히 살펴서 여행객들이 범할 수 있는 실수와 위험요인에 대해 대비하는 노력이 중요하다. "악마는 디테일에 있다"라는 말처럼 모든 가능성을 열어두고 보수적으로 접근하는 것이 필요하다.

코타오 & 낭유안섬 일일 투어 일정

07:00	숙소 픽업
08:00	코사무이 출발
10:00	망고베이에서 스노클링
11:30	코타오 혹은 낭유안섬에서 점심
13:00	낭유안섬에서 스노클링(자유시간)
15:00	코사무이로 복귀
17:00	숙소 복귀

② 마사지와 스파

태국 여행 하면 필수적인 것이 마사지와 스파라고 할 수 있다. 일상의 스트레스와 여행의 피로를 날려버릴 수 있는 체험으로 관광객에게 인기가 좋다. 타이 마사지는 손가락을 이용한 경맥 누르기와 손바닥을 이용한 근육 이완, 유연성 강화 스트레칭으로 이루어진다. 핫 콤프레스 마사지, 보디 랩, 오일 마사지 등 다양한 서비스가 제공된다. 차웽은 한마디로 마사지의 천국이다. 건물마다 마사지 숍이 있다고 해도 과언이 아닌데 과잉 경쟁도 있고 프로모션과 프로그램도 다양해서 선택에 혼란을 줄 수 있다. 인솔 가이드가 숙지해야 할 마사지 활용법이 있다면 우선 서비스료가 요금에 포함되는지 여부 등 가격 부분이다. 가격과 가성비는 중요한 고려사항으로 납득 가능한 충분한 사전 설명이 필요하다. 아울러 관광객들에게 일반적인 마사지 이용 팁을 알려주는 게 좋다. 만족도가 높았다면 마사지사의 이름 알아두기, 마사지 강도는 미리 이야기하고 마사지 중에도 원하는 강도를 적극적으로 표현하기, 마사지 중에도 강도나 서비스가 미흡하게 느껴진다면 마사지사 교체를 요구하기 등등 스파 패키지의 진행 순서에 따라 관광객이 염두에 두면 좋을 포인트를 사전에 고지하는 게 좋다. 다른 옵션도 마찬가지이지만 특별히 마사지와 스파는 개별적 선호도에 따른 차이가 많아서 소통과 대화를 통해서 충분히 납득할 수 있는 선에서 이루어져야 하며 절대 강요하면 안 된다. 현지 가이드가 본인의 수입과 직결되는 만큼 이를 자주 강요하면 관광객의 컴플레인이 발생할 우려가 크기 때문이다.

③ 쇼핑과 밤 문화

코사무이는 일반적으로 쇼핑에 적합한 지역은 아니다. 쇼핑은 차라리 슈퍼마켓 같은 곳에서 태국에서만 구입할 수 있는 아이템으로 진행하는 게 바람직하다. 우리나라 가격의 7분의 1 정도로 구입이 가능한 와코루 속옷, 진하고 달달한 태국 커피믹스, 태국 실크제품의 대표 브랜드인 짐 톰슨 등을 구매하는 것을 권할 수 있다. 쇼핑 전에 관광객들에게 부가가치세를 환급받는 절차 정도를 고지하면 센스 있는 가이드가 될 것이다. 또한 코사무이는 스타일리시한 휴양지로서 차웽 비치와 라마이를 중심으로 밤 문화가 발달되어 있다. 라이브 공연을 보면서 한 잔 할 수 있는 펍이나 바 같은 곳들이 몰려 있어 관광객들에게 자유시간을 주고 교통편이나 안전 수칙 등을 제공하는 수준에서 개입하는 게 좋다. 차웽 호숫가 근처에 형성된 먹거리 야시장도 다양한 음식을 구경하고 먹을 수 있다는 점에서 권장된다.

▶ 아울렛 빌리지 사무이

④ 코사무이 북부 투어

피션맨스 빌리지는 보풋 비치에 있는 작은 마을로 이름처럼 어부들이 모여 살던 어촌이었다. 클래식한 목조건물이 줄지어 있어 이국적이고 유럽풍의 분위기를 조성한다. 특별히 볼거리가 많은 것은 아니지만 해변을 따라 형성된 리조트에서 휴식을 취하거나 산책을 하는 등 조금은 느리고 포근한 여행을 즐길 수 있다는 것이 장점이다.

▶ 피셔맨스 빌리지 리조트 전경

3) 유럽(프랑스, 스위스, 이탈리아)

(1) 프랑스

그랑뱅(Grand Vin)! 포도주와 음식문화로 유명한 프랑스에서는 무조건 파리에 가야 한다. 아름다운 에펠탑과 샹젤리제 거리, 몽마르트르 언덕과 노트르담 대성당의 웅장한 파사드까지 제대로 파리를 즐기려면 도보여행이 제격이다. 예술과 문화의 도시 파리 곳곳을 두 발로 걷다 보면 잊고 지냈던 삶의 예술감각이 되살아난다. 물론 다른 유럽 국가들과 마찬가지로 소매치기와 바가지는 조심해야 한다. 가이드가 주의할 점은 프랑스는 파업의 도시라는 것이다. 교통과 예약 등 모든 일정은 뒤죽박죽이 된다. 가이드가 간단한 프랑스어도 하지 못하면 여행이 곤혹스러워진다.

프랑스는 북동쪽으로 유럽의 보물창고인 룩셈부르크와 벨기에를 두고 동쪽으로는 독일, 스위스, 이탈리아 그리고 남쪽으로는 스페인과 지중해의 푸른 바다를 두고 있다. 영국과는 백년전쟁을 통해 지금도 브레따뉴 지역에 그 흔적이 남아 있고 독일과는 알퐁스 도테의 '마지막 수업'을 통해 스트라스부르의 백포도주와 소시지를 보여준다. 1789년에 프랑스 대혁명은 시내 한복판 바스티유 역에서 그 역사를 설명하고 있으며 '레미제라블'로 유명한 빅토르 위고라는 대문호는 노트르담 대성당을 엄호하고 있다. 소위 "영광의 30년(1945-1975)"에 프랑스는 연간 5.1%의 경제성장률을 기록하며 경제적 번영을 구가했지만 이 기간은 알제리 이민자 시위를 무력으로 진압하여 수백 명의 사망자를 낸 기간이었으며 '금지하는 것을 금지하노라'라는 피켓을 들고 젊은이들이 68혁명을 일으킨 격정의 시대이기도 했다. 오늘날의 프랑스 사회에서 정착된 자유와 평등의 가치는 이렇게 프랑스 파리라는 도시의 곳곳을 돌아다니면서 직접 체험해 볼 것을 권해본다.

프랑스 파리 일일 투어 일정

1코스 (도보)	① 시떼섬의 노트르담 대성당	② 퐁네프 다리	③ 루브르박물관
	④ 튈르리 정원	⑤ 콩코르드 광장	⑥ 샹젤리제 거리
	⑦ 개선문	⑧ 에펠탑	⑨ 앵발리드
2코스 (도보, 지하철)	① 몽마르트르	② 몽파르나스	③ latin 지구
파리 외곽 (RER 이용)	① 베르사유 궁전	② 몽생미셸	③ 퐁텐블로 (fontainebleau)성

① 에펠탑(Tour Eiffel)

▶ 프랑스 파리 에펠탑 야경

　에펠탑은 개선문 맞은편 마르스 광장에 있다. 324미터의 3단 구조인 에펠탑은 파리 전체를 조망할 수 있고 야경도 훌륭해서 관광객에게 인기가 많다. 디자인을 한 구스타브 에펠의 이름이 붙은 철골 구조물은 완공된 1889년 당시 도시풍경에 거슬린다는 이유로 많은 이들의 혹평을 받았다. 소설가 기 드 모파상 역시 에펠탑이 보이지 않는 유일한 곳이라며 에펠탑의 레스토랑에서 식사했다는 일화가 있을 정도이다. 이렇게 처음에는 무관심하거나 싫어했던 것들이 노출도가 잦아지면서 좋아지게 되는 '에펠탑 효과'라는 심리학 용어처럼 파리시민들의 사랑을 온몸에 받고 있는 파리의 상징 건축물이 되었다. 파리 시내를 한눈에 조망하고 싶지는 않다면 굳이 엘리베이터를 타고 올라가지 않아도 좋다. 파시역 쪽에서 멀리 감상하거나 저녁 무렵 포토존에서 사진을 남기는 것도 방법이다. 에펠탑 주변에서는 몽마르트르 언덕과 마찬가지로 화가들이 줄지어 앉아 초상화를 그려주기도 한다.

② 에뚜알 광장(Place d'etoile), 개선문(Arc de Triomphe)

▶ **프랑스 파리 에뚜알 개선문 전경**

개선문은 프랑스의 자존심이다. 프랑스 대혁명과 프랑스 역사를 압축하는 상징적 건축물이다. 나폴레옹의 여러 전투에서의 승리 장면과 최초의 공화정을 세운 시민군의 모습 등이 부조로 새겨져 있다. 중앙 제단에서 타오르는 불꽃들은 제1차 세계대전에서 목숨을 잃은 무명용사의 넋을 추모한다. 파리 도보여행에서 왜 빠질 수 없는 곳인지는 엘리베이터를 타고 개선문 위로 올라가면 알 수 있다. 개선문 전망대에서 내려다 본 파리는 커다란 도로가 사통팔달로 펼쳐져 있다. 개선문 광장을 중심으로 12개의 대로를 만들어 20개로 구분한 도시의 지구들을 연결했고 큰 길이 만나는 곳

에 광장과 교차로를 만들었다. 나폴레옹은 파리를 제국의 수도에 걸맞게 발전시키고
싶었다. 도심 곳곳에 분수를 만들고 광장과 공연장, 시장과 공연장 등 공공시설을
만들었다. 전쟁을 수행하느라 바쁜 나폴레옹 대신 도시를 건설한 것은 그의 조카인
나폴레옹 3세라고 한다. 도로를 따라 수도관과 하수도관, 가스관을 설치하고 건물을
도로와 나란히 짓게 하여 콜레라가 사라지게 만들었고 교통과 거주환경을 업그레이
드하였다. 파리 도심의 건물들은 모두 높이가 비슷비슷하며 지붕은 45도로 기울어져
있고 모든 건물에 테라스가 있으며 벽의 모서리가 굴곡지게 설계되도록 규제되었다.
샹젤리제 거리에는 유명한 식당과 카페가 즐비하게 늘어서 있어 세계 여행객들의
잊을 수 없는 추억의 중심이 되기도 한다.

③ 몽마르트르(Montmartre) 언덕, 사크레쾨르(Sacre-Coeur) 성당

▶ 프랑스 파리 사크레쾨르 성당과 앞마당 모습

몽마르트르의 사크레쾨르(Sacre-Coeur) 성당에는 늘 관광객들로 붐빈다. 성당 계단 아래 공터와 테르트르 광장으로 가는 골목 곳곳에는 길거리 버스킹을 하는 이들도 많다. 몽마르트르 언덕은 1870년대 이후 가난한 화가들과 미술상, 학생, 화구상들이 모여들면서 형성되었다. 한국인들이 바가지를 쓰는 것으로 유명한 피갈역 근처 유흥가에는 극장식 카바레 물랭루즈도 있다. 대부분의 관광지가 그렇지만 이곳도 상업주의가 난무하다. 거리와 광장 곳곳에서 통속적 자본주의가 넘쳐나고 있다. 돈 냄새가 풀풀 나는 상업주의에 민망해하지 말고 조그만 시장이나 상점에서 미래의 화가 지망생이 그린 그림이라도 몇 점 사면서 예술가의 고뇌를 함께 느껴 보길 권한다.

☞ 아는 만큼 보인다는 말이 있다. 여행도 마찬가지이다. 현지 투어를 하다 보면 여행지의 역사와 유래, 스토리를 설명하고 전달해야 할 때가 많은데 이때 사전에 그 여행지에 대한 지식을 섭렵해 두지 않으면 매끄러운 가이드가 되지 못할 가능성이 높다. 국외여행인솔 가이드가 갖추어야 할 덕목 중 단호하게 필요하다고 말할 수 있는 것은 가이드의 경험적 깊이와 함께 역사, 문화 등 해당 여행국가에 대한 철저한 공부라고 감히 말한다.

(2) 이탈리아

이탈리아 사람들은 쾌활하고 낙천적이지만 성질이 급하다. 가족연대주의가 강해 개인의 사생활을 중시하는 타 유럽 국가와 차별된다. 우선 로마는 반드시 가봐야 한다. 고대와 중세의 유적들이 도시 곳곳에 도사리고 있는 특별한 도시이다. 테르미니역 근처 백 년이 넘은 아이스크림 가게와 진한 에스프레소 한잔을 놓칠 수는 없다. 유럽인들이 신혼여행지로 가장 가고 싶은 도시 베니스 역시 놓칠 수 없다. 일단 떠나라! 그러면 내가 오래도록 그리워했던 도시가 바로 이곳이라는 생각이 절로 들 것이다. Bella Ciao!

① 로마

유럽에서도 특히 집시들이 많은 곳이 이탈리아 로마이다. 관광산업 외에 딱히 다른 산업기반이 없는 로마는 치안이 불안하고 쓰레기가 굴러다니는 최악의 도시라는 오명을 쓰고 있다. 콜로세움이나 트레비 분수 등에서 소매치기에 유의해야 한다. 그

럼에도 불구하고 이탈리아 로마는 특별한 도시이다. 수준 높고 규모도 거대한 고대 유적이 도처에 가득하다. 다른 어떤 유럽의 도시도 그 규모를 따라올 수는 없다. 로마시에 있는 바티칸 교황청은 중세와 르네상스 시대의 예술과 역사를 제대로 구경할 수 있는 기회를 제공한다.

▶ **이탈리아 로마 원형경기장 모습**

☞ 탈리아 커피— 이탈리아에서는 카페 한 잔이라는 단어가 곧 에스프레소 한 잔이라는 의미다. 아침에 사람들이 작은 잔에 담긴 커피를 한두 모금 마시고 일어나는 것을 자주 보는데 그게 바로 에스프레소다.
　: caffe(에스프레소 솔로, 싱글샷), caffee doppio(에스프레소 더블샷), caffe con panna(에스프레소에 생크림을 얹은 커피)
☞ 탈리아 젤라또— 신선한 천연재료를 사용하여 만드는 이탈리아의 수제 아이스크림 젤라또 부드러운 맛과 쫀득한 식감으로 여행자에게 인기가 많다. 100년이 훌쩍 넘어가는 인생가게가 즐비하다.
　: fragola(프라골라, 딸기향), Ananas(아나나스, 파인애플), Crema(크림), Pesca (뻬스카, 복숭아), Castagna(까스타냐, 밤)

② 베니스

베니스는 5세기경 훈족의 침략을 피해 달아난 피난민들이 석호 위에 수많은 말뚝을 박고 기초를 다져 만든 수상도시이다. 이 도시는 8세기부터 1천 년간 상업적 번성이 지속된 곳으로 이탈리아의 자존심과 찬란한 역사가 간직되어 있다. 400여 개의 아치형 석교가 핏줄처럼 얽혀서 작고 큰 수많은 운하를 연결해 주며 귀족들의 웅장한 고택과 심오한 건축물의 장대한 풍경을 보여준다. 산 마르코 광장 주변의 카페, 산타루치아 기차역도 좋고 가깝게 있는 로미오와 줄리엣의 고장 베로나도 연계해서가 볼만하다.

바포레토(Vaporetto)는 수상버스라고도 불리는 베니스의 대표적 교통수단이다. 관광객들이 주로 이용하는데 이외에 수상택시인 모토스카피, 곤돌라도 이동수단으로 사용된다.

▶ 이탈리아 베니스 수상버스 승강장

베니스는 당일치기 투어가 가능하다. 리알토 다리에서 시작해서 산마르코 대성당/ 두칼레 궁전/곤돌라 타기/산타마리아 델라 살루테 성당/구겐하임 미술관/산마르코 광장(야경 감상)으로 이어지는 코스이다. 곤돌라를 타고 있는 연인들을 향해 세레나 데를 불러주는 '곤돌리에'는 대를 이어서 하는 경우가 대부분이라 자격조건이 제한적 이고 아무나 원한다고 할 수 없는데 이들은 곤돌라 운전은 물론 역사, 문화, 예술, 외국어 등 다양하고 까다로운 시험을 통과해야 될 수 있다.

▶ 이탈리아 베니스 리알토 다리 전경

셰익스피어의 '로미오와 줄리엣'의 도시 베로나는 베네치아 산타루치아 역에서 초 고속열차로 1시간 10분 또는 밀라노 중앙역에서 1시간 정도면 도착할 수 있다. 로미 오와 줄리엣의 사랑이 골목골목 스며 있는 로맨틱한 도시 베로나는 로마시대의 유적은 물론 베네치아 공화국에 점령되었던 시대의 건축물이 온전히 남아 있어 유네스코 세계문화유산에 등재되어 있다. 줄리엣의 집으로 알려진 Casa Capuleti에는 줄리엣의 청동상이 있는데 동상의 오른쪽 가슴을 만지면 사랑이 이루어진다는 전설이 있어서 많은 관광객의 사랑을 받고 있다. 낯선 곳에서 또 다른 나를 만나보고 싶은 사람이거나 리알토 다리 아래 은밀한 안개 바다 속에서 사랑의 고백을 받고 싶은 연인이라면 베로나/베니스에 꼭 가봐야 하지 않을까?

(3) 스위스

> 스위스 하면 아름다운 알프스의 경치가 생각나고 그 깊은 산속에서 먹었던 퐁뒤가 떠오르고 기다란 산악열차를 타고 융프라우요흐 정상에 올라가 발 아래 구름을 내려보며 먹은 컵라면이 생각난다. 지나가고 나면 먹는 것만 생각나는 건 인간의 본능이긴 한데 몽트뢰의 재즈 페스티벌, 알프스 산악 트레킹 역시 놓치면 아쉽다.

① 루체른

우리가 도시의 꽉 막힌 고층 빌딩과 화려한 불빛 속에서 살고 있을 때 대자연의 무한한 목소리를 제대로 듣지 못한다. 스위스는 호수와 산맥의 도시국가라고 불릴 수 있다. 스위스의 루체른이라는 도시는 산과 호수를 한꺼번에 체험하기 적합한 도시라고 할 수 있다. 제네바, 취리히, 베른, 몽트뢰 등 스위스의 도시들은 워낙 물가도 비싸고 임대료도 만만치 않기 때문에 일반인들이 여행이나 거주하기는 부담스럽다. 하지만 세상 모든 곳에는 틈새가 있다. 유럽에는 캠핑카를 타고 여행하는 사람들이 많은데 그 이유 중에 하나가 시설이 깔끔하고 저렴한 캠핑장이 곳곳에 많기 때문이다. 스위스도 마찬가지이다. 1인용부터 가족 단위까지 다양한 캠핑장이 있는데 전기나 수도시설이 잘 갖추어진 곳이 많아서 이런 인프라를 활용한 신혼여행상품개발도 가능성이 충분한 것으로 보여진다.

스위스의 루체른은 그 유명한 카펠교와 빈자의 사자상으로 유명하지만 실제로는 스위스 산악 트레킹의 관문으로도 유용한 관광지이다. 광대한 산맥의 봉우리를 바라보며 사랑하는 이와 단둘이 고요한 사색과 산책을 즐길 수 있는 트레킹을 즐길 수 있다면 매일같이 죽음을 향해 달리는 열차를 갈아타야 하는 이 척박한 삶의 부조리에서 커다란 위안이 될 것이다. 스위스는 사실 전 세계인들이 반드시 도전하고 싶어하는 트레킹 코스가 다양하게 만들어져 있다. 알프스 지역 트레킹은 보통 한 도시에 사나흘 정도 머물면서 산악트레킹도 즐기고 마을관광도 하면서 퐁듀, 소시지 등 스위스 현지음식을 즐기며 몸과 마음을 힐링하는 것이 바람직하다. 관광버스를 타고 와서 풍경을 뒷배경으로 하여 사진만 찍고 가기에는 아깝다.

▶ 스위스 루체른 카펠교 전경

② 인터라켄

스위스 인터라켄에서는 패러글라이딩을 즐길 수 있다. 거대한 협곡이나 산맥 위로 날아오르는 패러글라이딩은 엄청난 스트레스를 해소하는 최고의 자연 스포츠이다. 푸른 하늘을 새처럼 날아가는 체험으로 100스위스프랑 정도의 비용은 나쁜 가격이 아니다. 나만의 작은 도전으로 스위스 자연을 온몸으로 체험하는 레포츠와 산악캠핑을 선택해 보는 것도 좋을 것이다.

▶ 스위스 그린델발트 마을 모습

2. 단체여행(해외연수 패키지)

　관광 패키지에 대한 실무가이드 등에 대해서는 앞에서 정보가 충분히 제공된 것으로 간주하고 본 장에서는 기업이나 공공기관의 단체여행에 대비하여 공식 출장업무지원과 현지 통역 등 행사 지원패키지를 중심으로 설명한다. 기업이나 공공기관 단체 해외연수는 그 규모나 성격, 수행 기능이 일반적인 관광 패키지와는 상이하고 고객 기대치 역시 높아서 다양한 경험과 노하우가 필요한 분야라고 할 수 있다. 공공기관 연수의 설계와 기획 단계 등에서의 사전준비/고려사항 등의 콘텐츠 위주로 단체여행의 성격을 파악하고 실제 현지 행사지원 사례를 국가별로 소개해 보고자 한다.

출장과 기관방문 등 해외연수의 성격이 공식적이고 업무 중심이긴 하지만 해외연수인 만큼 현지의 유명 관광지 투어도 진행해야 하므로 해외여행에 대한 기대심리는 일반 관광 패키지와 마찬가지로 높을 것을 고려하여 업무와 휴식이 적정 배분될 수 있는 섬세한 프로그램 설계가 중요시될 것으로 보인다. 실제 현지 행사진행 시에도 일정과 콘텐츠에 대한 까다로운 니즈(Needs)를 고려하여 일반관광 패키지보다는 한층 높은 긴장감과 집중력이 요구된다고 할 수 있다.

1) 해외연수 패키지의 준비, 설계

(1) 사전준비사항

통상적으로 기업이나 공공기관의 해외연수를 진행하기 위해서는 해당 고객들을 대상으로 설명회나 프레젠테이션을 진행해서 연수의 필요성과 타당성 검토 등을 인식시키는 사전작업이 필요하다. 즉 해당 연수 프로그램의 초기 설계 단계부터 적극적으로 개입하는 노력이 중요하다. 사전 설명 단계에서는 해당 기업의 담당자나 실제 연수를 가는 구성원에 대해 인터뷰를 실시하여 출장의 실질적 목적과 요구사항을 정확히 파악해야 한다. 아울러 해당 연수기관의 내부 의사결정과 연계하기 위하여 방문하고자 하는 국가와 기관에 대한 현황자료 등이 포함된 기초적 해외연수 설명자료를 작성하여 제공해 주는 서비스도 필요하다.

> **해외연수 설명자료에 일반적으로 포함될 사항**
>
> ① 해외연수 목적
> ② 적정 연수기간
> ③ 방문국가 및 기관 설명
> ④ 방문단의 구성
> ⑤ 방문국가의 일반현황(국가 개요, 사회경제적 지표, 한국과의 외교적 관계 등)
> ⑥ 현지국가의 비즈니스 환경분석
> ⑦ 방문대상기관의 방문 실익 등
> ⑧ 사회문화적 환경과 정치경제적 고려사항 등

해외연수 콘텐츠 및 방문기관·연수 일정(예시)

대상국가	해외연수 콘텐츠	방문기관·일정

이집트, 이스라엘, 요르단, 튀르키예	• 중동 현지 전문가와의 심도있는 논의를 통한 중동지역 정치, 경제 및 역사적 배경에 대한 이해 제고
	• 중동지역 창업진흥·스타트업·문화관광산업 등 주요 발전전략 현황 및 국제적 협업 가능성 탐색
	• 중동 분쟁지역 난민문제에 대한 다각적 이해 및 관련 정책 역량 제고
	• 이스라엘과 인접 아랍국가의 분쟁 이슈 및 이에 대한 국제사회의 평화적 해결노력 탐색
	• 중동국가와의 경제협력 현황 파악 및 협력 확대기회 발굴
		• 이집트(9.10~12)
		  1. (카이로) 알아흐람신문 정치전략연구센터
		  2. (룩소) 관광산업 정부기관
		• 요르단(9.13~15)
		  1. (암만) 아랍 Thought 포럼
		  2. 난민 관련 NGO
		• 이스라엘(9.16~18)
		  1. (예루살렘) 히브리대학 해리 트루먼 평화연구소
		  2. (예루살렘) 홀로코스트 기념관
		  3. (텔아비브) 창업지원투자 펀드 기관
		• 튀르키예(9.19)
		  1. (이스탄불) 이슬람협력기구 본부

스페인, 크로아티아, 튀르키예	• 유럽국가들의 4차 산업혁명 추진상황
	  - 신흥국들의 4차 산업혁명 활용방안 (튀르키예, 크로아티아)
	  - 신기술 활용 산업으로 경제침체 극복 사례(스페인)
	• 4차 산업혁명 관련 유럽과 한국의 협력방안
	• 유럽의 문화자원 활용상황 파악과 한국과의 협력방안
		• 스페인(9.9~13)
		  1. UNWTO
		  2. 악비타
		  3. 포블레노위
		• 크로아티아(9.13~16)
		  1. KOTRA
		  2. 상공회의소
		  3. 자그레브시청
		• 튀르키예(9.16~19)
		  1. KOTRA
		  2. 파노라마 1453 박물관
		  3. 이스탄불 시청

멕시코, 페루, 아르헨티나	• 중남미 국가의 보건의료실태 조사 및 한국과의 의료분야 협력방안 모색
	• 중남미 국가의 친환경 관광도시 조성 등 관광자원 개발정책 조사
	• 중남미 수출시장 조사를 통한 경제협력 및 투자활성화 정책 연구
		• 멕시코(10.11~13)
		  1. 멕시코 보건부
		  2. 칸쿤 해양연구소
		• 페루(10.14~16)
		  1. 쿠스코 관광국
		  2. 산마르코스 대학교
		• 아르헨티나(10.17~19)
		  1. KOTRA 부에노스아이레스무역관
		  2. 아르헨티나 농업부

방문국가 일반현황 자료(예시)

□ 일반현황

국명	브라질연방공화국(Federative Republic of Brazil)
위치	남미대륙 중서부에 위치
면적	851만㎢(한반도의 약 37배)
기후	열대우림(북부), 온대(남부), 아열대(남동부)
수도	브라질리아(Brasilia)
인구	2억 881만 명(2018년 9월 기준)
주요 도시	상파울루, 리우데자이네루, 꾸리치바
민족	백인(53.7%), 물라토(38.5%), 흑인(6.2%)
언어	포르투갈어
종교	로마가톨릭교(73.6%), 개신교(15.4%)
건국일	1822년 9월 7일
정부형태	대통령 중심제(임기 4년, 1차에 한해 연임 가능)

□ 경제지표(2017년 기준)

명목 GDP	2조 55억 불
경제성장률	1%
1인당 GDP	9,895불
실업률	12.8%
물가상승률	3.4%
화폐단위	헤알(Real)
환율	275.78원(1헤알)
외채	6,600억 달러
외환보유고	3,800억 달러
산업구조	주요 산업은 농축산업, 광업, 제조업
교역규모	• 수출 : 2,177억 불 • 수입 : 1,507억 불
교역품	• 주요 수출품 : 대두, 철광석, 석유, 사탕수수, 가금류, 커피, 옥수수 등 • 주요 수입품 : 석유, 트랙터 및 특수용도 차량부품, 전자제품, 석탄, 자동차 등

(2) 국가 및 방문기관 확정 이후 진행사항

해외연수 프로그램이 공식적으로 확정된 이후에는 해당 방문기관에 대한 사전예약, 회의안건 및 질의서 준비, 확정된 회의 및 행사 일정에 대한 동선 확정, 이에 따른 이동 수단과 통역 확보 등 현지 행사진행을 위한 실무적 준비사항을 현지 가이드와 동시에 진행해야 한다. 또한 고객들을 대상으로 사전에 숙지해야 할 정보나 입수해야 할 행사 콘텐츠를 확보하는 것이 좋다.

한편 소속 여행사를 대상으로는 최종 여행계약서 내용, 항공권 예약상황, 공공기관과의 미팅장소, 출장자 명단 및 여권과 비자 정보, 투어 비용이 포함된 최종 여행경비, 출국부터 입국까지의 최종 동선 등 해외연수 일정 전반에 걸쳐 본인이 직접 체크하고 확인하는 노력이 필요하다. 이는 모든 국외 인솔 가이드에게 필수적으로 제공되는 의무사항이라 할 수 있는데 직접 수행해야 할 여행패키지에 대한 최종 여행조건 및 현지에서 행사나 회의를 진행할 때 발생할 수 있는 사고에 대비할 수 있도록 필요한 조치 등에 대해서 주고받은 모든 문서와 서류를 꼼꼼히 확인하고 또 확인해야 한다. 또한 방문 국가의 업데이트된 현지 사정이나 여행지에 대한 정보를 각종 여행정보사이트나 해당기관 홈페이지를 통해서 습득, 공유해야 하며 필요하다면 선후배, 동료 가이드 등 인적 네트워크를 통해 최신 정보를 얻어야 한다.

이때 해외연수 인솔 가이드에게 권장되는 소양으로는 ① 고객의 요구사항을 최대한 반영하려는 맞춤형 서비스 제공 ② 현지 방문 국가와 대상 기관에 대한 종합적 정보와 지식의 습득 ③ 겸양과 겸손의 Servant Leadership ④ 방문국가에서 사용되는 외국어 능력 등을 들 수 있다.

해외연수 관련 최종 확인사항

① 최종일정표 ② 최종 여행확정서 ③ 여행자 명단 ④ 호텔 및 항공예약
⑤ 보험증서 ⑥ 해당국가 출입국, 세관, 검역 등 입국절차 ⑦ 단체행사 일지
⑧ 비상연락망 ⑨ 여권과 비자 ⑩ 랜드피 확인 ⑪ 여행 동선과 안내사항 숙지
⑫ 식사와 추가 선택관광 고려 등 ⑬ 현지 관광상품에 대한 가격과 질 정보
⑭ 행사진행비용의 수령 및 금액 확인
⑮ 고객과의 사전접촉 유지 : 여권 비자 정보, 미팅장소 및 시간 재확인, 준비물 및 공지사항 재확인 등

방문기관에 대한 사전질의서 작성(예시)

□ **페루 투자청(Proinversion)**
- 페루 투자청 기관 소개
  - 주요 기능 및 임무
  - 2019년/2020년 주요 사업계획 등
- EIU(Economist Intelligence Unit)*에 따르면 페루는 중남미 지역에서 칠레, 브라질 다음으로 투자환경이 가장 우수한 것으로 나타나며 교역규모 대비 흑자비중이 매우 높은 효자 시장으로 다양한 분야 협력 기대
  - * 중남미 국가들의 인프라 건설을 위한 민관합동투자사업에 대한 규제 정책, 운영 환경 등을 평가하는 지수
- 국내기업이 페루 현지 진출 시 국내기업 간 컨소시엄이나 현지유력업체와의 합작을 통해 가능할 것으로 보임
  - 특히 인프라 프로젝트에 참여하는 현지 기업들은 한국 등 업체와의 제품 및 서비스 제휴를 통해서 서로 윈윈이 가능할 것임. 주요 협력과 컨소시엄이 필요한 분야에는 어떤 것이 있는지?
- 인프라 투자 이외에도 의료, IT분야 등 다양한 투자 수요가 예상되고 있어 이에 대한 국내기업의 관심이 증대되는 추세임. 이에 대한 견해는?
  - 의료서비스 접근성 향상을 위해 원격의료, 병원정보시스템 구축 등 의료 산업분야에서의 투자와 교류 확대 시 정책기조와 전망이 어떤지?
- 무역투자정책과 관련한 페루 정부의 최근 정책기조는?
  - 일본과 FTA 체결을 통해서 얻은 성과와 한계는 무엇이며 향후 멕시코 무역투자 정책에서는 어떠한 변화가 있을 것으로 예상하는지?

□ **페루 운삭 국립대학(IMARPE)**
- 페루 운삭 국립대학 기관 소개
  - 주요 업무 등 기관 소개
  - 2018~2019년 주요 사업계획 등
- 한-페루는 보건의료, 과학기술 등 다양한 분야에서 협력 중
  - 한-페루 간 최근 10년간 협력분야에서 나타난 주요 이슈는?
  - '한-페루 해양과학기술 공동연구센터' 운영 등을 비롯하여 주요 연구협력 분야에서의 성과(공동연구 실적 등) 및 향후 협력 전망?
  - 본 대학교가 생각하는 한-페루 간 협력분야에서의 핵심분야는 무엇이며 이와 관련하여 중요하다고 생각되는 한국의 역할?
- 귀 대학 관광학부에서 한국어과정이 개설된 것으로 알고 있음
  - 최근 불고 있는 한류바람을 활용하여 한-페루 간 협력을 극대화시킬 수 있는 방법이 있는지?
  - 의료, 문화, 교육 등 다양한 분야에서 협력사업을 강화함으로써 양국 간의 인적, 물적 교류를 확대해 나갈 수 있다고 보는데 귀 대학의 견해는 어떤지?
- 한-페루 간 협력에서 민간과 정부 간 공동추진이 바람직한지?
  - 최근 몇 년간 한-페루 간 민간주도 또는 정부와 민간 공동 주관의 봉사단 등 지원사업의 주요 사례가 있었는지?
  - 봉사단 등 지원사업의 성과 및 향후 개선방향에 대한 견해는?

2) 현지 행사진행

(1) 버스 이동 및 탑승

모든 고객이 입국 절차를 마치면 공항의 특정지점에서 미팅을 하고 버스로 이동 및 탑승으로 넘어간다. 이때 인솔 가이드는 통상적으로 버스 이동시간을 활용하여 해당 국가의 전반적인 정보를 제공한다. 방문 국가의 간단한 인사말이나 시차 적응, 환율과 통화의 종류, 상점의 영업시간이나 호텔 이용 절차 등을 설명하는 데 안전이나 위생에 관한 주의사항을 놓치지 않게 주의해야 한다. 호텔에 도착하면 인원수를 체크하고 고객의 짐이나 요구사항을 다시 한번 확인해서 체크인을 한다. 현지 가이드와는 긴밀히 협의하여 일정과 집합 시간 등을 공지한다. 인솔 가이드가 고객들이 입실하고 나서도 같은 호텔에 머물면서 호텔 사정이나 애로사항과 미비점 등을 체크하고 프런트와 연결하여 직접 해결해 주는 것은 서비스의 질을 높여주는 행위로 최대한 권장한다.

(2) 현지 행사진행

현지 행사진행은 통상적으로 국외 인솔 가이드와 현지 가이드가 동시 진행하는데 관광지에 대한 안내와 소개 등은 현지 가이드가 담당하고 인솔 가이드는 역사적인 배경이나 인문학적 스토리 등 전반적인 국가정보에 대한 설명을 곁들여주면 좋다. 이때 사전에 철저한 준비를 통해 인솔 가이드가 해박한 지식을 바탕으로 부연 설명해 준다는 인상을 줄 수 있다. 행사진행 시 한국과의 비교수치 등을 활용하면 고객의 이해도를 돕기에 적합하며 수시로 변동될 수 있는 현지상황을 고려하여 수시로 의사소통 가능한 구조를 자연스럽게 유도해 나가야 한다.

행사진행은 기본적으로 유머와 친절함을 기반으로 함축적이고 명확한 설명을 덧붙여 진행하는 게 바람직한데 ① 아이콘택트(eye contact) ② 고개를 끄덕이는 등의 제스처 활용 ③ 적극적인 동의와 반응 ④ 칭찬과 격려 4가지 소통기법을 활용할 것을 권장한다. 여행일정은 가급적 수정하지 않은 것이 좋은데 현지 치안과 안전 문제를 고려사항으로 하여 탄력적으로 적용해야 한다. 여행일정 변경 시에는 반복과 재확인이라는 소통절차를 적극 활용해야 한다. 여행사의 이익과 고객의 요구사항 사이에 놓인 담장을 위태롭게 걸어야 하는 가이드의 숙명이지만 현명하고 신중한 판단을 거쳐서 매끄럽게 진행될 수 있게 노하우를 축적해 놓겠다는 자세가 중요할 것이다.

3) 중남미 행사진행사례(멕시코, 페루, 아르헨티나)

(1) 멕시코

> 마야문명, 아즈텍문명 등 화려한 역사 유적이 가득한 멕시코는 그야말로 문명의 보물 창고라고 할 수 있다. 카리브해와 유카탄 반도의 에메랄드 해변을 즐길 준비가 되었다면 멕시코로 떠나자. 테킬라(Tequila), 코로나(Corona), 타코(Taco)는 멕시코 관광의 시작이지 끝일 것이다.

멕시코는 테오티우아칸, 아즈텍, 톨텍, 마야문명 등 역사에 남을 고대문명을 일궈냈지만 16세기부터 300년간 스페인의 식민지가 된 아픔의 역사도 있다. 고대문명의 역사, 인디오들의 역사 그리고 스페인 식민지 당시의 역사와 문화를 다양하게 이해하는 것이 중요하다.

· **멕시코의 위치 및 지도**

☞ 멕시코에서 꼭 가봐야 할 곳으로 ① 국립인류학 박물관, ② 테오티우아칸 ③ 템플로 마요르 ④ 와하까(몬테알반 유적) ⑤ 칸쿤(플라야 델 피나스 해변) ⑥ 툴룸 유적 ⑦ 도스 오호스 세노테 등을 꼽을 수 있다. 하지만 무엇보다도 인구 800만의 도시 멕시코시티에서 친절한 멕시코인들과 어울리는 게 여행의 기쁨일 것이다.

방문국가 일반현황 자료(예시)

■ 멕시코의 일반현황

국명	멕시코(México, 메히꼬)/멕시코합중국(Estados Unidos Mexicanos)
위치	북으로는 미국과 접경(3,152km), 남으로는 과테말라 및 벨리즈 등과 접경
면적	196만 4,375㎢(세계 14위, 남한의 약 20배)
기후	저지대는 고온다습, 고지대는 온난건조
수도	멕시코시티(CIUDAD DE MÉXICO), 면적 1,495㎢, 해발 2,240m
인구	1억 2,457만 명('17년 기준, 세계 11위)
주요 도시	1. 멕시코시티(2,158만 명), 2. 과달라하라(502만 명), 3. 몬테레이(471만 명)
민족	혼혈(MESTIZO, 62%), 원주민(INDIGENA, 28%), 기타(대부분 백인, 10%)
언어	스페인어
종교	가톨릭(82.7%), 개신교(1.6%), 여호와의 증인(1.4%)
건국 (독립)일	1810년 9월 16일(스페인으로부터 독립)
정부형태	대통령 중심제

■ 멕시코의 경제지표

GDP	('15년) 1조 1,440억 달러, ('16년) 1조 235억 달러, ('17년) 1조 1,435억 달러
경제성장률	('15년) 2.7%, ('16년) 2.3%, ('17년) 2.1%
1인당 GDP	('15년) 9,006달러, ('16년) 8,129달러, ('17년) 9,249달러
실업률	('15년) 4.4%, ('16년) 3.9%, ('17년) 3.6%
소비자 물가상승률	('15년) 2.1%, ('16년) 3.4%, ('17년) 6.7%
화폐단위	페소($)/peso
환율	US$ 1 = ('15년) 15.9, ('16년) 18.7, ('17년) 18.3, ('18.9.1) 19.1페소
외채	('15년) 4,425억 달러, ('16년) 4,502억 달러, ('17년) 4,805억 달러
외환보유고	('15년) 1,779억 달러, ('16년) 1,780억 달러, ('17년) 1,730억 달러
산업구조	('18년 7월) 1차 산업 3.9%, 2차 산업 31.6%, 3차 산업 64.5%
교역규모	'15년 : (수출) 3,878억 달러, (수입) 3,952억 달러, (무역적자) 144억 달러 '16년 : (수출) 3,739억 달러, (수입) 3,807억 달러, (무역적자) 131억 달러 '17년 : (수출) 4,118억 달러, (수입) 4,206억 달러, (무역적자) 87억 달러
교역품	주요 수출품목 : 자동차 및 엔진, 컴퓨터, 전자제품, 석유, 의류, 농산물 주요 수입품목 : 자동차 부품, 컴퓨터 및 전자부품

방문국가 일반현황 자료(예시)

■ 한국과 멕시코의 관계

체결 협정	문화협정('66년 4월), 무역협정('66년 12월), 일반사증면제협정('79년 4월), 항공협정('89년 11월), 경제과학기술협력협정('89년 11월), 이중과세방지협정('94년 9월), 범죄인인도협정('96년 11월), 외교관용 사증 면제협정('97년 6월), 투자보장협정('00년), 세관협력협정('06년), 원자력협력협정('13년)
교역규모 및 교역품	• 교역규모 　- '15년 : (수출) 108억 9,193만 달러, (수입) 34억 6,424만 달러, (무역흑자) 74억 2,000만 달러 　- '16년 : (수출) 97억 2,080만 달러, (수입) 36억 9,537만 달러, (무역흑자) 60억 2,543만 달러 　- '17년 : (수출) 109억 3,300만 달러, (수입) 44억 700만 달러, (무역흑자) 65억 2,600만 달러 　- '18년 6월 : (수출) 52억 9,000만 달러, (수입) 27억 5,200만 달러, (무역흑자) 25억 3,800만 달러 • 교역품 　- 주요 수출품목 : 전기제품, 광학기기, 기계 및 컴퓨터, 자동차, 철강, 선박, 플라스틱, 고무제품 　- 주요 수입품목 : 광석, 석유 및 석탄, 자동차, 기계 및 컴퓨터, 광학기기, 철강, 소금 및 토석
투자 교류	• '68년 1월~'18년 3월 : 대멕시코 송금 2,007건, 진출 392개사, 51억 6,854만 달러 　- ('15년) 대멕시코 송금 326건, 진출 68개사, 9억 9,328만 달러 　- ('16년) 대멕시코 송금 276건, 진출 31개사, 4억 3,427만 달러 　- ('17년) 대멕시코 송금 177건, 진출 23개사, 4억 5,653만 달러
교민	• 총교민 수 1만 1,167여 명, 외국 국적 동포 977명 　- 한인 후손 5,000세대(1905년 멕시코 이주 한인 1,033명의 후손, 멕시코 국적)

> ☞ 신혼여행 등 일반 단체관광과 달리 출장이나 연수 등 인솔 가이드 수행 시에는 사전에 준비할 것이 많고 진행이 까다로운 편이지만 반대로 인솔 가이드의 역량이 가장 부각될 수 있는 여행이기도 하다. 사전에 연수자들의 의견을 수렴하여 방문대상국가와 기관에 대한 문헌조사와 기관 섭외를 진행하는 것이 필수적인 과정이다. 물론 현지 가이드가 외국어와 현지 일정을 책임지는 경우가 많겠지만 국외 인솔 가이드가 해당국가의 역사, 문화, 경제 등 다양한 지표와 지식을 가지고 전체 일정을 조율하고 진행한다면 한껏 돋보이는 연수가 될 것이다. 그런 의미에서 방문국가 일반현황 자료를 예시로 첨부한다.

멕시코시티 여행의 시작은 센트로 역사 지구의 중심 소칼로에서 시작한다. 이 소칼로 주변에는 주요 볼거리가 모여 있다. 이후 보행자 전용도로인 마데로 거리를 따라 라틴 아메리카나 타워방향으로 걸어가면서 멕시코시티를 관광한다.

▶ 멕시코 멕시코시티 소칼로 광장 모습

멕시코시티 남부의 코요야칸은 예술과 문화의 향기를 느낄 수 있는 프리다 칼로와 디에고 리베라의 스튜디오와 미술관 등이 있다. 프리다 칼로의 집은 멕시코가 배출한 최고의 화가인 프리다 칼로가 태어난 곳이기도 하고 디에고 리베라가 한때 같이 살기도 했던 집이다. 프리다 칼로의 작품과 그녀가 작업했던 스튜디오, 침실 공간 등을 둘러볼 수 있어 세계 예술애호가들의 발길이 끊이지 않는 곳이다. 이외에도 피라미드 외관이 특이한 아나우아칼리 박물관(Museo Anahuacalli), 교육부 박물관(Secretaria de Education Publica) 등을 구경할 수 있다.

▶ 멕시코 화가 프리다 칼로의 생가 모습

　멕시코시티 북동쪽에는 아메리카 대륙에서 가장 큰 고대 유적지가 있는데 '신의 도시'라 불리는 고대도시 테오티우아칸이다. 기원전 2세기경부터 발전하던 이곳은 7세기 때 갑자기 사라졌는데 이후 지배자의 무덤을 찾던 아즈텍 사람들에 의해 발견되었고 1864년부터 발굴작업이 시작되었으며 이제 겨우 전체면적의 10% 정도만 발굴된 상태라고 한다. 이곳은 유적지 내에 별다른 휴식 장소가 없기 때문에 생수를 준비하고 모자와 선글라스도 필수품이다.

　테오티우아칸의 주요 유적들은 유적지를 남북으로 가로지르는 죽은 자의 거리를 따라 조성되어 있는데 테오티우아칸을 상징하는 건축물은 죽은 자의 거리 동쪽에 세워진 태양의 피라미드로 밑면이 각각 222m, 225m이고 높이가 63m로 매우 웅장한 건축물이다. 춘분과 추분 때 태양이 이 피라미드 꼭대기 정중앙에 위치한다. 250만 톤의 돌이 사용되었다고 추정되는 이 피라미드의 정상에 오르면 피라미드군 전체를 조망할 수 있다.

> ☞ 한국인에게 신혼여행지로 잘 알려진 휴양도시 칸쿤은 멕시코시티에서 비행기로 2시간 거리에 있는 유카탄 반도에 있다. 마야유적이 곳곳에 퍼져 있으며 항공기나 버스 등 교통편이 잘 발달되어 관광객들이 많다.

(2) 페루

"새들은 페루에 가서 죽다(Les Oiseux vont mourir Au Perou)"라는 로맹 가리의 소설이 있지만 거의 모든 남미 여행은 페루에서 시작한다. 마추픽추(Machu Picchu), 쿠스코(Cuzco)가 있기도 하고 볼리비아보다 상대적으로 고도가 낮아 고도 적응 차원에서 좋다. 아름다운 산악지대와 거대한 잉카의 유적이 한데 어우러져 여행의 묘미를 더한다. 무엇보다도 쾌활하고 순박한 페루인들과 어울리는 도시의 일상이 즐겁다. Bella Ciao!

페루(República del Perú)는 남아메리카 서부에 위치하며 수도는 리마이다. 공용어는 스페인어 외에도 케추아어, 아이마라어가 지정되어 있음. 면적이 한반도의 6.5배로 남미에서 브라질, 아르헨티나 다음으로 큰 국가임. 지리적으로는 안데스산맥이 관통하고 있지만, 아마존 지역이 페루 동부지역에도 존재하는 등 한대 · 온대 · 열대 기후가 혼재하고 있다.

페루의 위치 및 지도

페루는 농림축산업과 어업이 주요 산업이다. 설탕, 감자, 쌀, 커피, 카카오, 망고, 아보카도 등을 생산하며 광업 역시 2021년 GDP의 11.2%를 차지하는 핵심 산업으로 페루는 구리, 금, 은, 몰리브덴, 아연 등 현대 산업에 필수적인 비철금속 매장량이 매우 풍부하다. 제조업은 수도 리마 인근에서 집중적으로 이루어지며 주요 분야는 섬유, 식품, 제강, 화학이다. 같은 해 GDP의 6.7%에 해당하는 건설업도 페루 정부의 적극적인 투자에 힘입어 경제성장을 견인하고 있다.

방문국가 일반현황 자료(예시)

■ 페루의 일반현황

국명	페루공화국(República del Perú(스페인어))
위치	남아메리카 대륙(북위 0°01′48″, 남위 18°21′03″, 동경 68°39′27″, 서경 81′34.5″)
면적	1,285,216㎢
기후	열대와 아열대로 구분, 해안지대(온난다습), 산악지대(우기와 건기로 구분), 산림지대 (열대성 기후)에 따라 상이함
수도	리마(Lima)
인구	약 32,552,000명 세계 42위(2018 통계청 기준)
주요 도시	리마, 아레키파, 치클라요, 트루히요 등
민족	페루는 다인종 국가로, 라틴계 백인, 원주민과 유럽인 혼혈인 메스티소, 원주민 인디오, 아시아계 이민자들로 구성되어 있는데, 백인 15%, 혼혈계 메스티소 37%, 원주민 인디오 45%, 흑인과 동양인은 3% 정도
언어	에스파냐어, 케추아어, 아이마라어
종교	페루의 종교는 가톨릭교가 81.3%로 주류를 이루고, 기독교 12.5%, 무교 및 기타가 6.2%임
건국 (독립)일	1821년 7월 28일(스페인으로부터 독립) 페루[Perú, Peru] (페루 개황, 2012.2., 외교부)
정부형태	대통령 중심제, 의회단원제

명목 GDP	2,315억$ 세계 47위(2018 IMF 기준)
경제성장률	5.4%
1인당 GDP	7,198$ 세계 82위(2018 IMF 기준)
실업률	6.2%
물가상승률	1.62%
화폐단위	누에보 솔(Nuevo sol)
환율	10솔=3.04달러=약 3,300원
외채	76,531(단위 : 백만 달러, '18.8.16 기준)
외환보유고	62,230(단위 : 백만 달러, '18.8.16 기준)
산업구조	페루 산업구조는 광업의 비중이 높고 제조업 비중이 여타국에 비해 상대적으로 매우 낮음. 제2차 산업(광업, 건설업, 제조업)을 중심으로 제3차 산업(서비스업, 도소매업 등)도 동시에 성장하는 형태로 평가됨. 제1차 산업(농림, 어업)은 타 국가와 경제협정을 통해 성장 중에 있음. 2016년 광업이 높은 성장세를 확고히 하면서 경기를 이끌었으며, 지난 분기 큰 폭의 감소세를 뒤집고 높은 성장을 기록한 수산업이 눈에 띔. 지난 수년간 지속적으로 높은 성장세를 보이는 분야는 정보통신과 금융업 분야로 서비스업의 활약이 두드러짐. 전기, 상하수도와 공공행정의 꾸준한 성장은 전반적인 공공분야의 투자 및 발전을 반영하고 있는데, 쿠친스키 정권이 상하수도 사업을 최우선 사업으로 공언한 만큼 2017년에는 해당 분야 투자가 확대, 활성화됨. 페루의 주요 수입품목은 석유 및 역청유로 원유 및 비원유 상품을 포함. 원유를 제외한 석유 및 역청유의 경우 등유가 대표적인 수입제품이다. 수출과 마찬가지로 수입의 경우 또한 2015년 이후 지속적으로 감소하는 추세임
교역규모	• 교역현황('17년 기준) - 수출 : 9.1억 불(자동차, 합성수지, 기계류) - 수입 : 21.3억 불(광물, 과일, 수산가공품)

① 마추픽추(Machu Picchu)

마추픽추는 잃어버린 공중의 도시로 불리는 페루의 대표 관광지이다. 잉카문명의 위대함을 새삼 돌아볼 수 있는 곳이다. 사전에 잉카문명에 대한 공부를 철저히 하는 것이 중요하다. 마추픽추 입장권은 사전에 예매해야 하며 좁고 경사가 급해 가이드는 안전 규정을 철저히 지키는 것이 필요하다. 물론 현지인 가이드가 동행하므로 직접 설명할 필요는 없는데 파수꾼 전망대, 해시계, 신성한 광장 등 멋진 자연환경과 유적을 함께 돌며 휴식 시간 중간중간에 잉카의 역사와 문명에 관한 스토리를 공유하는 접근이 권유된다. 마추픽추 내에는 화장실, 편의시설, 음식점 등이 전혀 없으므로 물과 간식 등을 미리 가이드가 준비해서 제공해 주면 베스트다. 쿠스코에서 마추픽추로 가는 길은 주로 잉카 레일을 이용해 '성스러운 계곡투어'를 활용해서 이동한다. 소요시간은 약 2시간 정도이며 가격은 5-200달러로 꽤 비싼 편이다.

▶ 페루 마추픽추

　마추픽추 입구에 자리한 아구아스 칼리엔테스(Aguas Calentes) 마을에서 가이드의 권유로 '쥐고기'를 먹어본 적이 있는데 생각보다 훌륭하지는 않았다. 아구아스 칼리엔테스 마을은 마추픽추에 가기 위해 여행객들이 하룻밤을 묶는 곳인데 뜨내기 손님을 받는 관광지의 특성상 거의 모든 식당이 비싸고 맛이 없었다. 사실 이런 열악한 상황이 오히려 가이드의 가열찬 정성과 섬세한 촉으로 여행객들의 눈길을 받기 좋은 이점을 주기도 한다. 빡빡한 일정에 지친 여행객의 피곤과 짜증은 가이드가 자비로 사서 돌리는 '말발굽 테킬라' 한 잔에 눈 녹듯 사라지곤 하는 것이다.

② 쿠스코(Cuzco)

쿠스코는 잉카의 수도였지만 사실 잉카의 흔적이 많지는 않다. 쿠스코는 새파란 하늘과 하얗고 붉은 스페인식 건물이 도시의 스카이 라인을 이루는 아름다운 도시이다. 쿠스코 도심 곳곳을 두 발로 걸어다니면서 로컬 시장과 역사적 유적들을 확인해 보며 관광할 것을 권한다. 해발 3,400미터의 도시이기에 누구나 산소 부족으로 인한 고산증세를 호소한다. 그래서 적응될 때까지는 가급적 격한 운동과 활동을 자제하고 가이드는 이뇨제, 비아그라 등 고산병약을 준비해야 한다. 페루 고산지역 대부분의 호텔과 식당에서는 코카(Coca)잎과 따뜻한 물을 제공하는데 잎을 씹으면 강한 각성과 통증 완화효과가 있다고 한다.

쿠스코 시내 관광은 쿠스코의 중앙광장으로 정원과 분수가 아름다운 아르마스 광장(Plaza de Armas), 100년에 걸친 대공사를 통해 완성된 대성당(Catedral), 잉카 박물관(Museo Inka) 등을 일일 투어하는 프로그램이 꽤 많다. 잉카의 정교한 건축기술은 유명한데 특히 조그마한 틈새도 없이 촘촘히 쌓아올린 석벽(12각 돌, la pedra de los anguios)이 인상적이다. 시내 관광 시에는 상점과 로컬 시장을 즐길 수 있는데 이때 간단한 스페인어 회화는 가이드에게 필수적이다. 예를 들어 상점에서 물건을 살 때 엄지 척을 하며 스페인어로 '정말 멋지다'라는 표현인 muy guapo(a)를 쓰는 사람과 그렇지 않은 사람은 흥정의 시작점이 다를 수 있을 것이다. 산 페드로 시장은 현지인들의 일상과 흥미를 같이 공유한다는 점에서 특히 권하고 싶다. 시장에서 생과일 주스, 추따(통밀로 만든 크고 둥근 빵), 페루식 도넛인 삐까로네스를 맛보는 것도 여행의 맛이 될 것이다.

(3) 아르헨티나

노래 "Don't cry for me Argentina!", 축구선수 메시(Messi) 그리고 탱고(Tango)로 유명한 아르헨티나는 '남미의 파리'라고 할 정도로 유럽문화가 강하다. 수도 부에노스아이레스(Buenos Aires)에서는 라플란타 강변의 탱고 발상지 라보카(La Bocca)와 "천국이 있다면 그곳은 도서관"이라는 호르헤 보르헤스의 말처럼 19년도 세상에서 가장 아름다운 서점으로 선정된 엘 아테네오 서점은 가봐야 한다. Buenos Dias!

아르헨티나는 브라질에 이어 남미에서 두 번째로 큰 국가이다. 북서부는 칠레 북부처럼 사막기후이며 북동부에는 이과수로 대표되는 울창한 열대우림이 있다. 중부의 팜파스에는 밀, 콩, 축산물 등이 풍부하다. 무엇보다도 아르헨티나에는 저렴하면서도 세계 최고 수준의 맛과 질을 자랑한다. 현지 가이드의 말에 따르면 금요일의 대화는 주로 이런 내용이란다. "오늘 저녁 파티에 뭘 먹을까?" "당근 쇠고기를 먹어야지." "그래 얼마나 먹을까?" "글쎄 한 2kg 정도?"

① 입국 절차 및 버스

부에노스아이레스에는 두 개의 공항이 있다. 국제선은 주로 에세이사(ezeiza) 공항에서 출발한다. 공항에서 시내 중심 센트로(Centro)까지는 1시간 정도 소요된다. 국내선은 주로 에어로 빠르께(aeroparque) 공항을 이용한다. 시내에 들어갈 때는 아르헨티나의 역사와 사회문화적 환경 그리고 시내 주요 관광명소를 설명해 주는 것으로 시작한다. 유럽의 대도시를 연상케 하는 고풍스러운 양식의 건축물, 거리 곳곳에서 탱고음악이 흐르고 댄서가 춤추는 이야기, 오페라 하우스를 개조한 세계에서 가장 아름다운 서점 이야기와 함께 아르헨티나의 영웅인 후안 페론과 에바 페론 이야기를 곁들이면 감칠맛이 난다.

다음날 호텔에서 관광지로 출발할 때는 오전과 오후로 나뉘므로 방문할 주요 관광지에 대한 사전 설명이 필요하다. 이때 약간의 여분과 의문점을 남겨놓고 관광지 방문 후에 다시 설명하는 방식을 추천한다. 특히 1983년의 군부독재 시절, 2000년대 IMF 구제금융 등 아르헨티나의 정치와 경제에 대한 설명을 한국의 유사한 상황과 빗대어 설명하면 반응과 이해가 좋다.

② 음식과 호텔

아르헨티나의 음식은 고기의 나라답게 거의 모든 식당에서 숯불에 구운 고기를 파는데 이것을 '아사도(Asado)'라 통칭한다. 소를 자연 방목해서 풀을 먹여서 키우고 비교적 어린 소를 잡기 때문에 마블링이 없어도 연하고 부드럽다. 남미식 만두인 엠빠나다(Empanada)는 주로 소고기나 닭고기를 속재료로 쓴다. 아르헨티나의 와인은 말벡(Malbec), 시라(Syrah) 등의 품종인데 남성적이고 두터운 질감에 진한 보라색을 띠는 것이 주요 특징이다. 맥주보다 소주를 좋아하는 스타일이라면 입맛에 더 맞을 수 있다. 한편 부에노스아이레스에서는 탱고를 즐기며 식사할 수 있는 공연장이 많아 선택 관광으로 추천할 수 있다. 보통 20:30에 시작해서 11:30 정도에 끝나는데 식사와 함께 포도주가 무제한으로 제공된다.

어느 나라나 마찬가지겠지만 호텔은 어떤 지역에 있는지에 따라 가격이 천차만별이다. 저렴한 호스텔과 호텔은 주로 산 텔모와 5월 광장 인근에 많으며 레콜레타 지역에 고급호텔이 많다. 호텔 선정은 주로 현지 랜드사에서 담당하겠지만 인솔 가이드 역시 정해진 채점표에 따라 청결도, 쾌적함, 편의성 등을 체크하여 다음 여행 설계 시 활용할 수 있는 자료로 대비하는 것을 권유한다.

▶ 탱고(Tango)춤을 추는 장면

③ 주요 관광지

'레콜레타와 레티로 지역'은 부에노스아이레스의 대표적 부촌이다. 다른 지역에 비해 고요하고 한적하며 치안 상태도 좋다. 산 마르틴 광장과 오월 광장을 거쳐 레콜레타 묘지는 가볼 필요가 있다. 레콜레타 묘지는 소위 아르헨티나에서 힘 있고 돈 많은 사람들의 무덤이라고 할 수 있다. 입구에 들어서면 기념사진을 찍기 위해 사람들이 줄지어 늘어선 곳이 있는데 이곳이 바로 그 유명한 '에바 페론'의 표지이다. 묘지 주변에는 깔끔하고 시원한 카페가 많아서 느긋한 분위기 속에서 즐기면서 투어를 할 수 있다. 엘 아테네오 서점은 오페라 하우스를 개조한 것으로 아직도 관람석, 무대, 천장화를 그대로 두고 있다. 세계에서 가장 아름다운 서점으로 선정되기도 한 이곳은 무대에 있는 카페에서 커피나 간단한 식사를 즐길 수도 있다.

▶ 엘 아테네오 그랜드 스플렌디드 서점(El Ateneo Grand Splendid)

'산 텔모와 보카 지역'은 탱고의 발상지로 유명하다. 레콜레타 지역과 달리 치안이 불안해서 대로를 조금만 벗어나도 지저분하고 노숙자가 많기 때문에 도난과 안전에 유의해야 한다. 5월 광장 옆부터 산 텔모가 시작되고 산 텔모 남쪽이 보카 지역이다.

산 텔모 일요시장에서는 소가죽으로 만든 지갑과 가방 등 각종 장신구와 수공예품을 저렴하게 살 수 있다. 중간중간에 예술공연이 열리기는 하는데 도레고 광장 주변에 거리 공연이 많다. 라 봄보네라(la bombonera)는 프로축구팀 보카 주니어스의 경기장으로 주변에 보카 주니어스의 상징인 파란색으로 칠해진 축구용품 가게와 식당이 즐비하다. 이곳에서는 유명 축구클럽의 액세서리와 메시 등 유명 축구선수의 유니폼을 살 수 있다.

▶ 탱고의 발상지 라보카(La Bocca)

방문국가 일반현황 자료(예시)

일반 개요

- 국명 : 아르헨티나공화국(Argentine Republic/República Argentina)
- 수도 : 부에노스아이레스(Buenos Aires, 377만 명)
- 인구 : 4,450만 명(2018년)
- 면적 : 279만㎢(한반도의 12배)
- 민족구성 : 유럽계 백인(97%), 원주민계(3%)
- 종교 : 가톨릭(92%), 기독교(2%), 유대교(2%), 기타(4%)
- 언어 : 스페인어
- 화폐단위 : Peso(1USD = 약 37페소, '18년 10월)
- GDP('17) : 6,375억 불(1인당 GDP 14,402불)
- 정부형태 : 대통령 중심제(4년 중임제)
- 교민현황 : 약 3만 명('17)

양국 관계 개요

- 수교일자 : 1962.2.15
- 교역('17)
  - 수출 : 8.3억 불(무선통신기기부품, 승용차, 자동차부품, 합성수지)
  - 수입 : 6.1억 불(사료, 식물성 유지, 은, 기타 어류, 곡류)
- 투자 현황('17년 9월 누계·신고기준)
  - 우리의 對아르헨티나 투자 : 1.86억 불
  - 우리 기업 진출현황 : LG전자, 삼성전자, 포스코대우, 한성, 동남 등
- 교민현황 : 약 3만 명('17)

❏ G20의 일원으로 남미를 대표하는 대국
  - 마끄리 신정부 출범(2015.12월)과 함께 개방·개혁 정책을 강력히 추진하고 있으며, 남미 역내 국가에 대해 일정 수준의 영향력 보유
❏ 대규모 팜파스를 기반으로 한 농업과 목축의 나라
  - 세계 8위, 남미 2위의 영토를 자랑하며, 국토의 60%가 농업에 적합
  ※ 해바라기 기름(생산 세계 1위), 대두유(수출 1위), 꿀(수출 1위), 옥수수(수출 2위), 쇠고기(생산 3위), 포도주(생산 6위) 등
❏ 광물·에너지 자원을 기반으로 발전 잠재력 다대
  - 셰일가스 매장량 세계 3위, 셰일오일 매장량 세계 4위, 리튬 잠재 매장량 세계 4위, 붕소 매장량 세계 7위 등 ※ 자본 부족으로 국토의 75% 미개발
❏ 중남미의 백인국가
  - 1850-1930년간 이탈리아, 스페인, 프랑스, 독일, 영국을 중심으로 600만 명이 넘는 유럽계 이민자가 아르헨티나에 유입(아르헨티나 인구의 97%가 백인)
❏ 남미문화의 중심지
  - 탱고(발상지), 아사도(바비큐와 유사), 축구(마라도나, 메시 등), 가우초(아르헨티나 카우보이) 등 흥미로움을 유발하는 문화가 풍부한 라틴국가
  - '호르헤 보르헤스' 등 유명작가들을 배출했으며, 국민들의 독서량도 상당
  - 아르헨티나 의사 출신 Che Guevara는 Fidel Castro와 쿠바혁명에 성공
  - 대통령을 3회 역임한 '후안 도밍고 페론'은 아르헨티나 현대사를 상징하는 인물로 페로니즘은 아르헨티나 사회와 정치를 움직이는 중요한 이데올로기로 기능
    - 'Don't cry for me Argentina' 뮤지컬로 유명한 페론 대통령의 부인 '에바 페론'(일명 에비타)은 빈민층의 아이콘으로 아직도 국민들에게 깊게 각인되어 있는 인물

4) 캄보디아 행사진행사례

> 캄보디아의 색깔은 다양함 그 자체입니다. 목가적 풍경의 논밭은 에메랄드빛으로 빛나고 승려들의 사프란 승복은 햇볕에 가득 빛나고 앙코르와트의 잿빛 사암은 푸른 이끼가 더해져 차분한 눈길을 던지고 있습니다. 강렬하고 화사한 의상과 음식 그리고 따뜻한 마음의 캄보디아인들의 미소는 여행의 진정한 의미를 절로 깨닫게 해줍니다.
>
> – Lonely Planet, Cambodia

캄보디아 여행은 프놈펜/씨엠립 3박 5일 패키지를 중심으로 설명하고자 한다. 여행 패키지는 최소 출발인원 7명으로 설정되어 있으며 1인당 상품가격은 669,900원이다. 동 상품의 핵심 포인트는 ① 프놈펜/씨엠립 전 일정 5성 호텔 숙박 ② 찬란한 앙코르 문화의 유산 앙코르와트, 앙코르 톰 ③ 툭툭이 타고 즐기는 유적지 투어 ④ 동남아시아에서 가장 큰 호수 톤레삽 호수 ⑤ 시원한 생수 및 위생물티슈 상시 제공 ⑥ 앙코르와트에서 시원한 코코넛 주스 1인당 제공 ⑦ 앙코르와트 기념사진 촬영 및 증정으로 소개되어 있다. 국외인솔 가이드는 동행하지 않으며 현지 가이드의 연락처도 명기되어 있다. 출발 당일 미팅정보는 인천공항 제1여객 터미널 3층 출국장에서 여행사 직원을 만나 여행 일정표와 기타 안내사항을 확인받는 절차를 거쳤다.

미팅 장소에서 여행사 직원은 짐에 붙이는 네임 태그와 일정표 정도를 전달하는 수준의 서비스를 제공했으며 이는 대부분의 동남아 여행에서 진행되는 일반 사례와 유사했다. 국적기를 이용하여 프놈펜 공항으로 이동하였으며 소요시간은 5시간이었다.

(1) 출입국 절차 및 버스

캄보디아 입국절차는 일반도착 비자와 VIP비자로 분류된다. 일반도착 비자는 공항 도착 후 입국장 내 단말기를 이용하여 QR코드를 생성하여 촬영한 QR코드를 미화 30달러와 함께 제출하면 여권에 비자를 발급하여 붙여준다. 이후 입국심사대로 이동하여 QR코드와 여권을 제출하고 입국심사 및 수하물 수령 후 세관신고하는 절차를 통해 입국한다. 반면에 VIP비자는 출발 전에 미화 45달러를 미리 결제하는데 현지공항에서 투어 피켓을 든 스태프에게 여권을 전달하면 입국절차가 개별 진행된다. 단말기를 통해 QR코드를 생성하는 장소가 비좁고 혼잡하여 입국절차에 많은 시간이 소요되니 VIP비자를 신청하는 것도 나쁘지 않을 듯하다.

공항 밖에서 피켓을 든 현지 가이드와 미팅 후 버스로 이동했고 다른 여행멤버들과 합류하여 호텔로 향했다. 버스에서 현지 가이드는 ① 호텔까지 소요시간 ② 캄보디아의 역사와 언어 그리고 현 정국 설명 ③ 간단한 인사말과 현지 날씨와 주의사항 ④ 불편사항 발생 시 처리방법 등에 대해 대략적으로 설명했으며 간단한 아이스 브레이킹을 통해 분위기를 유도하려고 노력했다.

(2) 호텔 체크인 및 관광일정 설명

호텔에서는 체크인 진행과 동시에 호텔 방 배정과 인터넷 사용방법, 호텔 모닝콜 그리고 다음 날 관광일정까지 간략히 설명하였으며 호텔 방을 일일이 방문하여 불편사항을 일일이 체크하고 가는 꼼꼼함을 보여주었다. 현지 가이드는 호텔 조식 이후 미팅에서 산으로 둘러싸인 캄보디아의 지형을 설명하면서 태국, 라오스, 베트남과 접경지역을 이룬 캄보디아의 지정학적 위치와 역사 그리고 크메르 루즈 즉 폴포트 정권의 양민 학살이라는 슬픈 역사를 소개하기도 하였다.

▶ **캄보디아 왕궁과 주요 이동수단 툭툭이**

☞ 1일차 관광일정은 전날 항공기를 통한 여독이 남아 있는 관광객에게 조금 피곤하게 느껴질 수 있으므로 가능하면 버스에서 많은 휴식을 취할 수 있게 해주는 게 중요하며 버스 안에서 캄보디아 관광유적지에 대한 역사와 문화적 배경, 스토리를 곁들여 차분하게 설명해 주는 것이 필요하다. 예를 들어 캄보디아 역사를 설명하면서 동시에 태국과 베트남 등 여행일정에 포함되지 않은 주변 국가에 대한 설명을 함께하는 것은 관광객들의 문화적 욕구를 충족시키는 장점이 있다.

(3) 프놈펜 시내관광 및 이동

'캄보디아 왕궁' 등 시내관광은 주로 버스 안에서 이루어지는데 이때 날씨와 교통 상황 등을 고려하여 탄력적으로 일정을 적용하는 방안을 권유한다. 관광객들의 전반적인 몸 상태와 심리적 상황 등을 종합적으로 고려하여 일정을 변경하되 전원의 동의를 받아서 진행하는 유연하고 매끄러운 태도가 필요하다.

▶ 독립기념탑 인근 시아누크 왕 동상

- 국립박물관 관람 : 캄보디아 국립박물관은 전통적 디자인인 우아한 테라코타 구조이며 매력적인 안뜰 정원이 있다. 이 박물관에는 세계에서 가장 아름다운 크메르 조형물이 있다. 6세기 또는 7세기의 팔이 8개 달린 비슈누 동상과 시바와 비슈누를 결합한 '응시하는 하리하라'라는 조각, 거대한 레슬링 원숭이 조각, 명상하는 자세로 고개를 살짝 숙인 채 앉아 있는 자야바르만 7세의 숭고한 동상도 있다. 캄보디아의 사원과 유적들을 관광하다 보면 불교사원이지만 힌두교 양식과 정신을 가미한 경우를 많이 볼 수 있다. 힌두교의 3대 신이라 칭하는 브라하마(창조), 비슈누(유지), 시바(파괴)의 개념을 알고 접근하는 게 이해에 용이할 듯하다. 박물관 안에서 영어와 프랑스어로 음성 작품설명과 안내를 받을 수 있다. 캄보디아의 문화유산은 폴포트의 크메르 루주가 정권을 잡은 기간인 1975년과 1979년 사이에 많이 훼손되고 단절되는데 이 국립박물관 역시 폴포트 정권하에서는 창고로 사용된 적이 있었다.

▶ **캄보디아 국립박물관 안뜰 정원**

- 이동 : 프놈펜 ⇒ 씨엠립 : 이동에는 5시간 30분이 소요된다. 국도를 타고 이동하는 일정으로 지루하고 단순한 차창 풍경과 오랜 이동 시간으로 인해 관광객들의

신경이 예민해질 수 있으니 이에 대한 적극적인 고려가 필요하다. 중간중간에 화장실과 휴게실을 적절히 이용할 수 있게 조치해야 하며 아이스크림이나 간식거리 등 서프라이즈 선물을 제공하는 것도 유효하다. 현지 가이드는 이동시간을 활용하여 오전에 방문하였던 관광지에 대한 추가 부연설명을 잘 진행함으로써 점수를 받은 것으로 기억한다. 인간의 기억은 기본적으로 오래가지 못하며 더군다나 피곤에 지친 관광객들의 기억력은 믿을 게 못 된다. 주의사항이나 유적지 설명 시 너무 구태의연하지 않다는 인상을 주는 것이 중요하다. 흥미를 유발하면서도 정보전달이 가능한 효과적인 반복 설명을 통해 오전에 방문한 곳의 역사와 문화적 배경 등을 리마인드해 주는 것도 유쾌하고 즐거운 투어 진행에는 중요한 팁이 된다.

(4) 씨엠립 앙코르와트 관광

캄보디아 앙코르와트(Angkor Wat)는 12세기 초에 앙코르 왕조 중 가장 풍요로운 전성기를 이룬 수리아바르만 2세가 힌두교의 비슈누 신과 한몸이 된 자신의 묘로 사용하기 위해 건립한 사원이라고 전해진다. 이곳은 천 년의 역사를 지닌 명실상부 세계 최대의 석조사원이다.

태국인들은 1351년에 앙코르와트를 약탈했고 1431년에도 유적을 철저하게 파괴한 적이 있다. 이후 크메르 왕정은 프놈펜으로 이전했다가 16세기에 돌아왔지만 그 사이에 앙코르와트는 순례자와 성직자에게 완전히 버려져 자연 속에서 남겨졌다. 앙코르와트는 1860년대에 프랑스가 앙코르와트를 재발견했을 때 비로소 세계적인 관심과 센세이션을 일으켰다. 물론 16세기에는 포르투갈 여행자들이 발견해서 앙코르와트를 성벽도시라고 칭하고 정확한 설명까지 했지만 그것은 출판되지 않았다. 1868년에 프랑스 탐험가 앙리 무어가 "voyage a Siam et dan le Cambodge"를 출판했을 때 비로소 대중의 이목을 받기 시작했다.

수세기 동안 방치되었던 앙코르와트 사원들은 사암으로 만들어져 습기에 장기간 노출되면 용해되는 경향이 있으며 박쥐 똥에 훼손되기도 했다. 조각품과 잘린 돌들은 도굴범들에 의해 도굴되었다. 최근에 원래 재료를 사용하고 원래 형태를 유지하면서 복원하는 아나스티로시스 공법을 도입하여 제대로 복원되기 시작했으며 현재까지도 그 복원작업은 이어지고 있다.

앙코르와트를 즐기는 방법은 단연코 일출과 일몰이다. 톤레삽 호수를 조망하는 프놈 크롬의 절이 있는 언덕에서 바라보는 일몰이 최고라고 평해진다.

▶ **캄보디아 앙코르와트 사원의 전경**

• 캄보디아 전통예술 : 음악과 댄스는 그 어느 예술 분야보다 앙코르 시대의 영광을 직접 체험할 수 있는 형태로 발전해 왔다. 신성한 왕을 찬양하는 수단으로 발전해 온 캄보디아의 전통 춤과 음악 역시 폴포트 시대에 소수의 학생과 선생만 살아남아 거의 그 명맥이 끊기게 된다. 이후 1981년에 생존한 선생 및 학생들과 함께 예술학교가 재개되었다. 손동작, 의상 등 캄보디아 왕립댄스는 인디아와 태국 등 인근 국가와 매우 유사한데 태국은 15세기에 앙코르를 정복했을 때 그 기법을 벤치마킹했다고 전해진다. 여행 패키지 안에서는 앙코르와트를 구경하고 나서 마사지 등으로 피로를 푼 후에 '압살라 민속쇼 식사'라는 이름으로 제공되는 서비스로 이어진다. 전통의상을 입은 무희들의 전통춤과 함께 육류, 해산물 등의 꼬치구이와 쌀국수 등 30여 가지의 현지식 뷔페를 즐길 수 있다.

▶ **캄보디아 왕립무용단 공연**

☞ 관광객에게 선택관광으로 제공되는 전신마사지는 전신의 건강점을 눌러주는 전통지압으로 혈액순환을 원활하게 하며 여행의 피로를 풀어줄 수 있어 많이 이용되고 있다. 미화로 20달러 정도면 1시간 정도의 서비스를 즐기는데 가이드는 동행하지 않지만 사전에 마사지 서비스의 내용과 간단한 의사표현 등을 알려줄 필요가 있다. 이외에도 톤레삽 호수쪽배 체험, 메콩강 유람선 선상디너가 선택관광으로 제공되는데 가이드는 전체적으로 분위기를 파악해서 진행하는 것이 중요하며 절대 강요하는 인상을 주지 않도록 주의해야 한다.

'크메르 루주' 캄보디아의 역사는 좋은 것, 나쁜 것 그리고 추한 것으로 점철되어 왔다고 한다. 초창기 4세기 동안은 타의 추종을 불허하는 거대한 앙코르 제국의 영광을 누렸으며 이후 13세기부터 영토를 계속해서 인근 국가에 빼앗겨 왔으며 20세기에는 잔혹한 내전이 크메르 루주의 대량 학살로 이어져 캄보디아인들의 가슴을 멍들게 했다. 크메르 루주는 프놈펜을 점령한 이후 가장 급진적이고 잔인한 구조조정을 실시하였는데 바로 캄보디아 사회를 농민이 주도하는 농업협동조합으로 만드는 일이었고 그 명령에 불복종하는 모든 이들은 처형된다. 폴포트의 크메르 루주가 집권하는 동안 당시 인구의 3분의 1에 해당되는 2백만 명이 처형되었다고 한다. 그 내용은 영화 '킬링필드'를 통해서 세계에 알려진다. 캄보디아 언어로 새로운 사원이라는 뜻을 지닌 왓 트마이는 씨엠립 시내에서 약 1.5km 떨어진 불교사원인데 이 사원이 여행객들 사이에서 유명해진 이유는 내부 한편에 세워진 유리탑 때문이다. 이곳에는 크메르 루주 집권시기에 이루어진 대학살 당시에 숨진 사람들의 유골이 안치되어 있다. 그리고 유리탑 근처에는 그날의 참혹한 기억을 잊지 않기 위해 전시관이 설치되어 있다.

▶ 폴포트 정권의 학살현장의 전시그림

김문희 · 우지선, 이탈리아, 살레트래블앤랑, 2023

장서진 · 정연국, 국외여행인솔자실무, 백산출판사, 2022

정여울, 내가 사랑한 유럽 TOP10, 홍익출판사, 2014

차기열 · 강혜원 · 김현각, 이지남미, 도서출판 피그말리온, 2020

저자약력

고종원

경희대학교 일반대학원 국제경영전공(경영학박사)
천지항공여행사 성지순례부 패키지 팀장
계명여행사 인센티브 수속부서장(과장)
이스라엘 오피르투어 서울사무소장
오네트투어(Honnete tour) 대표
대원대학교 여행정보서비스과 학과장
현) 연성대학교 호텔관광과 교수
　　주제여행포럼 회장/공동위원장
　　한국관광서비스학회/한국관광정보학회 부회장
　　M 이코노미 뉴스 칼럼니스트

김경한

경희대학교 대학원 호텔경영학전공(관광학박사)
더프라자호텔 연회팀장
(주)투어리즘코리아 대표이사
한국와인소믈리에학회 회장
호텔지배인자격증시험 출제위원
건양대학교 글로벌경영대학 학장
현) 한국호텔리조트학회 부회장
　　건양대학교 호텔관광학과 교수

서현웅

경희대학교 일반대학원 호텔경영전공(관광학박사)
한국관광공사 우수호텔아카데미 자문위원
킨텍스 외부 용역 식음료업체 평가위원
광명와인동굴 광명와인축제 평가위원
전북 태권도공원 민자유치위원회 위원
일학습병행 현장훈련 및 내부평가 문제 신규개발
NCS 기업활용 컨설팅 일반컨설턴트
현) 〈호텔앤레스토랑 매거진〉 대표이사/발행인
　　(주)에이치아카데미 대표이사
　　호텔인네트워크 공동대표
　　한국호텔전문경영인협회 부회장
　　아리랑 TV 미디어협력센터/글로벌 미디어
　　컨설턴트 고문

조문식

경기대학교 대학원 관광경영학(경영학박사)
대한관광경영학회 부회장
한국관광산업학회 부회장
한국관광경영학회 회장
세명대학교 호텔관광학부장
호텔지배인 자격증시험 출제위원
현) 한국관광서비스학회 회장
　　세명대학교 항공서비스학과 교수

주성열

파리1대학 예술철학 기초박사
성균관대학교 공연예술학박사 수료
모던라이프 아트디렉터
단국대학교 서양화과 겸임교수 & 산학연구원
연성대, 극동대 호텔관광 외래교수
세종대학교 예체능대학 겸임교수

박종하

프랑스 그르노블2대학 석사(DESS, 보건경제학)
보건복지부 한의약산업과장
보건복지부 사회보장조정과장
질병관리청 운영지원과장
질병관리청 호남권질병대응센터장
현) 질병관리청 검역정책과장
　　질병관리청 경북권질병대응센터장

해외여행안내

2025년 2월 20일 초판 1쇄 인쇄
2025년 2월 28일 초판 1쇄 발행

지은이 고종원 · 조문식 · 김경한 · 주성열 · 서현웅 · 박종하
펴낸이 진욱상
펴낸곳 (주)백산출판사
교　정 성인숙
본문디자인 오행복
표지디자인 오정은

등　록 2017년 5월 29일 제406-2017-000058호
주　소 경기도 파주시 회동길 370(백산빌딩 3층)
전　화 02-914-1621(代)
팩　스 031-955-9911
이메일 edit@ibaeksan.kr
홈페이지 www.ibaeksan.kr

ISBN 979-11-6567-975-0　93980
값 24,000원